建筑工程造价

褚振文　赵颜强　张　威　编著

化学工业出版社

·北京·

本书主要由三大部分构成：第一部分叙述了建筑工程识图基础知识，第二部分是建筑工程造价知识，第三部分是根据我国最新颁布实施的国家标准编写的建筑工程造价实例。

全书强调实际工程知识，简化理论；识图案例直观、易懂；造价工程量解释详细、造价实例工程量计算有详细过程，易学易懂。本书对于从事建筑土建造价工作的入门者有很好的参考价值，也可供建筑类大专院校相关专业学生使用。

图书在版编目（CIP）数据

建筑工程造价入门/褚振文，赵颜强，张威编著．北京：化学工业出版社，2015.5（2019.8重印）

ISBN 978-7-122-23376-9

Ⅰ.①建… Ⅱ.①褚…②赵…③张… Ⅲ.①建筑工程-工程造价 Ⅳ.①TU723.3

中国版本图书馆 CIP 数据核字（2015）第 055876 号

责任编辑：仇志刚　　装帧设计：刘丽华

出版发行：化学工业出版社（北京市东城区青年湖南街 13 号　邮政编码 100011）

印　　刷：三河市延风印装有限公司

装　　订：三河市宇新装订厂

710mm×1000mm　1/16　印张 14½　字数 297 千字　2019 年 8 月北京第 1 版第 5 次印刷

购书咨询：010-64518888　　售后服务：010-64518899

网　　址：http：//www. cip. com. cn

凡购买本书，如有缺损质量问题，本社销售中心负责调换。

定　　价：39.00 元

CAD

前言

为了帮助很多初学人员和取得预算员岗位证书的人员了解施工工艺、规范和预算如何结合，能快速胜任与预算、造价相关的工作。笔者经过调研，并结合自己多年从事造价工作的实践，编写了本书，供造价工作人员使用。

本书主要有三大部分内容，第一部分叙述了建筑工程识图基础知识，第二部分是建筑工程造价知识，第三部分是根据我国最新颁布实施的国家标准《建设工程工程量清单计价规范》（GB 50500—2013）、《房屋建筑与装饰工程量计算规范》（GB 50854—2013）与《通用安装工程计算规范》（GB 50854—2013）的规定，编写的建筑工程造价实例。

本书具有以下特点：

① 从建筑识图、房屋构造、造价知识开始，系统地教读者学习造价。

② 强调实际工程知识，简化理论，突出本书的实用性。

③ 识图实际案例采用立体图解释，直观、易懂。造价工程量解释详细、造价实例工程量计算有详细过程，并辅以立体图解释，易学易懂。

④ 工程量清单、工程量计算、工程量清单计价及报价的编制等与实际案例相同。

使读者在理论学习的同时，又有身临“实战”的感觉。

由于编者水平有限，时间仓促，书中疏漏之处在所难免，望广大读者见谅，并请按国家有关规定改正。

编者

2015 年 3 月

CAD

目录

上篇 建筑工程基本知识 1

下篇 造价实例编制 183

上篇

建筑工程基本知识

投影在建筑图中的应用

1.1 投影基本概念

1.1.1 投影

投影对每个人来说并不陌生。举例来说，太阳光下，在地面上的桌子就有个影子落在地上，如果在地面上把这个影子画成图形，那么这样得到的图就叫投影图(见图 1-1)，地面就叫投影面，照射光线就叫投影线。

1.1.2 正投影

假定投影线相互平行并且垂直于投影物体，在投影面所得到的投影叫正投影(见图1-2)。所有的建筑都是利用正投影原理绘制的。正投影图能够准确地反映出建筑物的外形和尺寸，且作图方法简单。

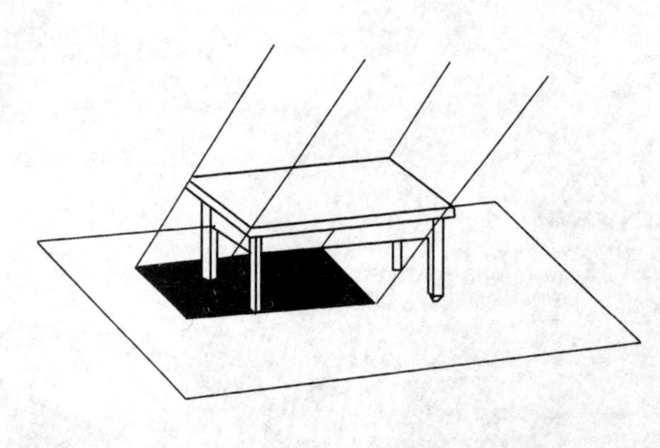

图 1-1 投影

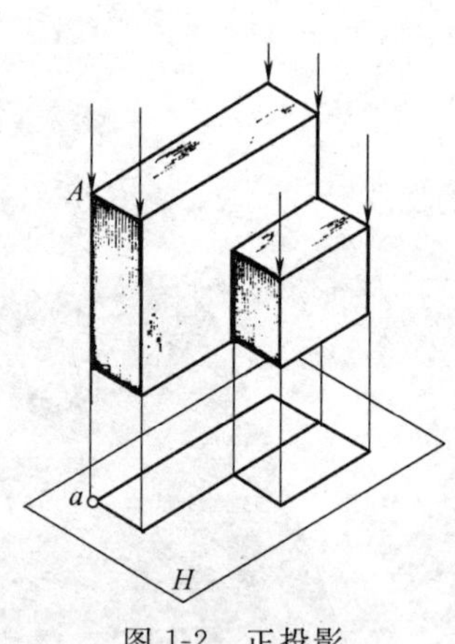

图 1-2 正投影

1.1.3 正投影基本特征

(1) 度量性 如空间直线、平面平行于投影面时，则其投影反映的是物体的实长，这一特性称为度量性（见图 1-3）。由于投影图上直接反映的是物体的实际尺寸，就确立了在工程建设中按图施工、建造或制作的理论依据。

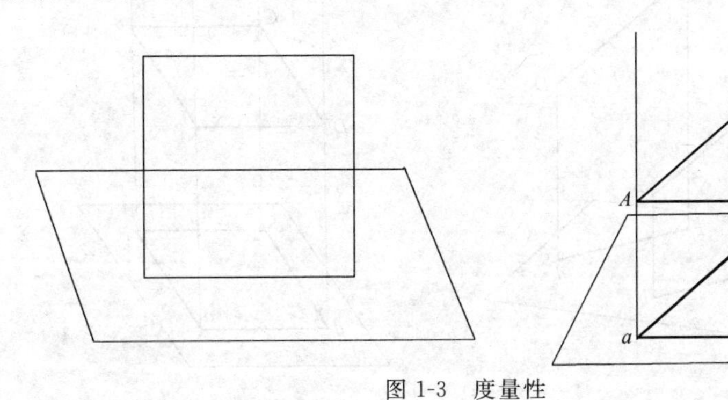

图 1-3 度量性

(2) 积聚性 如直线或平面垂直于投影面时，则其投影分别积聚为一点或直线，称为积聚性（见图1-4）。

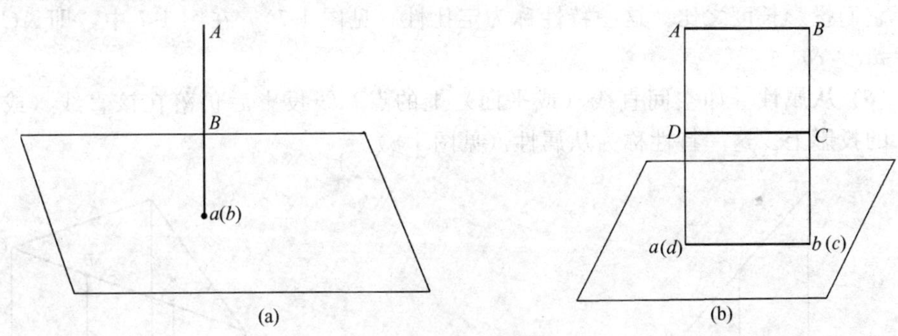

图 1-4 积聚性

(3) 类似性 如空间直线（或平面）倾斜于投影面时，则其投影形成的直线（或平面）比实长缩短或实形缩小，这一特性称为类似性（见图 1-5）。

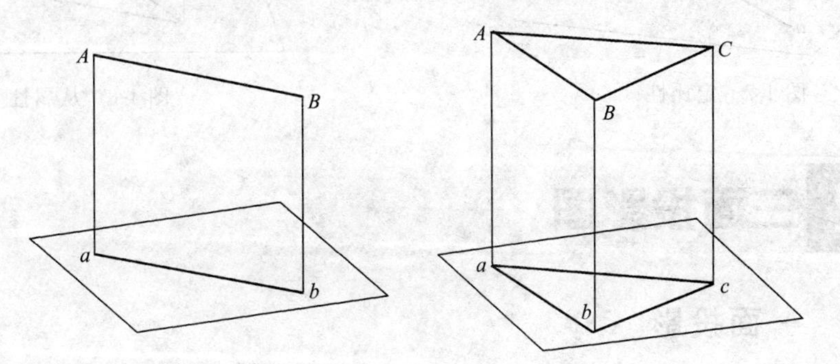

图 1-5 类似性

(4) 平行性 如空间互相平行的直线（或平面），则其投影形成的直线（或平面）仍保持平行。这一特性称为平行性（见图 1-6）。根据这一特性，可以从投影图上判断物体的空间位置关系。

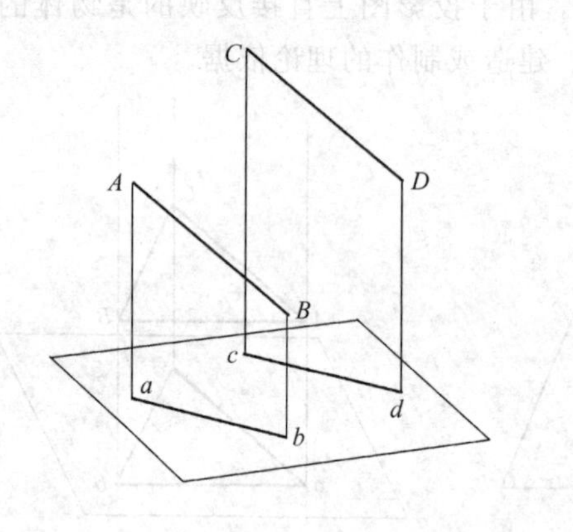

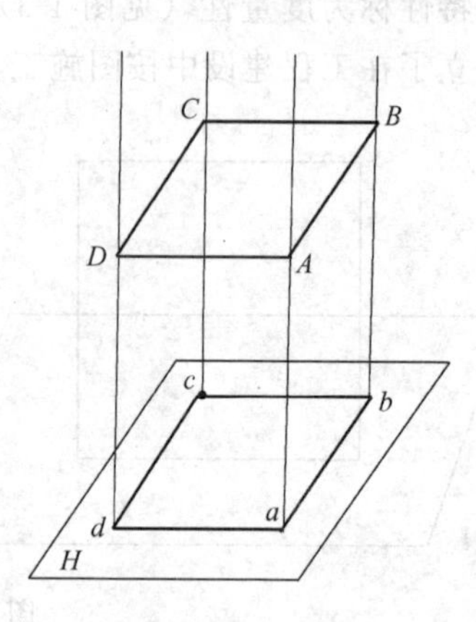

图 1-6 平行性

(5) 定比性 如空间直线上的一点将直线分成两个线段时，则两线段实长之比等于它们投影长度之比。这一特性称为定比性（见图 1-7）。在图 1-7 中，即 $AC:CB=ac:cb$。

(6) 从属性 如空间直线（或平面）上的点、线投影后仍落在该直线（或平面）的投影上。这一特性称为从属性（见图 1-8）。

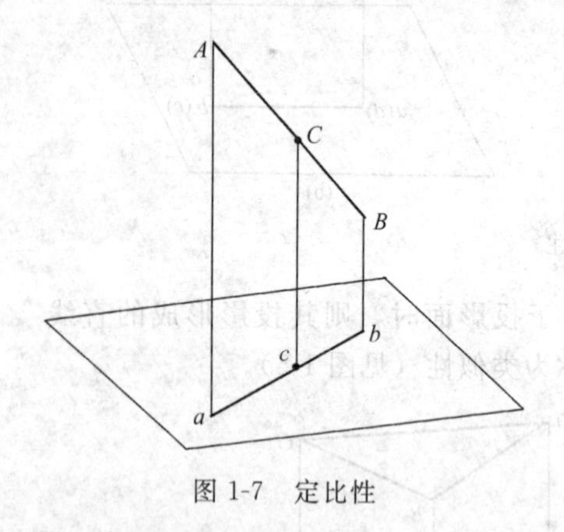

图 1-7 定比性

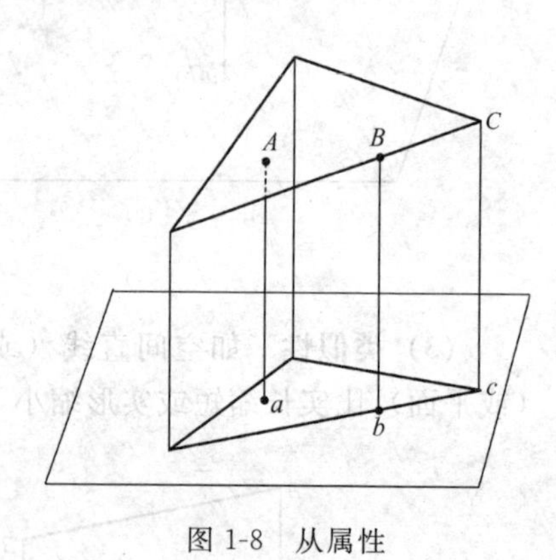

图 1-8 从属性

1.2 三面投影图

1.2.1 一面投影

物体投影到一个面上的投影，称为一面投影。如一木块投影，在木块的下面有一个水平投影面（简称 H 面），使它平行于木块的底面，作木块在 H 面上的正投影（在水平投影面上的投影称为水平投影或 H 投影），其投影为矩形（见图 1-9）。这一段投影即是木块的一面投影，其反映出从上往下观看木块所得的形状、长度和宽度，但没有表示其高度。由此可见，一面投影只能反映物体的某个侧面，所以单凭一面投影是不能确定形体的形状和大小的（见图 1-10）。

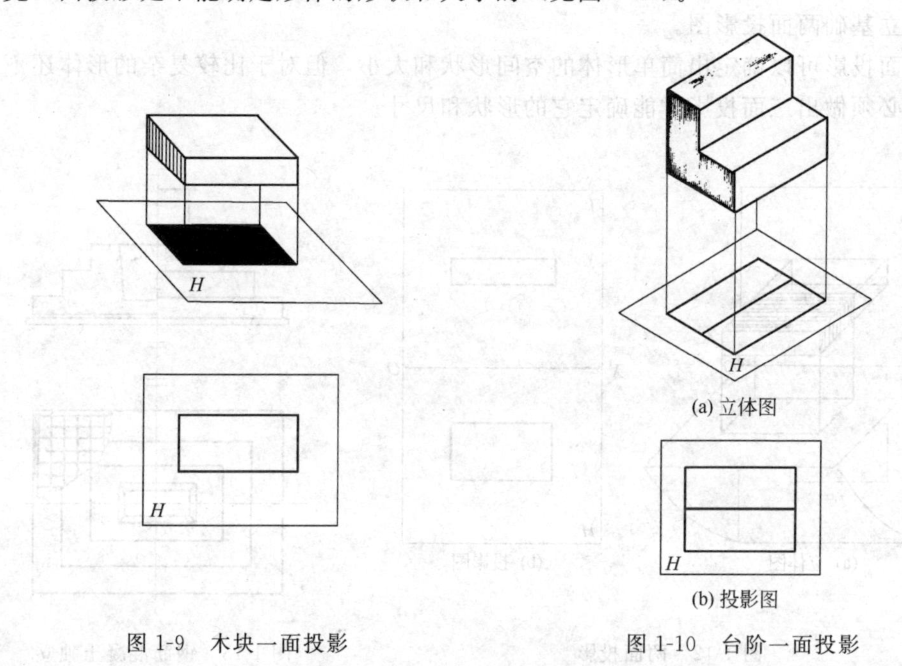

图 1-9　木块一面投影　　图 1-10　台阶一面投影

在建筑工程图中，用一面投影来表示的物体很多。图 1-11 的木屋架就是用一面投影来表示的。

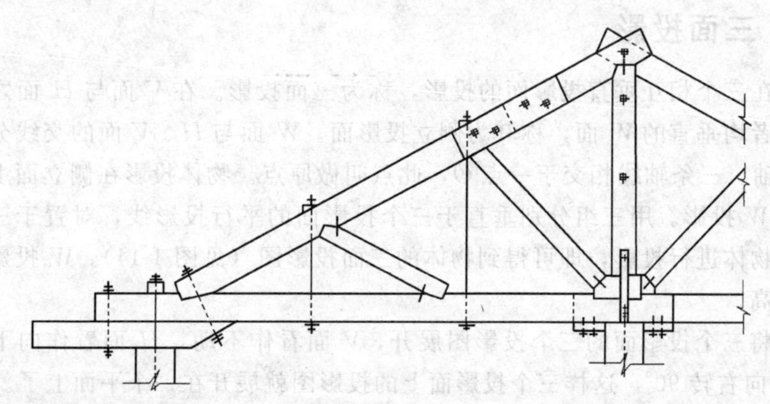

图 1-11　木屋架

1.2.2　两面投影

物体的投影在两个互相垂直的投影面上，称为两面投影。如图 1-12 所示，有

一水平投影面 H 和铅垂直投影面 V，该投影面叫做正立投影面，简称为 V 面。

V 面与 H 面垂直并且相交，其交线叫做 X 轴。在正立投影面上的投影称为正面投影或 V 投影。图 1-12 中，物体木块在 V 面与 H 面上分别投影，组成两面投影。V 投影反映物体的长和高，H 投影反映物体的长和宽。

在建筑施工图中，用两面投影来表示物体的例子很多。图 1-13 所示为钢筋混凝土独立基础两面投影图。

两面投影可以确定出简单形体的空间形状和大小，但对于比较复杂的形体还不行，还必须做出三面投影才能确定它的形状和尺寸。

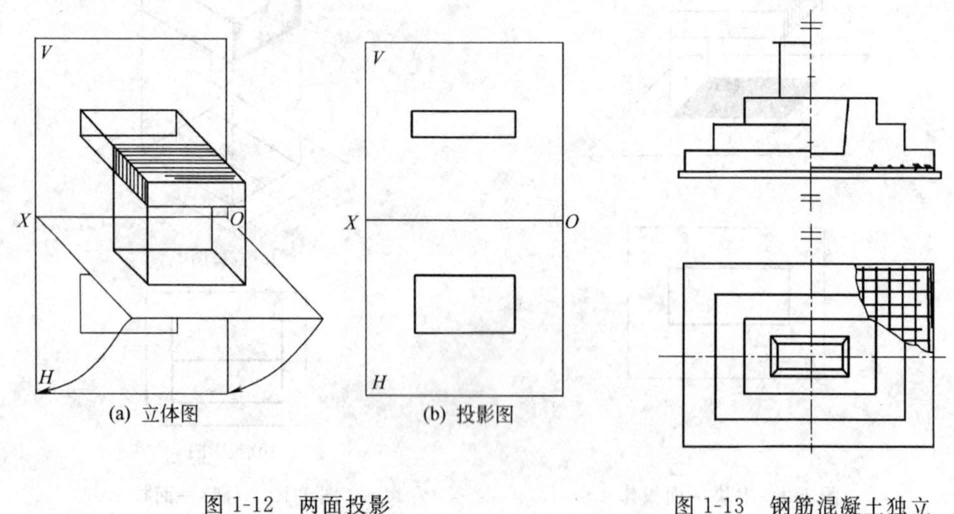

(a) 立体图　(b) 投影图

图 1-12　两面投影

图 1-13　钢筋混凝土独立基础两面投影

1.2.3　三面投影

物体在三个相互垂直投影面的投影，称为三面投影。在 V 面与 H 面之间增加一个与两者均垂直的 W 面，称其为侧立投影面。W 面与 H、V 面的交线分别叫做 Y 轴、Z 轴。三条轴线相交于一点 O，此点叫做原点。物体投影在侧立面上称为侧面投影或 W 投影。用三组分别垂直于三个投影面的平行投影线，对置于三个投影面之间的物体进行投影，即可得到物体的三面投影图（见图 1-14）。W 投影反映物体的宽和高。

设想将三个投影面的三个投影图展开，V 面看作不动，H 面看作向下转 90°，W 面看作向右转 90°，这样三个投影面上的投影图就展开在一个平面上了。

一个面投影只能反映物体一个面的情况，看图时，必须将同一物体的三个投影图互相联系起来，才能了解整个物体的形状。图 1-15 和图 1-16 分别画出了两个物体的立体图和它们的三面投影图。先看投影图，想一想物体的形状，然后再对照立体图检查是否想得对。

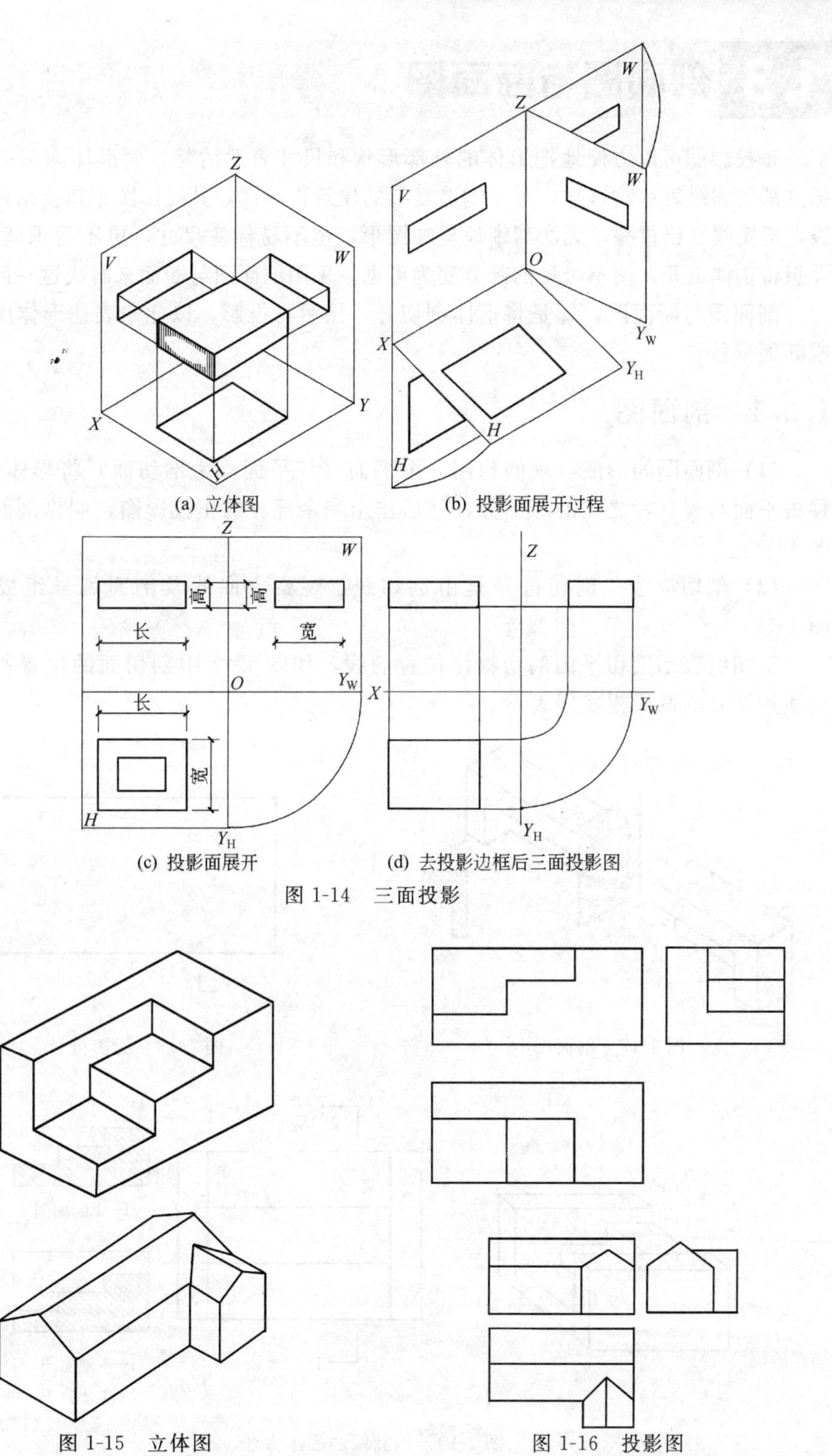

(a) 立体图　(b) 投影面展开过程

(c) 投影面展开　(d) 去投影边框后三面投影图

图 1-14　三面投影

图 1-15　立体图　图 1-16　投影图

1.3 剖面图与断面图

正投影图可以方便地把形体的外部形状和尺寸表达清楚，而形体内部的不可见部分都用虚线表示。这样，对于构造复杂的建筑物内部，其投影图中就会出现许多虚线，虚实线交错重叠，无法清晰地反映图形，也不易标注尺寸，更不便识读。为此，设想将物体剖开，使不可见的部分变为可见。采用剖面图与断面来解决这一问题。

剖面图与断面图，即是将形体剖切开，然后再投影，以此来表达形体内部构造或断面形状。

1.3.1 剖面图

(1) 剖面图的形成 现假想用一个平面（该平面称为剖切面）将形体剖切开，移去平面与观察者之间的那部分，然后作出剩余部分的正投影图，叫做剖面图（见图 1-17）。

(2) 剖切符号 剖切符号是由剖切线、观察方向线及剖面编号组成的（见图 1-18）。

剖切线表示剖切平面剖切物体位置的线，如图 1-17 中剖切面的位置所示。剖切线用断开的两段粗实线表示。

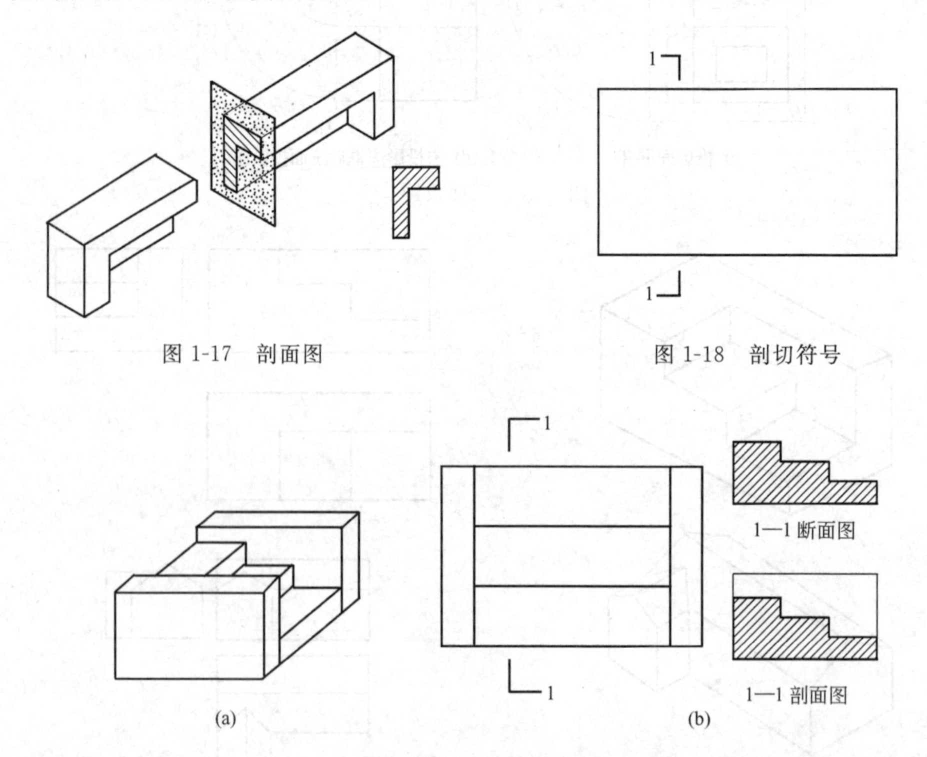

图 1-17 剖面图

图 1-18 剖切符号

图 1-19 剖面图的表示方法

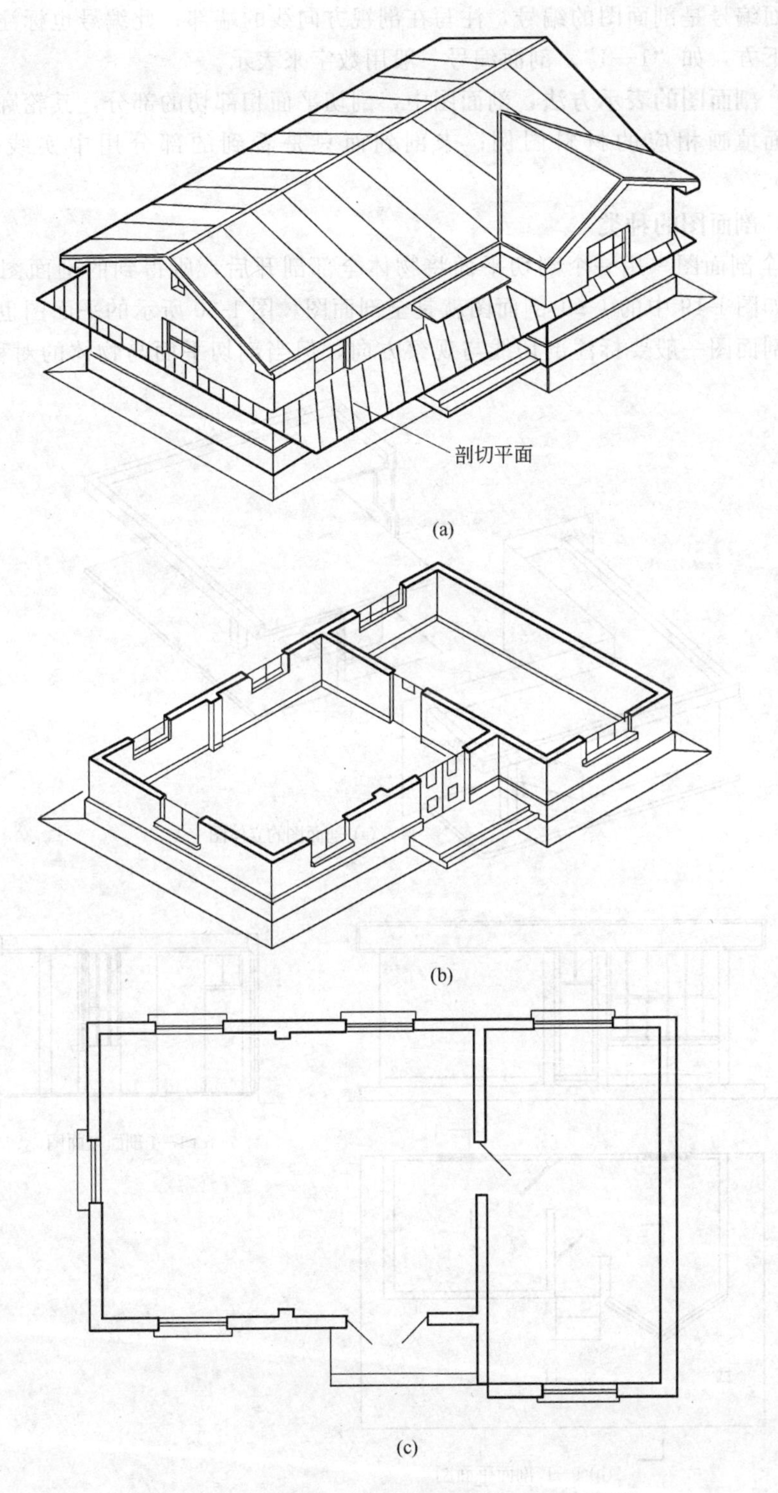

图 1-20　全剖面图

剖面编号是剖面图的编号，注写在剖视方向线的端部；此编号也标注在相应剖面图的下方，如“1—1”。剖面编号一般用数字来表示。

（3）剖面图的表示方法 剖面图中，剖切平面相部切的部分，其轮廓线为粗实线，里面填画相应的材料图例；未剖到而只是看到的部分用中实线表示（见图 1-19）。

（4）剖面图的种类

a. 全剖面图 用一个剖切平面将物体全部剖开后，所得到的剖面图称为全剖面图。如图 1-19 中的 1—1 剖面图就是全剖面图，图 1-20 所示的平面图也是全剖面图。全剖面图一般要标注剖切线与观察方向，但当剖切平面与物体的对称面重合，

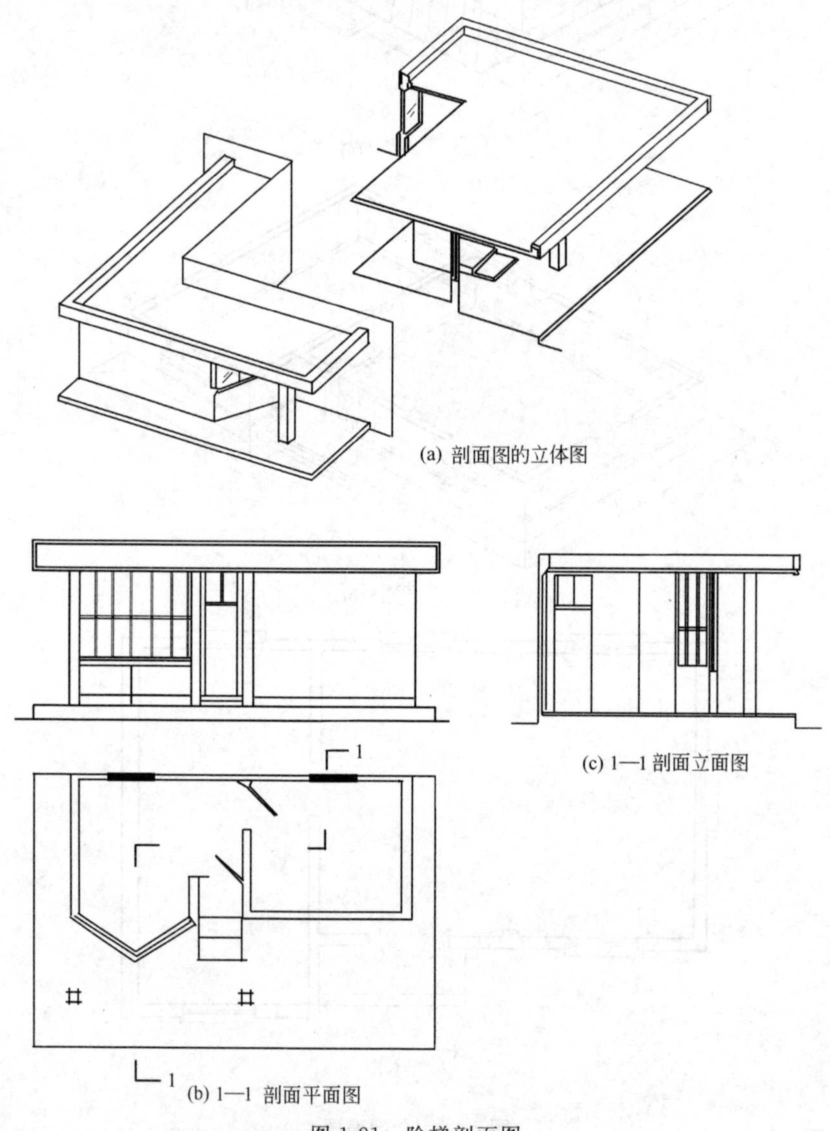

(a) 剖面图的立体图

(b) 1—1 剖面平面图

(c) 1—1 剖面立面图

图 1-21 阶梯剖面图

且全剖面图又处于基本视图的位置时，可不标注。

b. 阶梯剖面图　用两个相互平行的剖切平面将物体剖切后得到的剖面图称为阶梯剖面图。图 1-21（a）是剖面图的立体图，图 1-21（b）是 1—1 剖面平面图，即阶梯剖面图，表示剖切位置和投影方向，图 1-21（c）是 1—1 剖面立面图。

c. 半剖面图　当物体的投影图和剖面图都是对称的图形时，可采用半剖面图的方法来投影，用对称轴线作为分界线（见图 1-22）。

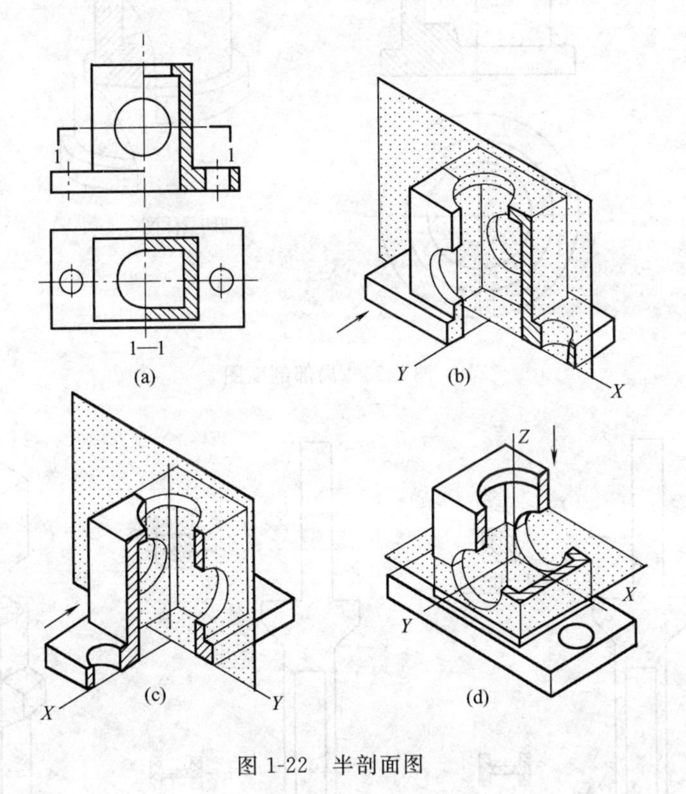

图 1-22　半剖面图

d. 局部剖面图　剖切掉物体局部，保留投影图的大部分，只将形体的局部画成剖面图，局部剖面图采用波浪线分界（见图 1-23）。

1.3.2　断面图

(1) 断面图的形成　剖切面剖切物体时，画出被剖切面剖到部分的图形叫做断面图。

(2) 断面图的标注　断面图的标注类似与剖面图，只是去掉了剖视方向线，用数字的位置来表示投影方向，图 1-24 中 1—1 是表示向下投影。

(3) 断面图的种类

a. 移出断面图　有两种表示法，一是把断面图布置在图纸上的任意位置，但必须在剖切线处和断面图下方加注相同的编号，如图 1-24（a）中的 1—1 断面图；

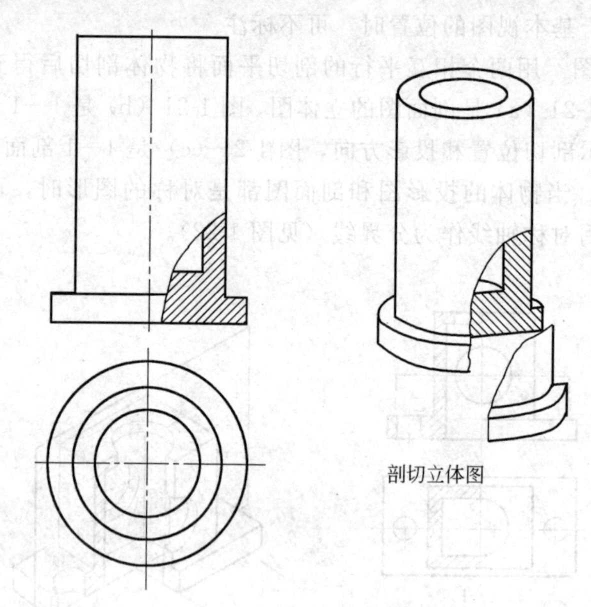

图 1-23 局部剖面图

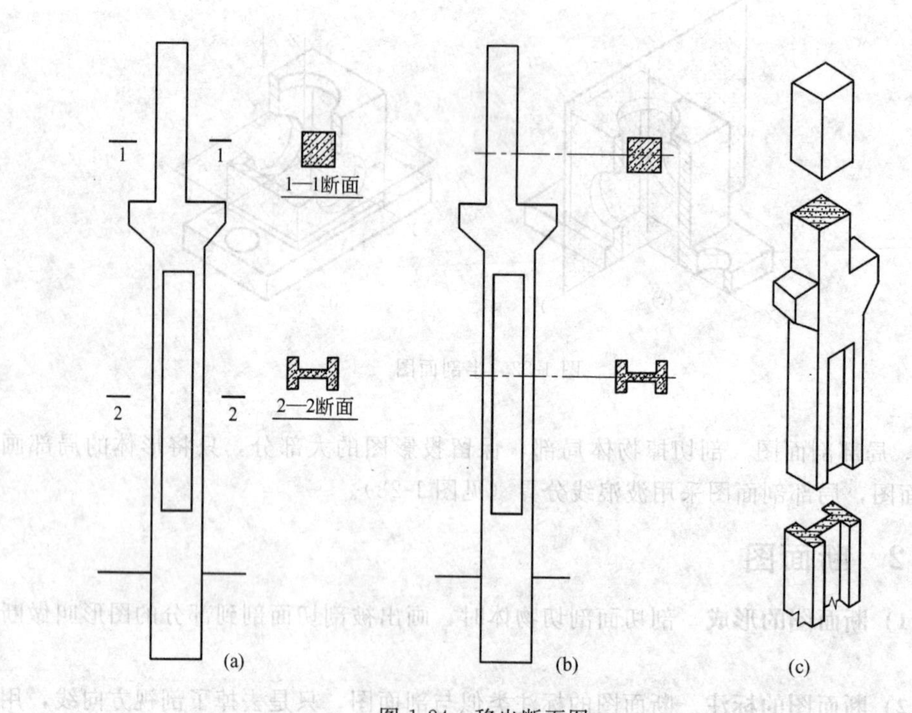

图 1-24 移出断面图

二是将断面图画在投影图之外，可画在剖切线的延长线上，如图 1-24（b）中的断面图。

b. 重合断面图 把剖切得到的断面图画在剖切下并与投影图重合，称为重合断面图。重合断面图不必标注剖切位置线及编号（见图 1-25）。

c. 中断断面图　设想把形体分开，把断面图画在分开处。这时不必标注剖切位置线及编号（见图 1-26）。重合断面图和中断断面图适用于简单的截面形状，并且都省去了标注符号，更便于查阅图纸。

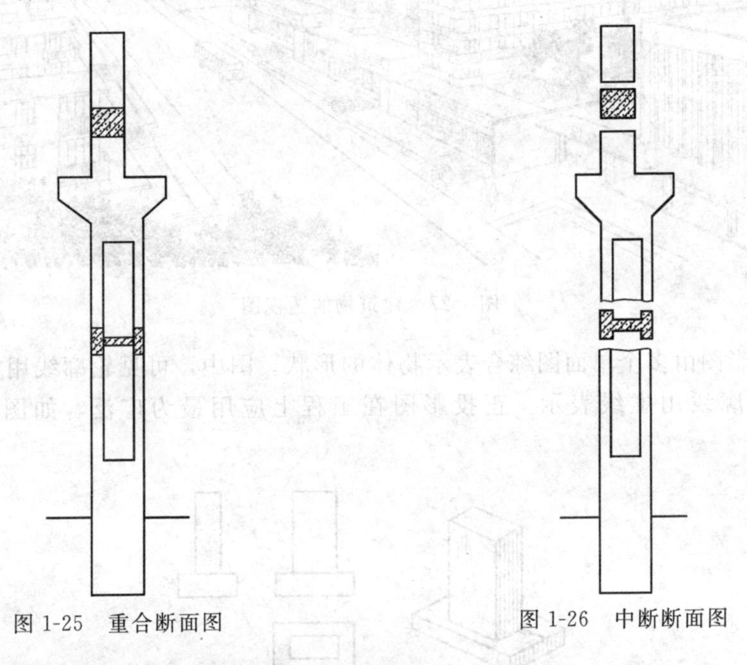

图 1-25　重合断面图　　图 1-26　中断断面图

1.4 工程上常用的投影图

1.4.1　透视图

用中心投影法将建筑形体投射到一投影面上得到的图形称为透视图。

透视图符合人的视觉习惯，能体现近大远小的效果，所以形象逼真，具有丰富的立体感。常用于绘制建筑效果图，而不能直接作为施工图使用。透视图如图1-27所示。

1.4.2　轴测图

将空间形体放正，用斜投影法画出的图；或将空间形体斜放，用正投影画出的图称为轴测图，如图 1-28（a）所示。

某些方向的物体，作轴测图比透视图简便。所以在工程上得到广泛应用。

1.4.3　正投影图

用正投影法画得到的图形称为正投影图。

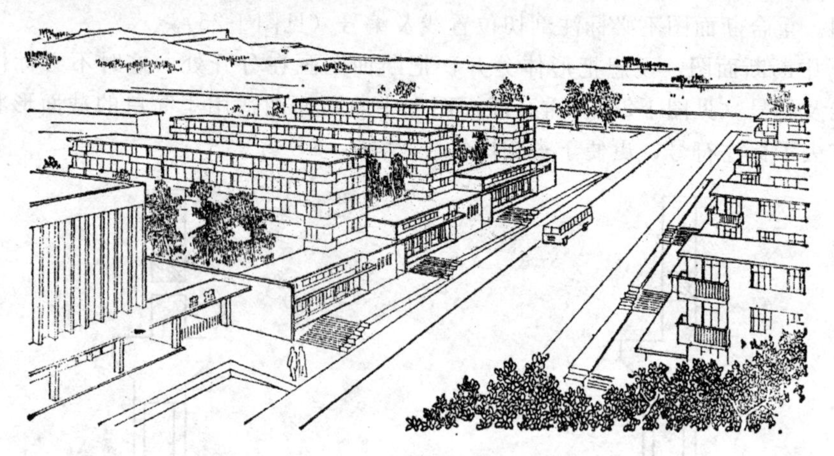
图 1-27　建筑物的透视图

正投影图由多个单面图综合表示物体的形状。图中，可见轮廓线用实线表示，不可见轮廓线用虚线表示。正投影图在工程上应用最为广泛，如图 1-28（b）所示。

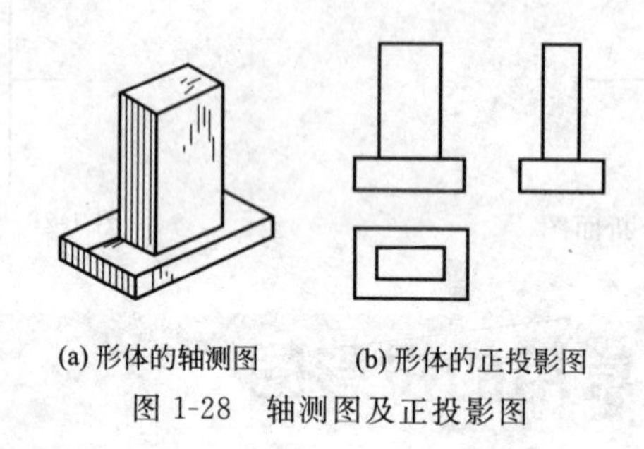
(a) 形体的轴测图　　(b) 形体的正投影图

图 1-28　轴测图及正投影图

1.4.4　标高投影图

某一局部的地形，用若干个水平的剖切平面假想截切地面，可得到一系列的地面与剖切平面的交线（一般为封闭的曲线）。然后用正投影的原理将这些交线投射在水平的投影面上，从而表达该局部地形，就是该地形的投影图。用标高来表示地面形状的正投影图称为标高投影图。如图 1-29 中每一条封闭的标高均相同，称为“等高线”。在每一等高线上应注写其标高值（将等高线截断，在断裂处标注标高数字），以米为单位，采用的是绝对标高。

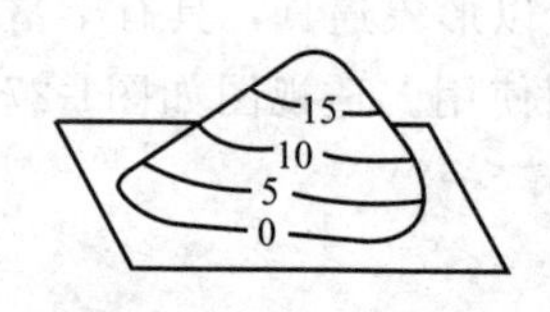

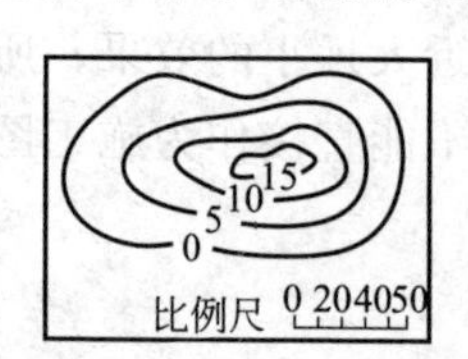

图 1-29　标高投影图

建筑施工图

2.1 建筑施工图概述

2.1.1 比例

任何一幢建筑物，要在图纸上画出与实物同样大小的图样是办不到的，都需要将建筑物按一定的比例缩小后表示出来。建筑物图纸上的大小与实际大小相比的关系叫做比例。比例注写在图名一侧，例如首层平面图 1∶100，即表示将物体尺寸缩小到 1/100。当整张图纸只用一种比例时，也可以将比例注写在标题栏内。

建筑物的形体庞大及复杂，绘图时需要用各种不同的比例。常用比例的选用见表 2-1（包括其他专业）。

表 2-1 房屋建筑图中常用比例及可用比例

图名	常用比例	必要时可用比例
建筑总平面图	1∶500 1∶1000 1∶2000 1∶5000	1∶2500 1∶10000
竖向布置图、管线综合图、断面图等	1∶100 1∶200 1∶500 1∶1000 1∶2000	1∶300 1∶5000
平面图、立面图、剖面图、结构布置图、设备布置图等	1∶50 1∶100 1∶200	1∶150 1∶300 1∶400
内容比较简单的平面图	1∶200 1∶400	1∶500
详图	1∶1 1∶2 1∶5 1∶10 1∶20 1∶25 1∶50	1∶3 1∶15 1∶30 1∶40 1∶60

2.1.2 图线与线型

为了使建筑图中图线所表示的不同内容有所区别和层次分明，需要用不同的线型和粗度的图线来表达。一般来说，被剖切到的主要建筑构造（包括构配件）的轮廓用粗实线，被剖切到的次要建筑构造（包括构配件）和建筑物的轮廓用中实线，其他图形线、图例线、尺寸线、尺寸界线等用细实线。图线的宽度见表 2-2。

表 2-2　图线的宽度

图线名称	图的比例			
	1∶1　1∶5 1∶2　1∶10	1∶20 1∶50	1∶100	1∶200
粗线	线宽 b/mm			
	1.4　1.0	0.7	0.5	0.35
中粗线	0.5b			
细线	0.35b			
加粗线	1.4b			

国家规定的线型用法见表 2-3。图 2-1 是具体图线宽度示例的选用。

表 2-3　线型的用法

名称		线型	线宽	一般用途
实线	粗		b	1. 建筑立面图的外轮廓线及平、剖面图中被剖切的主要建筑构造(包括构配件)的轮廓线 2. 建筑构造详图中的外轮廓线及被剖切的主要部分的轮廓线 3. 断面图的剖切符号 4. 图框、标题栏等的外框线 5. 总图中的新建筑物轮廓线 6. 配筋图中的钢筋
	中		0.5b	1. 剖面图中被剖切的次要建筑构造、构配件的轮廓线 2. 建筑平、立、剖面图中建筑构配件的轮廓线 3. 建筑构造详图及建筑构配件详图中的一般轮廓线 4. 尺寸起止符号
	细		0.25b	1. 小于 0.5b 的图形线、尺寸线、尺寸界线、图例线、索引符号、标高符号、指北针的圆周线、详图材料做法引出线、断开界线、表格中的分格线等 2. 总图中的原有建筑物、构筑物
虚线	粗		b	见有关专业制图标准
	中		0.5b	1. 建筑构造详图及建筑构配件不可见的轮廓线 2. 平面图中的起重机(吊车)轮廓线 3. 拟扩建的建筑物轮廓线
	细		0.25b	图例线、小于 0.5b 的不可见轮廓线
单点长画线	粗		b	起重机(吊车)轨道线 结构图中的垂直支撑和柱间支撑
	中		0.5b	见有关专业制图标准
	细		0.25b	中心线、对称线、定位轴线

续表

名称		线型	线宽	一般用途
双点长画线	粗		b	见有关专业制图标准
	中		$0.5b$	见有关专业制图标准
	细		$0.25b$	假想轮廓线，成型前原始轮廓线
折段线			$0.25b$	不需画全的断开界线
波浪线			$0.25b$	不需画全的断开界线构造层次的断开界线

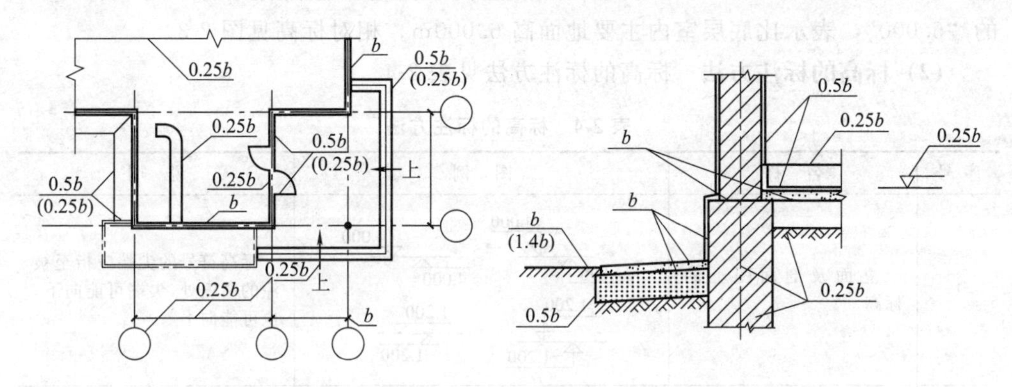

图 2-1　图线宽度示例

2.1.3　标高

建筑物某一部分高度与确定的水准基点之间的高差称为该部位的标高。施工图中，主要部位及室外地面的高度用标高表示。标高符号几种形式见图 2-2。注写到小数点后三位数字；总平面图中，可注至小数点后两位数字。尺寸单位除标高及建筑总平面图以“m（米）”为单位，其余一律以“mm（毫米）”为单位。

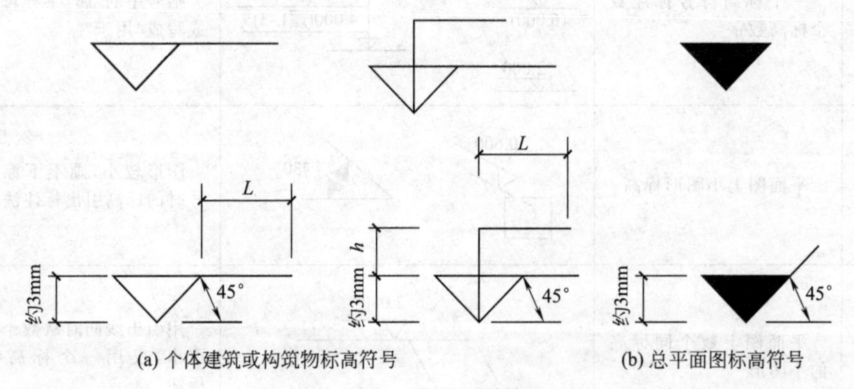

图 2-2　标高符号及画法

L—注写标高数字的长度；h—高度，视需要而定

在单体建筑工程中，零点标高注写成±0.000；负数标高数字前必须加注："－"；正数标高前不写"＋"。在总平面图中，标高数字的标注形式与上述相同。

(1) 标高的种类 标高分为绝对标高和相对标高两种。

a. 绝对标高 在我国，把山东省青岛市黄海平均海平面定为绝对标高的零点，其他各地标高都以它作为基准。

b. 相对标高 除总平面图外，一般都用相对标高，即是把房屋底层室内主要地面定为相对标高的零点，写作"±0.000"，读作正负零点零零零，简称正负零。高于它的为正，但一般不注"＋"符号；低于它的为"负"，必须注明符号"－"，例如表2-4中的"－1.200"，表示比底层室内主要地面标高低1.200m；表2-4中的"6.000"，表示比底层室内主要地面高6.000m。相对标高见图2-3。

(2) 标高的标注方法 标高的标注方法见表2-4。

表2-4 标高的标注方法

序号	名称	图例	说明
1	立面及剖面图上的标高	4.000 4.000 4.000 4.000 −1.200 −1.200 −1.200 −1.200	标高符号的尖端应指至被注的高度处，尖端可能向下，也可能向上
2	平面图上顶部标高	−3.000 −3.000 0~30°	标高符号与水平线逆时针方向倾斜0～30°
3	平面图上底部标高	−3.000 −3.000 0~30°	三角形涂黑，标高符号与水平线逆时针方向倾斜0～30°
4	一个标高符号标注数个标高数字	5.000(属L-2) 4.000(属L-3) (6.000) 2.000 6.000(属L-1) 5.000(属L-2) 4.000(属L-3)	括号中的"属"字样可不写或写成"用于"
5	平面图上小图形标高	0.600 约30°	图形较小，画不下标高符号时的标高引出标注法
6	平面图上数个同标高的小图形	2.000	用引出线同时从数个图形引出，仅用一个标高符号标注

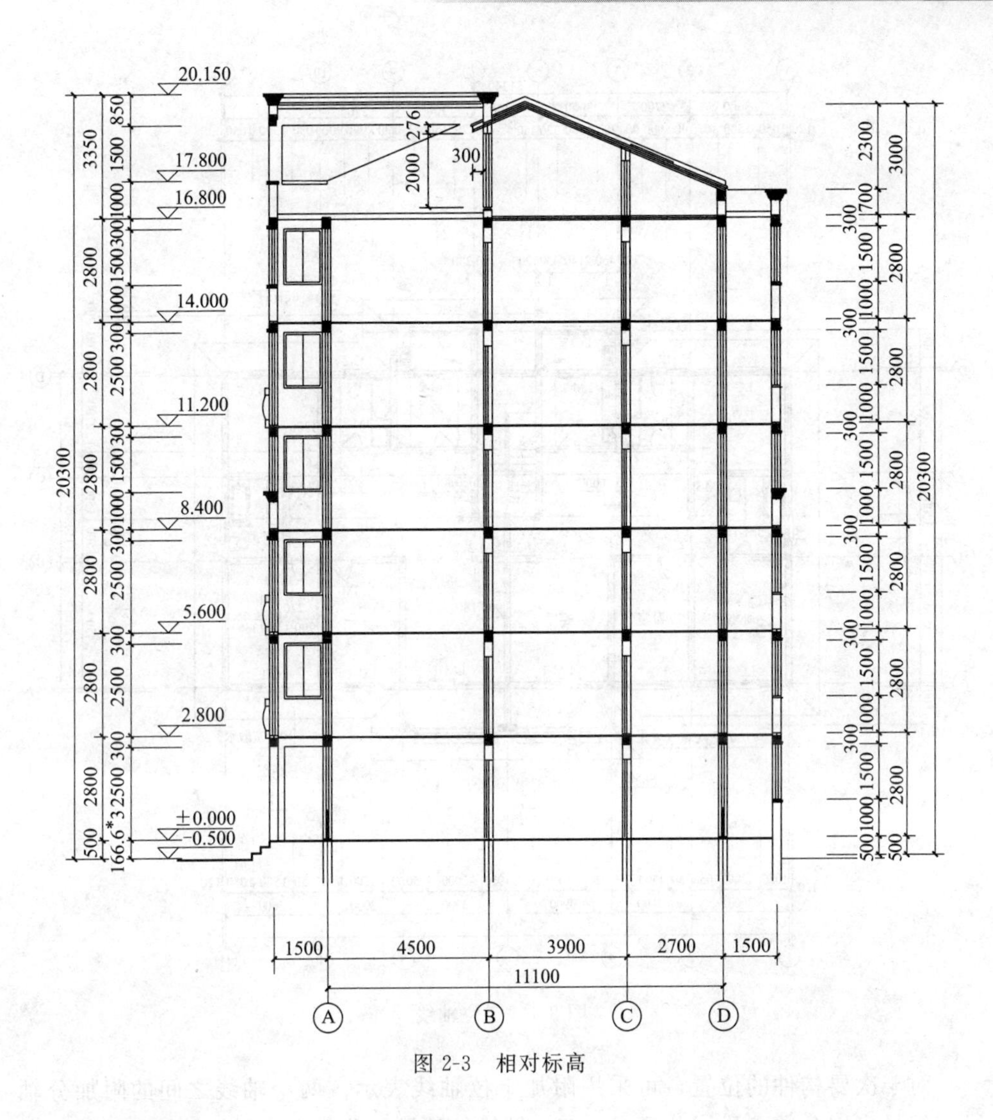

图 2-3　相对标高

2.1.4　图例

建筑图中有各种各样的图例，参见相关标准。

2.1.5　定位轴线及其编号

建筑施工图中的定位轴线是用来施工定位、放线的。对于承重墙、柱子等主要承重构件都应画上轴线。对于非承重的分隔墙、次要承重构件等，一般用分轴线。

在平面图中，纵向和横向轴线构成轴线网（见图 2-4），定位轴线用细点划线表示。纵向轴线自下而上用大写拉丁字母Ⓐ、Ⓑ、Ⓒ…编号，横向轴线由左至右用阿拉伯数字①、②、③…顺序编号。编号写在圆内，圆用细实线绘制，圆直径为 8mm。

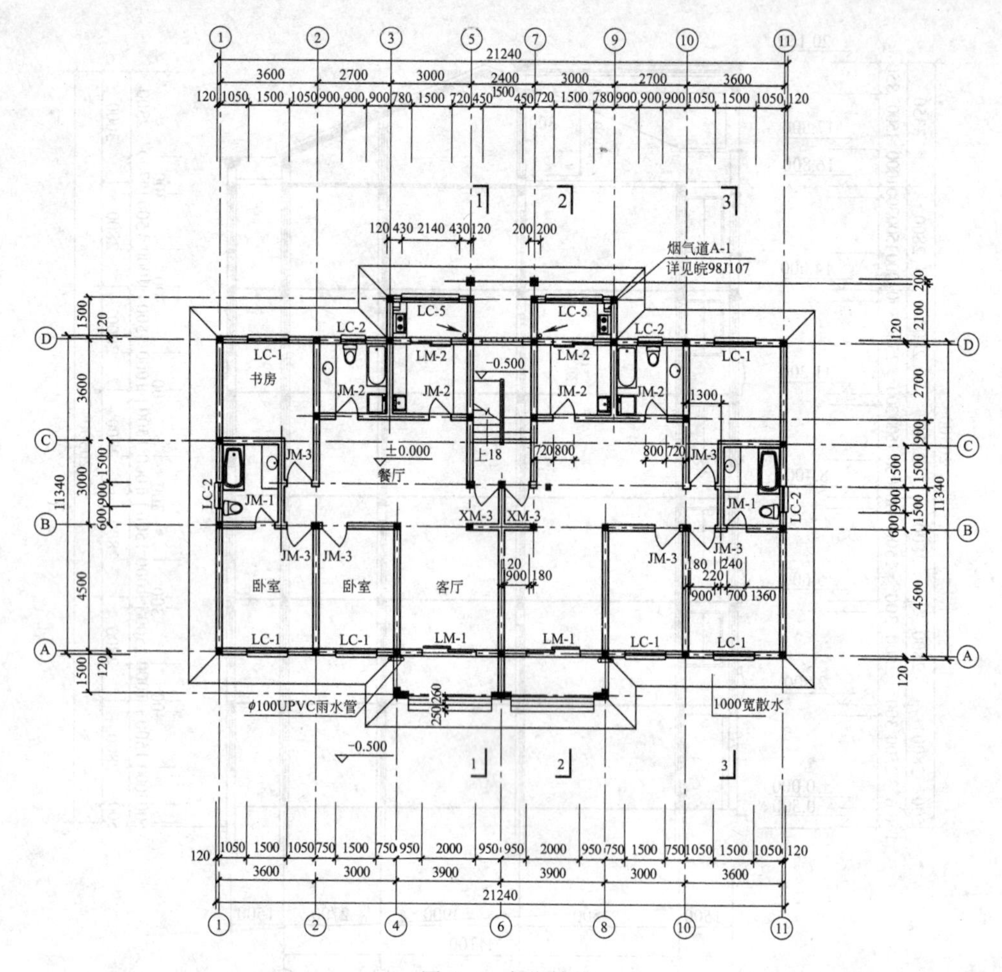

图 2-4　定位轴线

对于次要构件的位置，可采用附加定位轴线表示。两个轴线之间的附加分轴线，编号可用分数表示。分母表示前一轴线的编号，分子表示附加轴线的编号，用阿拉伯数字顺序编写。如图 2-5 中，1/3 和 3/B 是轴线 3 号轴后附加的第一条轴线和 B 号轴后附加的第二条轴线。

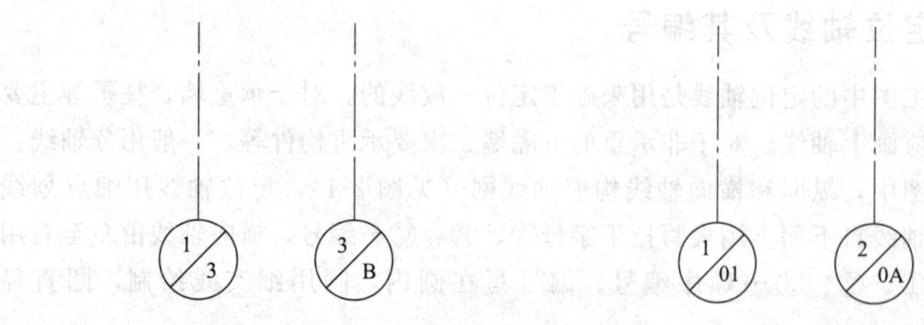

图 2-5　附加轴线

大写拉丁字母中的I、O及Z三个字母不得用为轴线编号，以免与数字混淆。

2.1.6 尺寸标注

尺寸数字是用来反映图形各部分的实际大小、相对位置，图形上的尺寸标注包括尺寸界线、尺寸线、尺寸起止符号和尺寸数字（见图2-6)。图样上所标注的尺寸数字是物体的实际大小，与图形的大小无关。

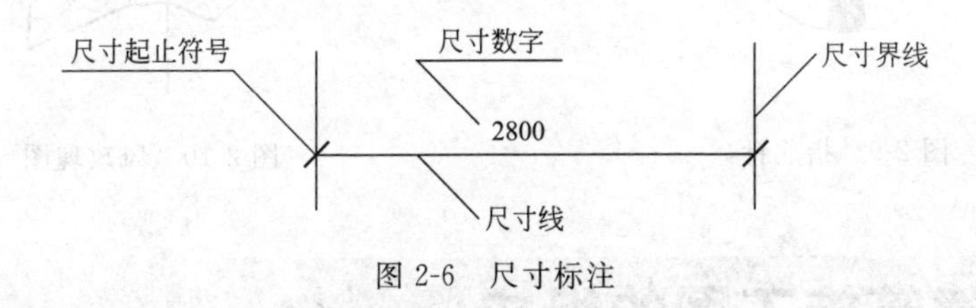

图2-6 尺寸标注

平面图中的尺寸，只能反映建筑物的长和宽。

2.1.7 索引符号和详图符号

图样中的某一局部或配件详细尺寸如需另见详图时，常常以索引符号索引，另外画出详图，即在需要另画详图的部位编上索引符号。

如图2-7中，“5”是详图编号，详图“5”是索引在3号图上，并在所画的详图上编详图编号“5”。皖92J201是标准图集编号，“17”是标准图集的17页，“7”是17页的7号图。图2-8是详图符号。

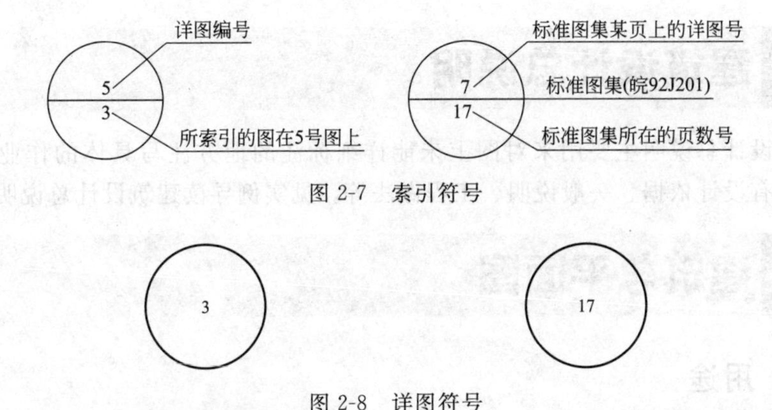

图2-7 索引符号

图2-8 详图符号

2.1.8 指北针及风向频率玫瑰图

(1) 指北针 在建筑总平面图上，均应画上指北针，见图2-9。

(2) 风玫瑰图 在建筑总平面图上，通常应按当地实际情况绘制风向频率玫瑰图。见图2-10。各地主要城市风向频率玫瑰图见《建筑设计资料集》。有些城市没有风向频率玫瑰图，则在总平面图上只画上单独的指北针。

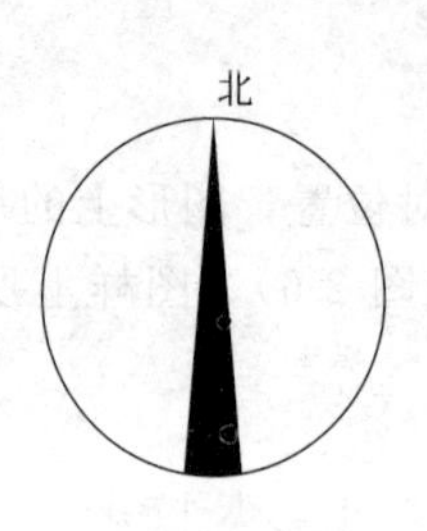

图 2-9　指北针

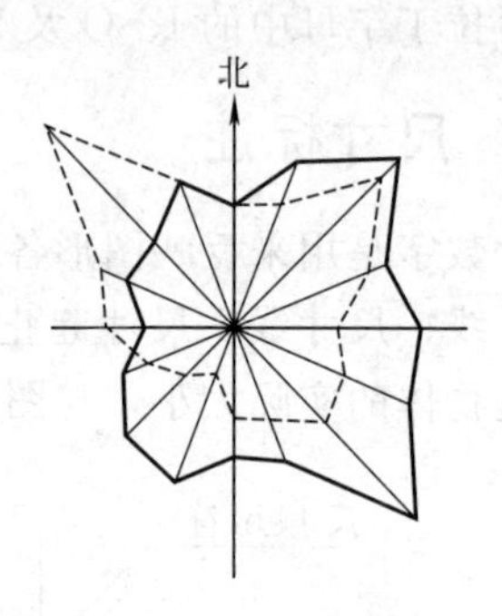

图 2-10　风玫瑰图

2.2 建筑施工图的组成

在总体规划的前提下，根据建设任务要求和工程技术条件，表达房屋建筑的总布局、房屋的空间组合设计、内部房间布置情况、外部的形状、建筑各部分的构造做法及施工要求等所画图称为建筑施工图。它是整个设计的先行，处于主导地位，是房屋建筑施工的主要依据，也是结构设计、设备设计的依据。建筑施工图由基本图和详图组成，其中基本图有建筑设计总说明、总平面图、建筑平面图、立面图和剖面图等；详图包括墙身、楼梯、门窗、厕所、檐口以及各种装修、构造的详细做法。具体见实例导读。

2.3 建筑设计总说明

建筑设计总说明主要用来对图上未能详细标注的地方注写具体的作业文字说明，内容有设计依据、一般说明、工程做法等。见实例导读建筑设计总说明。

2.4 建筑总平面图

2.4.1　用途

总平面图反映的是一个工程的总体布局。它主要表示原有房屋和新建房屋的位置、标高、道路布置、构筑物、地形、地貌等，作为新建房屋定位、施工放线、土方施工以及施工总平面布置的依据，见图 2-11。

2.4.2　内容

① 反映新建区的总体布局，如总体范围、各建筑物及构筑物的位置、道路、水、电、暖管网的布置等。

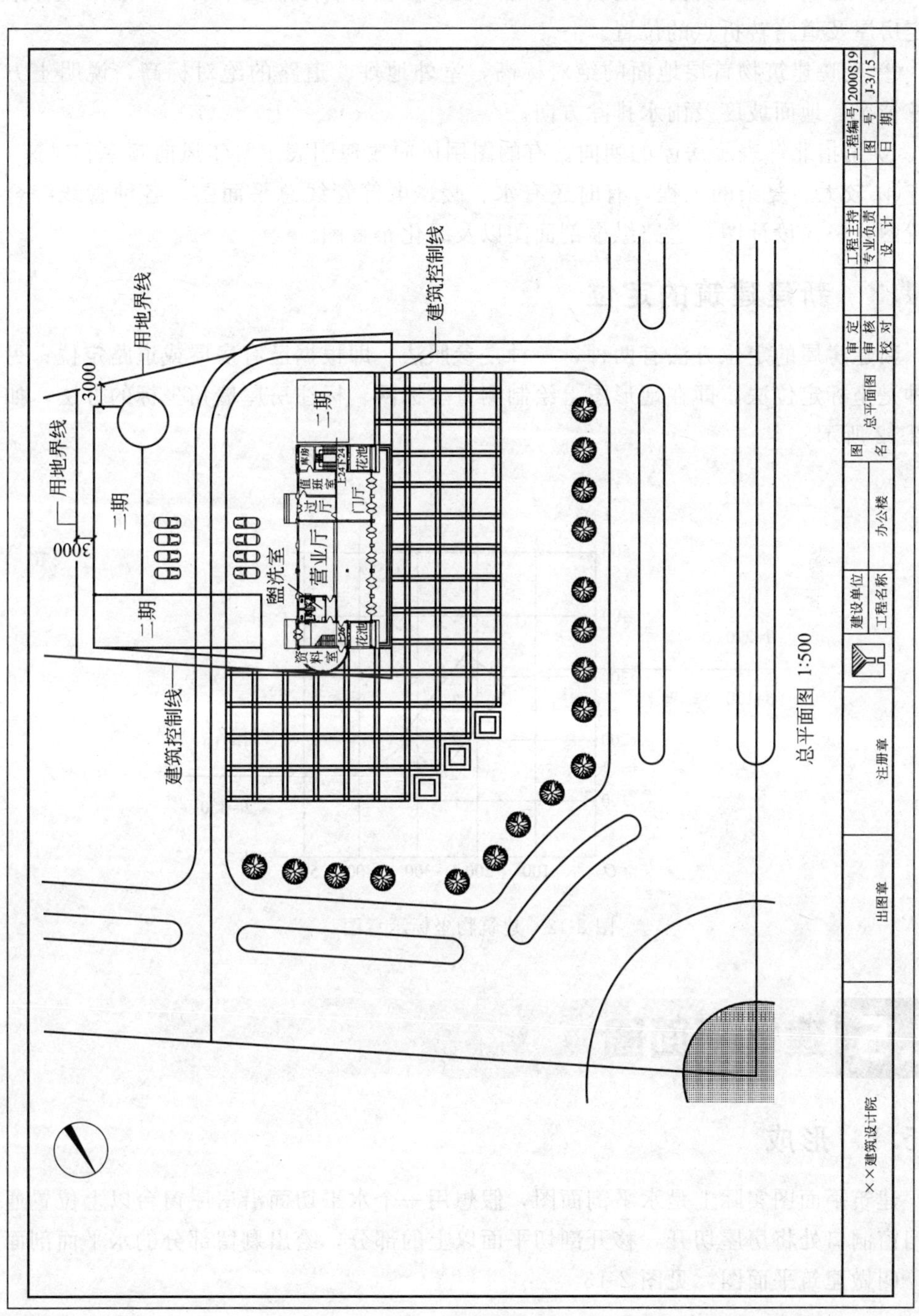
用地界线
用地界线
3000
3000
二期
二期
二期
建筑控制线
建筑控制线
盥洗室
营业厅
门厅
花池
花池
资料室
总平面图 1:500
建设单位
工程名称
办公楼
图名
总平面图
审定
审核
校对
工程主持
专业负责
设计
工程编号
图号
日期
2000S19
J-3/15
注册章
出图章
××建筑设计院

图 2-11 总平面图

确定建筑物的平面位置，一般根据原有房屋或道路定位。

成片住宅、较大的公共建筑物、工厂表示位置或者形较复杂时，一般用坐标来确定房屋及道路转折点的位置。

② 反映建筑物首层地面的绝对标高，室外地坪、道路的绝对标高，说明土方填挖情况、地面坡度及雨水排除方向。

③ 用指北针表示房屋的朝向。有的图用风向玫瑰图表示常年风向频率和风速。

④ 较大、复杂的工程，有时还有水、暖、电等管线总平面图，各种管线综合布置图，竖向设计图，道路纵横剖面图以及绿化布置图。

2.4.3 新建建筑的定位

新建房屋的定位方法有两种，一种是参照法，即根据已有房屋或道路定位；另一种是坐标定位法，即在地形图上绘制测量坐标网。标注房屋墙角坐标的方法，如图 2-12 所示。

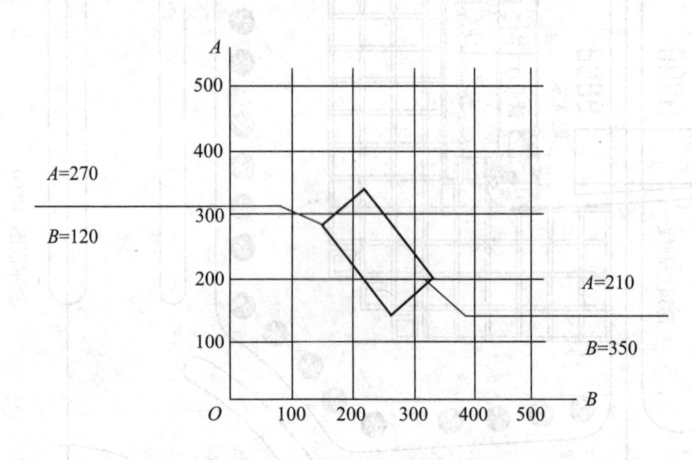

图 2-12 建筑物坐标示意图

2.5 建筑平面图

2.5.1 形成

建筑平面图实际上是水平剖面图，假想用一个水平切面沿房屋窗台以上位置通过门窗洞口处将房屋切开，移开剖切平面以上的部分，绘出剩留部分的水平面剖面图，叫做建筑平面图，见图 2-13。

2.5.2 图示内容

建筑平面图中应标明：承重墙、柱的尺寸及定位轴线，房间的布局及其名称，

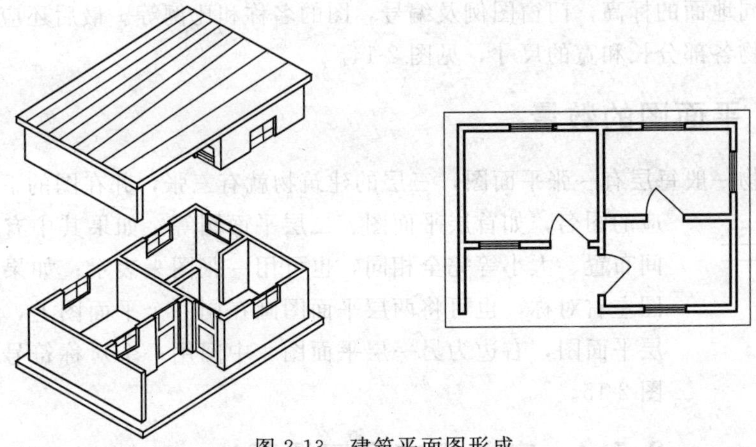

图 2-13　建筑平面图形成

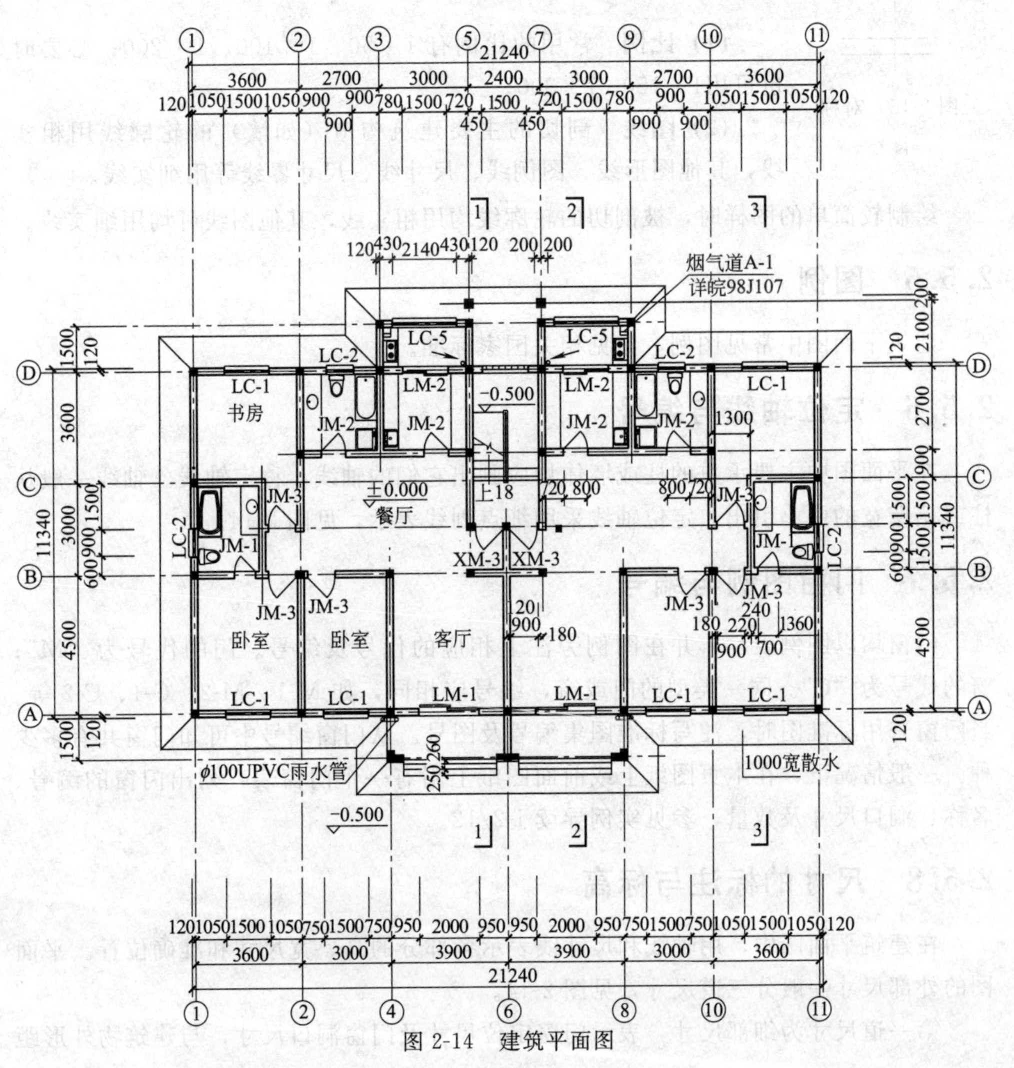

图 2-14　建筑平面图

室内外不同地面的标高，门窗图例及编号，图的名称和比例等。最后还应详尽地标出该建筑物各部分长和宽的尺寸，见图 2-14。

2.5.3 平面图的数量

建筑物一般每层有一张平面图，三层的建筑物就有三张，并在图的下面注明相应的图名，如首层平面图、二层平面图等。如果其中有几层的房间布置、大小等完全相同，也可用一张图来表示；如果建筑平面图左右对称，也可将两层平面图画在同一个平面图上，左边为一层平面图，右边为另一层平面图，中间用一个对称符号分界，见图 2-15。

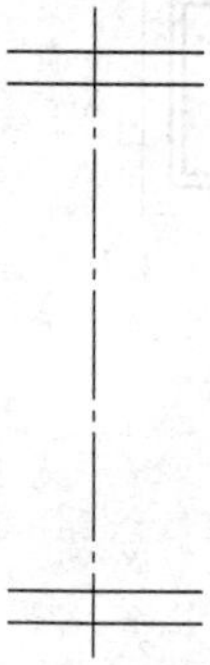

图 2-15 对称符号

2.5.4 有关规定及习惯画法

(1) 比例 常用的比例有 1∶50、1∶100、1∶200；必要时也可用1∶150、1∶300。

(2) 图线 剖切的主要建筑构造（如墙）的轮廓线用粗实线，其他图形线、图例线、尺寸线、尺寸界线等用细实线。绘制较简单的图样时，被剖切的轮廓线均用粗实线，其他图线可均用细实线。

2.5.5 图例

建筑平面图中常见图例，参见相关国家标准。

2.5.6 定位轴线与编号

在平面图中主要承重的柱或墙体均应画出它们的轴线，称定轴线。轴线一般从柱或墙壁宽的中心引出。定位轴线采用细点划线表示，见图 2-14。

2.5.7 门窗图例与编号

门窗均以图例表示，并在图例旁注上相应的代号及编号。门的代号为“M”；窗的代号为“C”。同一类型的门或窗，编号应相同，如 M-1、M-2、C-1、C-2 等。当门窗采用标准图时，注写标准图集编号及图号。从门窗编号中可知门窗共有多少种。一般情况下，在本页图纸上或前面图纸上附有一个门窗表，列出门窗的编号、名称、洞口尺寸及数量，参见实例导读 J-2/12。

2.5.8 尺寸的标注与标高

在建筑平面图中，用轴线和尺寸线表示各部分的高、宽尺寸和准确位置。平面图的外部尺寸一般分三道尺寸，见图 2-14。

第一道尺寸为细部尺寸，表示门窗定位尺寸及门窗洞口尺寸，与建筑物外形距离较近的一道尺寸，以定位轴为基准标注出墙垛的分段尺寸。

第二道尺寸为轴线尺寸，标注轴线之间的距离（开间或进深尺寸）。

第三道尺寸为外包尺寸，表示建筑物的总长度和总宽度。

除三道尺寸外还有台阶、花池、散水等尺寸，房间的净长和净宽、地面标高、内墙上门窗洞口的大小及其定位尺寸等。

在各层平面图上还注有楼地面标高，表示各层楼地面距离相对标高零点（即正负零）的高差。

2.5.9　剖面图的剖切位置

有剖面图时，一般在首层平面图上标注有剖切符号，表示剖面图的剖切位置和剖视方向（见图 2-14）。

2.5.10　详图的位置与编号

某些构造细部或构件须要另画有详图表示时，则注有索引符号，表明详图的位置和编号，以便与详图对照查阅。

2.5.11　必要的文字说明

对于图示中无法用图形表明的内容，如施工质量要求等，则用文字说明。

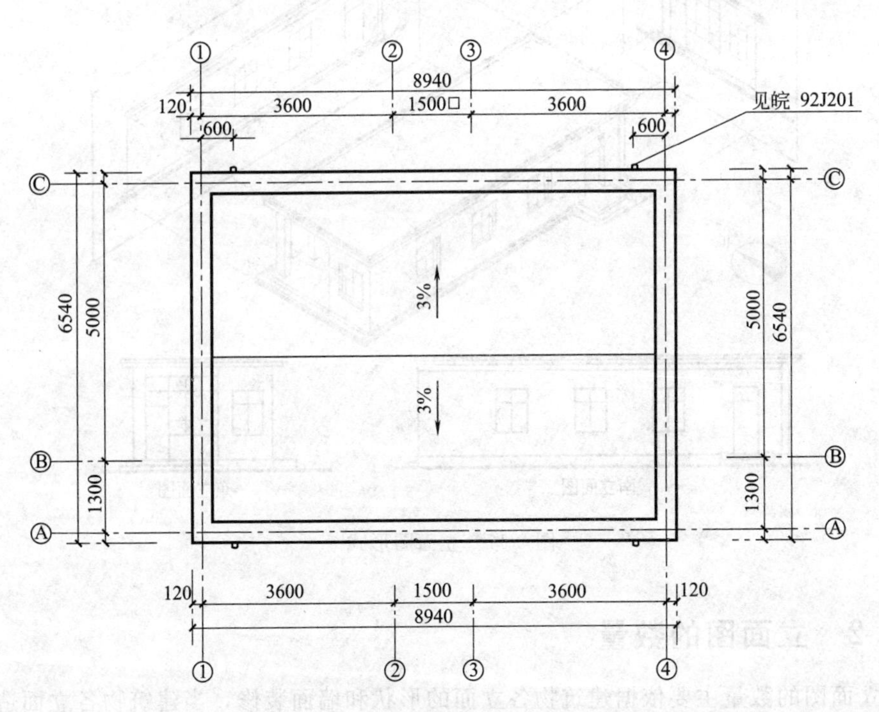

图 2-16　屋顶平面图

2.5.12 屋顶平面图常单独画出

在屋顶平面图中，主要包括以下内容。

(1) 屋面排水情况 排水分工，排水方向，屋面坡度，天沟、下水口位置等。

(2) 突出屋面的构筑物位置 常画有如电梯机房、水箱间、女儿墙、天窗、管道、烟囱、检查孔、屋面变形缝等的位置及形状，见图 2-16。

2.6 建筑立面图

2.6.1 立面图形式

把房屋的立面用水平投影方法画出的图形称为建筑立面图。

建筑立面图相当于正投影图中的正立和侧立投影图，是建筑物各方向外表立面的正投影图。立面图是用来表示建筑物的体形和外貌的，并能表明外墙装修要求(见图 2-17)。

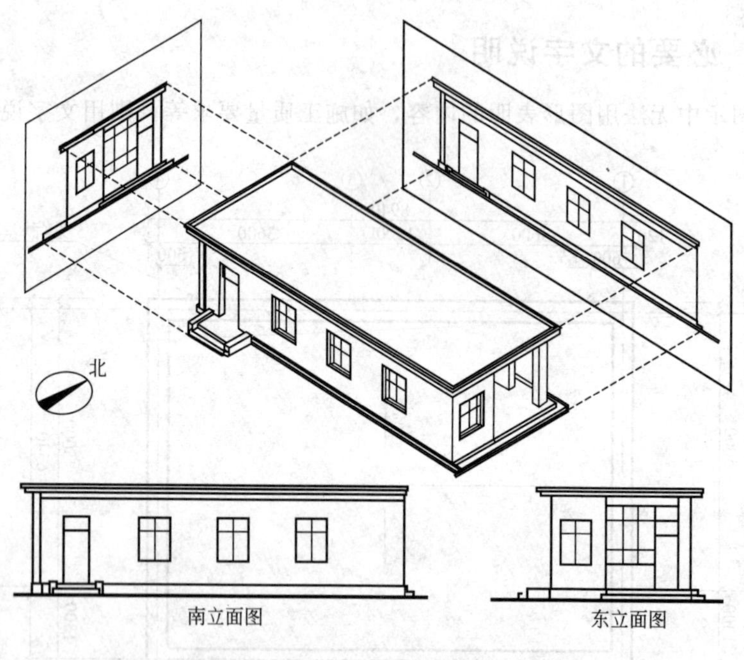

图 2-17 立面图形式

2.6.2 立面图的数量

立面图的数量主要依据建筑物各立面的形状和墙面装修，当建筑物各立面造型复杂、墙面装修各异时，就需要画出所有立面图。当建筑物各立面造型简单，可以通过主要立面图和墙身剖面图表明次要立面的形状和装修要求时，可省略该立面图不画。

2.6.3 立面图的命名

立面图的命名主要有三种。

(1) 按立面的主次命名 所反映建筑物外貌主要特征或主要出入口的立面图命名为正立面图，而把其他立面图分别称为背立面图、左侧立面图和右侧立面图等。

(2) 按建筑物的朝向命名 依据建筑物立面的朝向可分别命名为南立面图、北立面图、东立面图和西立面图，见图 2-18。

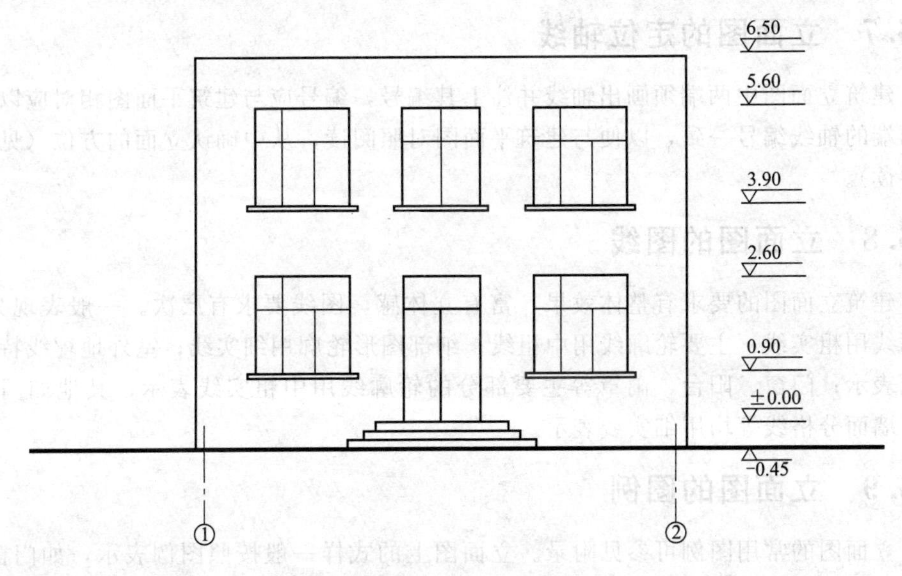

图 2-18 南立面图

(3) 按轴线编号命名 依据建筑物立面两端的轴线编号命名。如①～⑩立面图、Ⓐ～Ⓓ立面图等。

2.6.4 立面图的内容

内容有图名和比例，图样应有一栋建筑物的立面形状及外貌，立面上门窗的布置、外形以及开启方向（应用图例表示），有表明外墙面装饰的做法及分格情况，有表示室外台阶、花池、勒脚、窗台、雨罩、阳台、檐沟、屋顶和雨水管等的位置、立面形状及材料做法。

2.6.5 立面图的比例

立面图所采用的比例应与建筑平面图所用比例一致，以便与建筑平面图对照阅读。常用比例有 1∶100、1∶200、1∶50。

2.6.6 立面图的尺寸标注

立面图高度方向标注有三道尺寸：细部尺寸、层高及总高度。

(1) 细部尺寸 最里面一道尺寸，反映室内外地面高差、防潮层位置、窗下墙高度、门窗洞口高度、洞口顶面到上一层楼面的高度、女儿墙或檐板高度（见实例导读）。

(2) 层高 中间一道尺寸，反映上下相邻两层楼地面之间的距离。

(3) 总高度 最外面一道表示尺寸，反映从建筑物室外地坪至女儿墙压顶（或至檐口）的距离（见实例导读）。

2.6.7 立面图的定位轴线

建筑立面图中两端须画出轴线并注上其编号，编号应与建筑平面图相对应以立面两端的轴线编号一致，以便与建筑平面图对照阅读，从中确认立面的方位（见实例导读）。

2.6.8 立面图的图线

建筑立面图的要求有整体效果，富有立体感，图线要求有层次。一般表现为：轮廓线用粗实线；主要轮廓线用中粗线；细部图形轮廓用细实线；室外地坪线特粗实线表示；门窗、阳台、雨罩等主要部分的轮廓线用中粗实线表示；其他如门窗扇、墙面分格线等均用细实线表示。

2.6.9 立面图的图例

立面图的常用图例可参见附录。立面图上的式样一般按照图例表示，如门窗，见图 2-19。

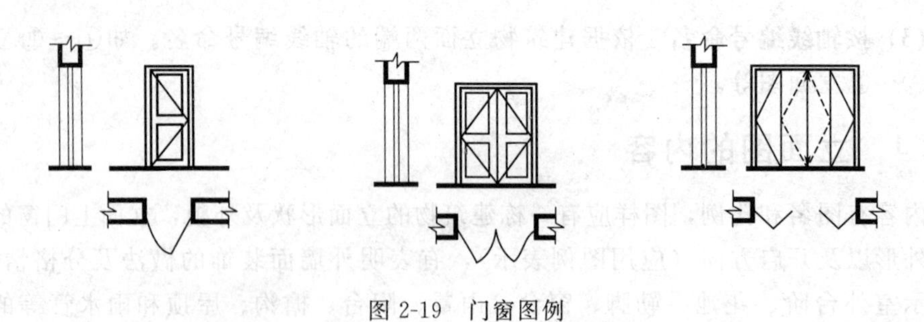

图 2-19 门窗图例

2.6.10 立面图的指示线

立面图中墙面各部位装饰做法常用指示线并加以文字说明来进一步解释（见图 2-20）。

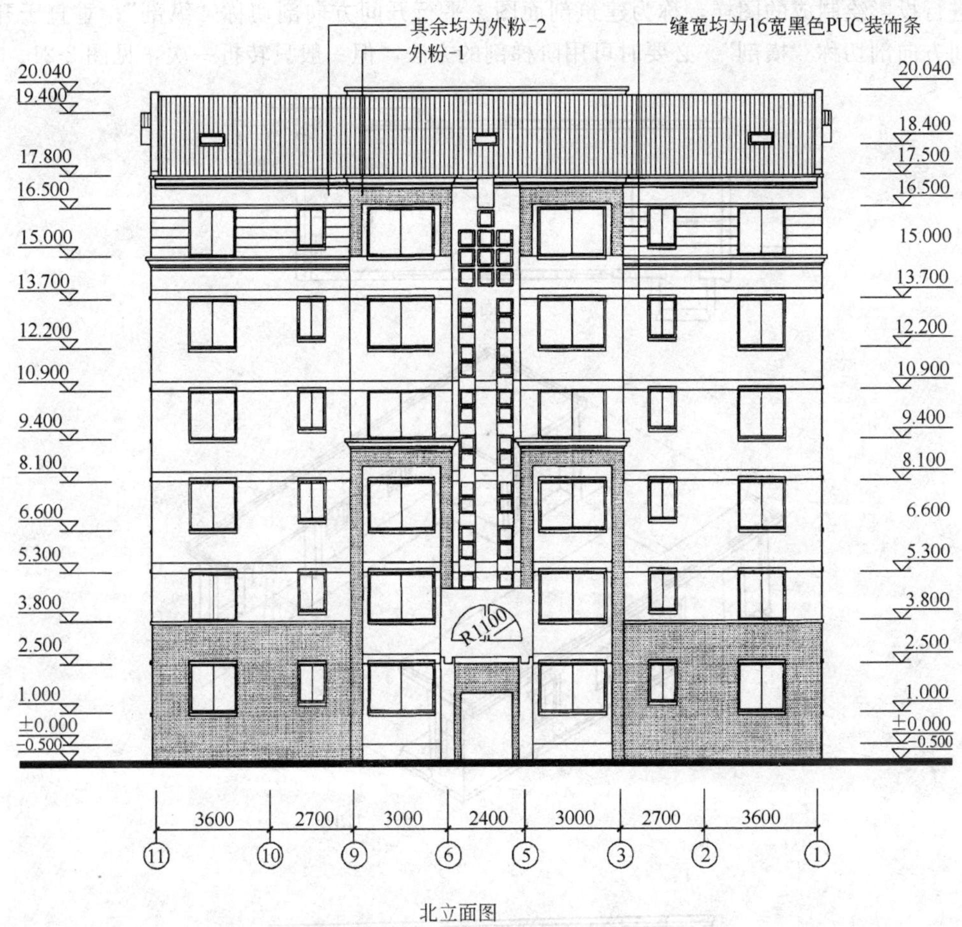

图 2-20　立面图

2.6.11　其他方面

立面图如左右相同的，可以只绘一半，加上对称符号即可。

对画详图的部位，一般标注索引符号，指示查阅详图。

平面形状曲折的建筑物立面，其立面图可采用展开式立面图。

2.7 建筑剖面图

2.7.1　建筑剖面的形式

假想用剖切平面在建筑平面图的横向或纵向沿房屋的主要入口、窗洞口、楼梯等位置上将房屋垂直地剖开，然后移去不需要的部分，将剩余的部分按某一水平方向进行投影绘制成的图样，称为建筑剖面图。平行开间方向剖切称“纵剖”；垂直于开间方向剖切称“横剖”。必要时可用阶梯剖的方法，但一般只转折一次，见图 2-21。

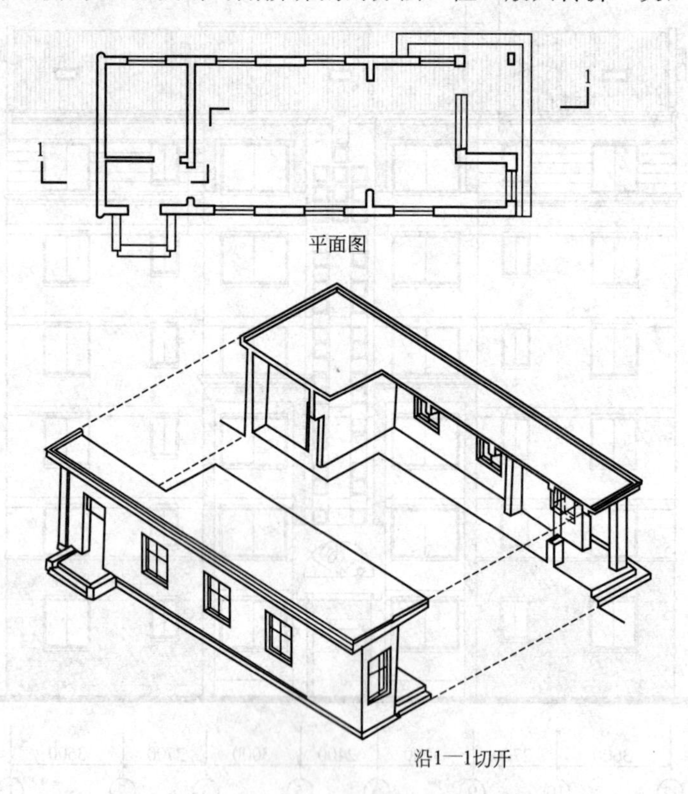

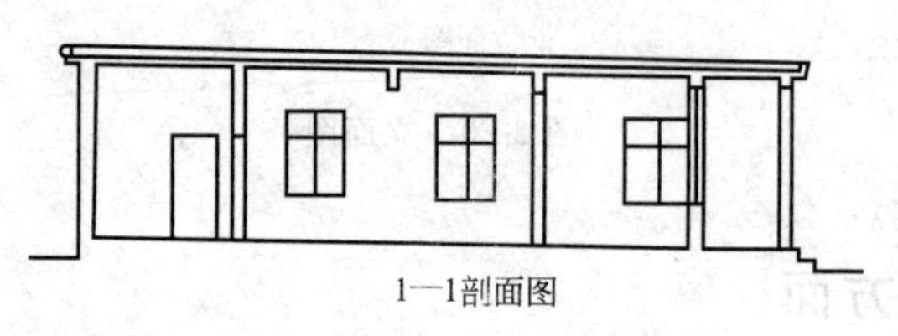

图 2-21 剖面图的形式

2.7.2 建筑剖面图的数量

剖面图的数量一般根据建筑物内部构造复杂程度决定。建筑剖面图的剖切位置通常选择在能表现建筑物内部结构和构造比较复杂、有变化、有代表性的部位，一般应通过门窗洞口、楼梯间及主要出入口等位置。

2.7.3 标高

凡是剖面图上不同高度的部位（如各层楼面、顶棚、层面、楼梯休息平台、地面等）都应标注相对标高。在构造剖面图中，一些主要构件必须标注其结构标高。

2.7.4 尺寸标注

剖面图的尺寸有外部尺寸和内部尺寸之分。

外部高度尺寸一般注三道。

① 第一道尺寸，接近图形的一道尺寸，以层高为基准标注窗台、窗洞顶（或门）以及门窗洞口的高度尺寸。

② 第二道尺寸，标注两楼层间的高度尺寸（即层高）。

③ 第三道尺寸，标注总高度尺寸，见图 2-22。

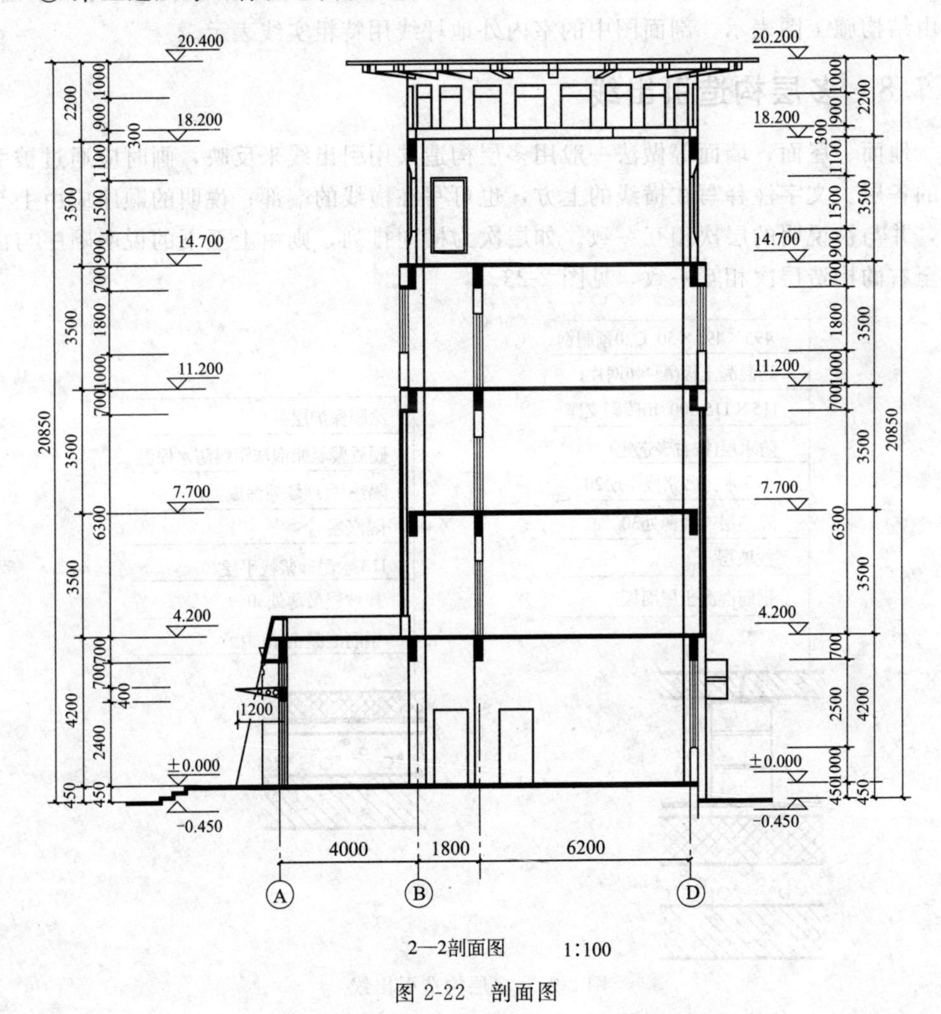

图 2-22 剖面图

内部尺寸主要注内墙的门窗洞口尺寸及其定位尺寸，其他细部尺寸等。

2.7.5 比例

剖面图的比例一般与平面图和立面图的比例相同，以便和它们对照阅读。

2.7.6 定位轴线

剖面图中应画出两端墙或柱的定位轴线并写上其编号，这样可以看出剖切位置及剖视方向。

2.7.7 图线

剖面图剖到的部位用粗实线表示。如墙、柱、板、楼梯等，未剖到的用中粗实线表示，其他如引出线等用细实线表示。室外地坪以下的基础用折断线省略不画，另由结构施工图表示。剖面图中的室内外地坪线用特粗实线表示。

2.7.8 多层构造引出线

地面、屋面、墙面等做法一般用多层构造共用引出线来反映，画时应通过被引出的各层。文字注释写在横线的上方，也可写在横线的端部；说明的顺序应由上至下，并与被说明的层次相互一致。如层次为横向排列，则由上至下的说明顺序与由左至右的构造层次相互一致，见图 2-23。

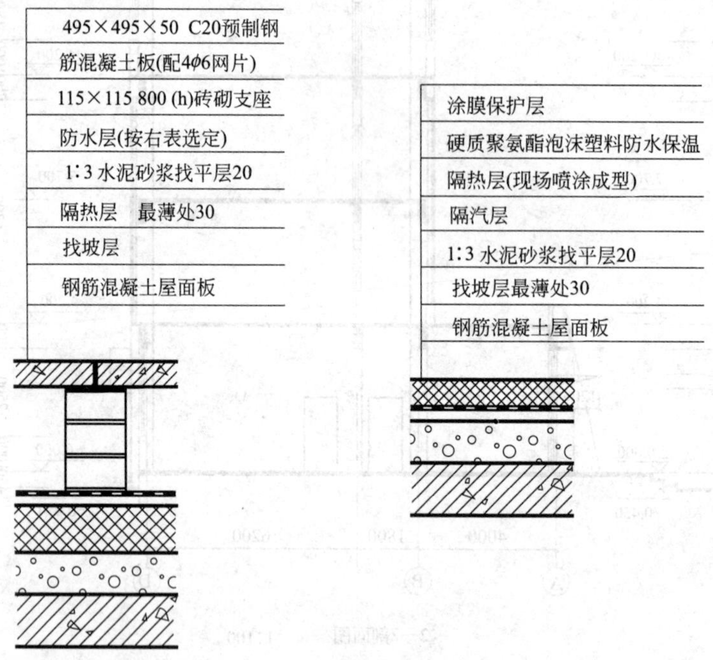

图 2-23 多层构造引出线

2.7.9 建筑标高与结构标高的区别

建筑标高指的是各部位竣工后的上（或下）表面的标高；结构标高指的是各结构构件不包括粉刷层时的下（或上）皮的标高，见图 2-24。

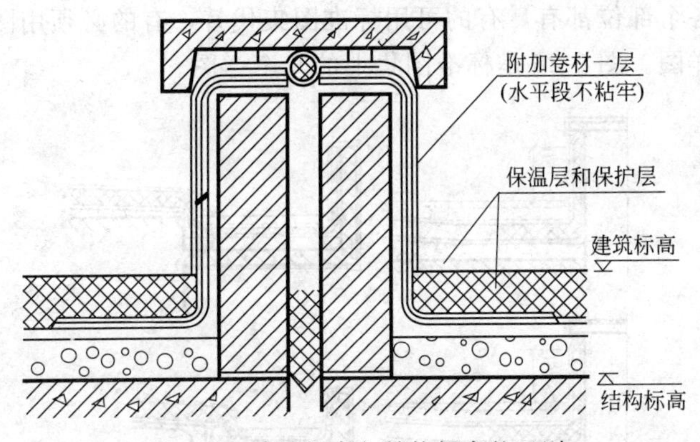

图 2-24 建筑标高与结构标高的区别

2.7.10 坡度

坡度是用来反映建筑物倾斜的程度，如屋面、散水等，需用坡度来表示倾斜的程度。图 2-25（a）是坡度较小时的表示方法，箭头指向下坡的方向，2%表示坡度的高长比，平房面排水常用这样表示。图 2-25（b）、图 2-25（c）是坡度较大时的表示方法，图 2-25（c）中直角三角形的斜边应与坡度平行，直角边上的数字表示坡度的高长比。

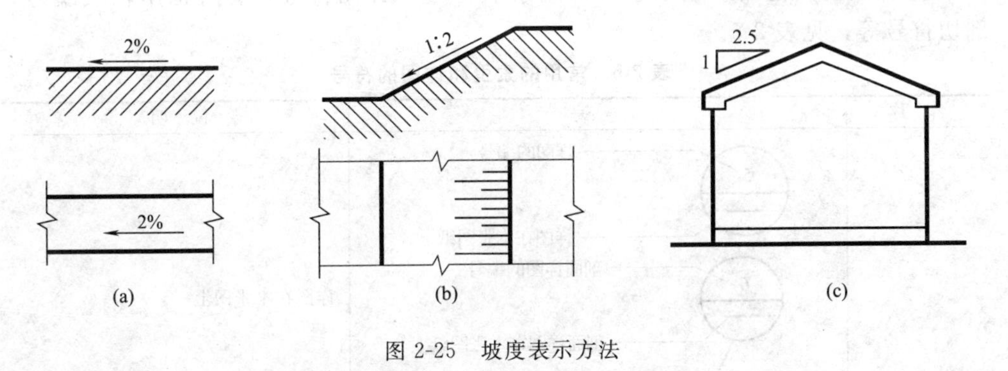

图 2-25 坡度表示方法

2.8 建筑详图

建筑详图是将房屋构造的局部用较大的比例画出的大样图。因为，对一个建筑物来说，有了建筑平、立、剖面图仍然不能施工。平、立、剖面图图样比例较小，建筑物的某些细部及构配件的详细构造和尺寸仍然不能清楚表示，不能满足施工需求。在一套施工图中，除了有建筑平、立、剖面图外，还必须有许多比例较大的图样，对建筑物细部的形状、大小、材料和做法加以补充说明。建筑详图是建筑细部施工图，是建筑平、立、剖面图的补充，是施工的重要依据之一。

建筑详图各个部位都有，有的可用标准图集代替，有的必须用图纸画出，见实例导读中建筑详图。图 2-26 是标准图集上的几个详图。

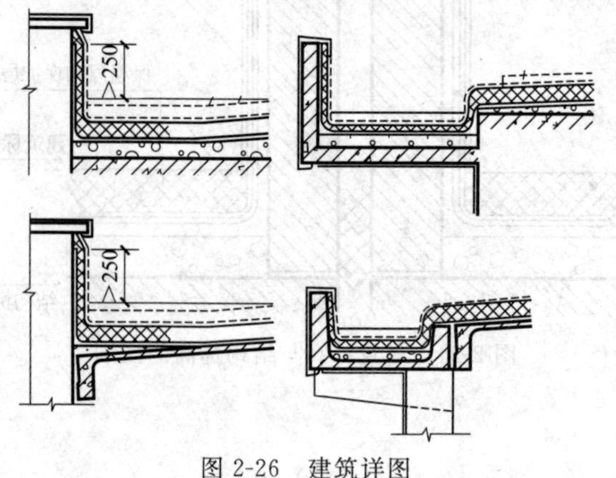

图 2-26 建筑详图

2.8.1 建筑详图比例及符号

① 比例较大，常用比例为 1∶20、1∶10、1∶5、1∶2、1∶1 等。

② 尺寸标注齐全、准确，文字说明全面。

③ 详图与其他图的联系主要采用索引符号和详图符号，有时也用轴线编号、剖切符号等，见表 2-5。

表 2-5 常用的索引和详图的符号

名 称	符 号	说 明
详图的索引	5 —— 详图的编号；详图在本张图纸上 6 —— 剖面详图的编号；剖面详图在本张图纸上	详图在本张图上
	6 —— 详图的编号 3 —— 详图所在图纸的编号	详图不在本张图上
	93J301 —— 标准图册的编号 6 —— 标准图册详图的编号 12 —— 标准图册详图所在图纸的编号	标准详图

续表

名　称	符　号	说　明
详图的索引	93J301 $\frac{8}{13}$；标准图册的编号；标准图册详图的编号；标准图册详图所在图纸的编号；剖切位置线——引出线表示剖视方向(本图向右)	标准详图
详图的标志	5——详图的编号	被索引的详图在本张图纸上

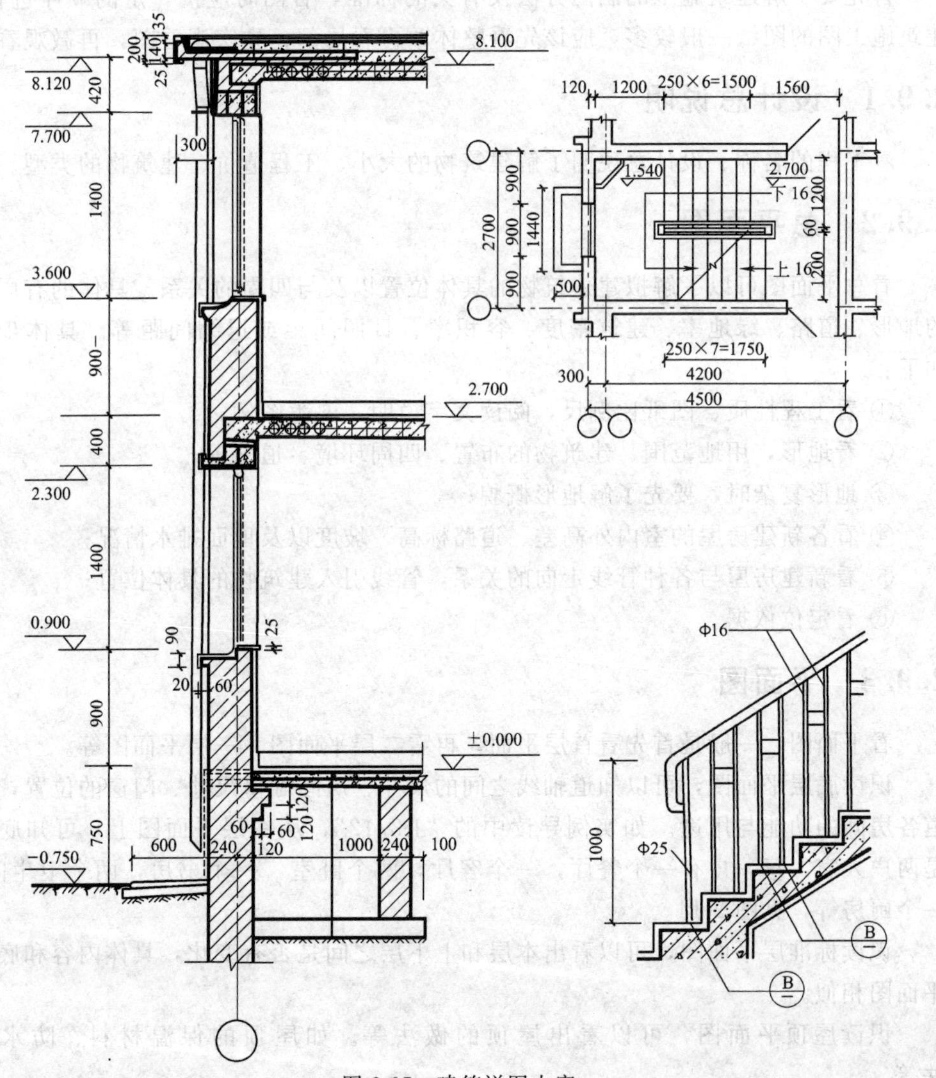

图 2-27　建筑详图内容

如采用标准图或通用详图的建筑构配件和剖面节点详图，可只注明所用图集名称、编号或页次，而不需画出详图。如实例导读“J-3/12”，详图做法只写“见皖98J107图集”；实例导读J-8/12中详图烟帽做法只写“见98J107图集15页”。

2.8.2 建筑详图内容

建筑详图图样有：墙身剖面图、楼梯详图、门窗详图及厨房、浴室、卫生间详图等，见图2-27。

2.9 如何识读建筑施工图

首先要了解建筑施工的制图方法及有关的标准，看图时应按一定的顺序进行。建筑施工图的图纸一般较多，应该先看整体，再看局部；先宏观看图，再微观看。

2.9.1 设计总说明

看工程的名称、设计总说明了解建筑物的大小、工程造价、建筑物的类型。

2.9.2 总平面图

看总平面图可以了解拟建建筑物的具体位置以及与四周的关系。具体的有周围的地形、道路、绿地率、建筑密度、容积率、日照间距或退缩间距等。具体步骤如下：

① 看工程性质、图纸比例尺，阅读文字说明，熟悉图例；

② 看地形，用地范围、建筑物的布置、四周环境、道路等；

③ 地形复杂时，要先了解地形概貌；

④ 看各新建房屋的室内外高差、道路标高、坡度以及地面排水情况；

⑤ 看新建房屋与各种管线走向的关系，管线引入建筑物的具体位置；

⑥ 看定位依据。

2.9.3 平面图

看平面图，一般是首先看首层平面，再看二层平面图、三层平面图等。

识读底层平面图，可以知道轴线之间的尺寸、房间墙壁尺寸、门窗的位置，知道各房间的功能与用途。如实例导读中的“J-3/12”，从一层平面图上，可知底层是两户人家，每一户有一个餐厅，一个客厅，两个卧室，一个书房，两个卫生间，一个厨房等，见图2-14。

识读标准层平面图，可以看出本层和上下层之间是否有变化，具体内容和底层平面图相似。

识读屋顶平面图，可以看出屋顶的做法等。如屋顶的保温材料、防水做法等。

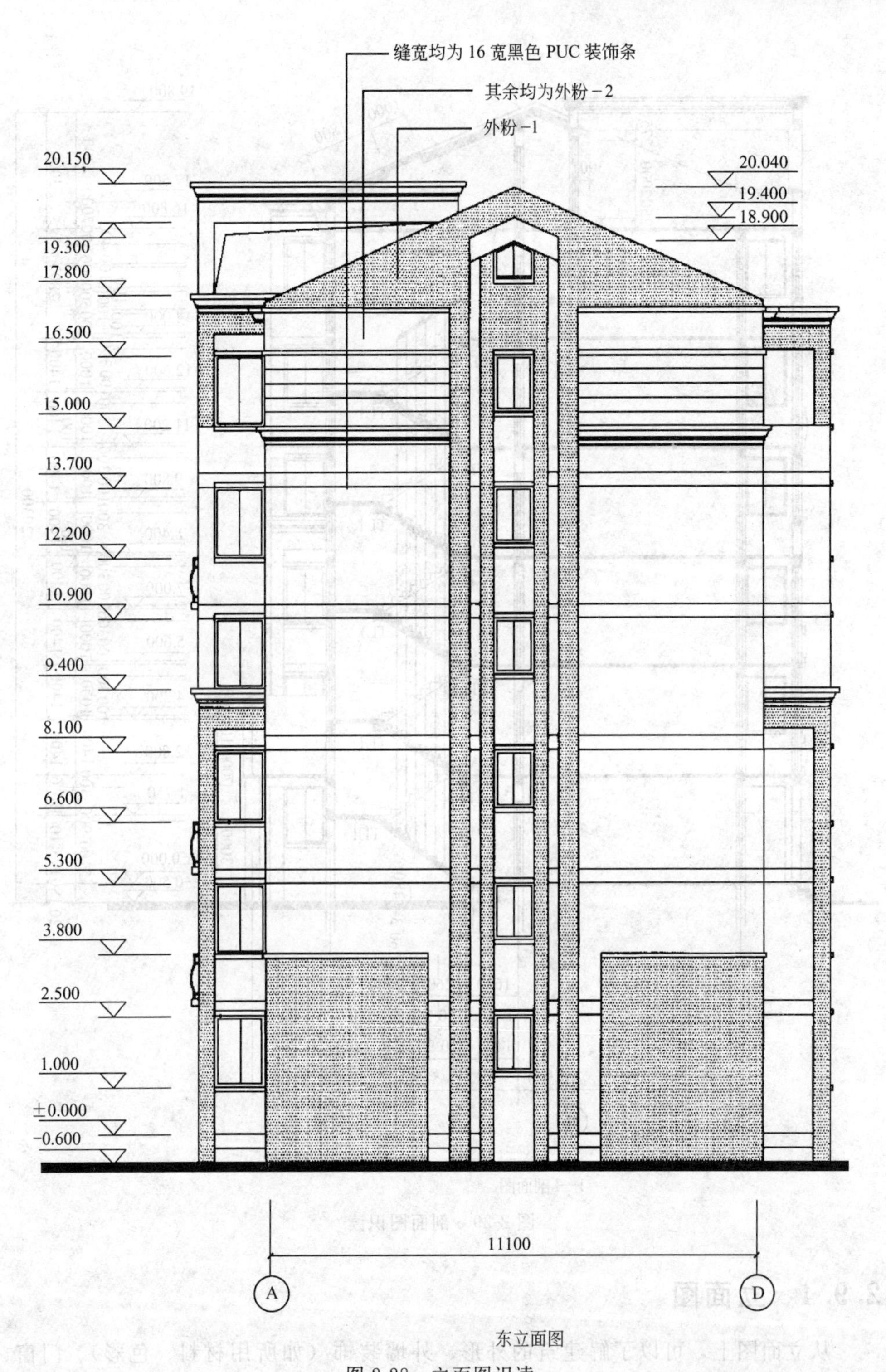

东立面图

图 2-28 立面图识读

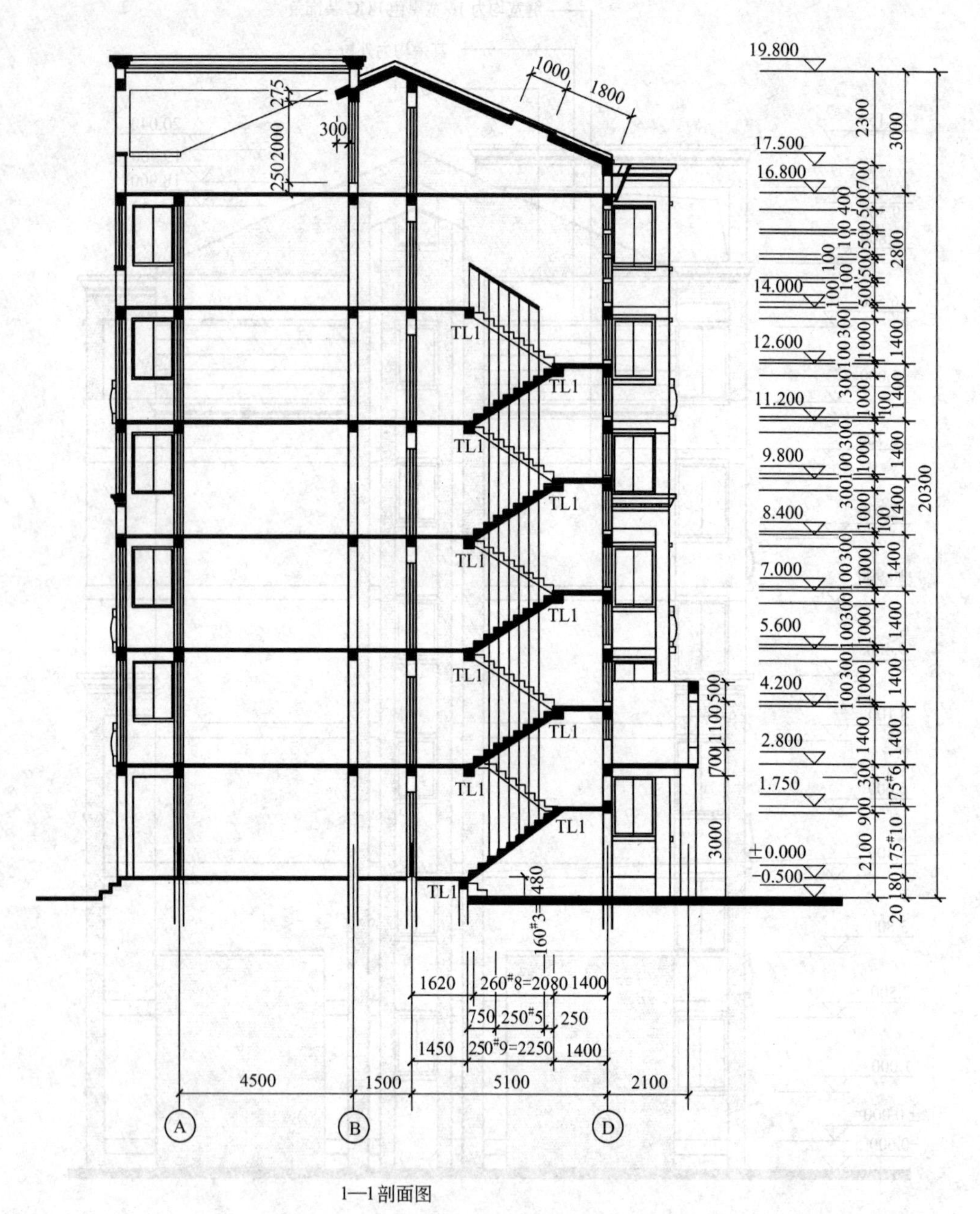

图 2-29 剖面图识读

2.9.4 立面图

从立面图上，可以了解建筑的外形、外墙装饰（如所用材料、色彩）、门窗、阳台、台阶、檐口等形状，了解建筑物的总高度和各部位的标高。

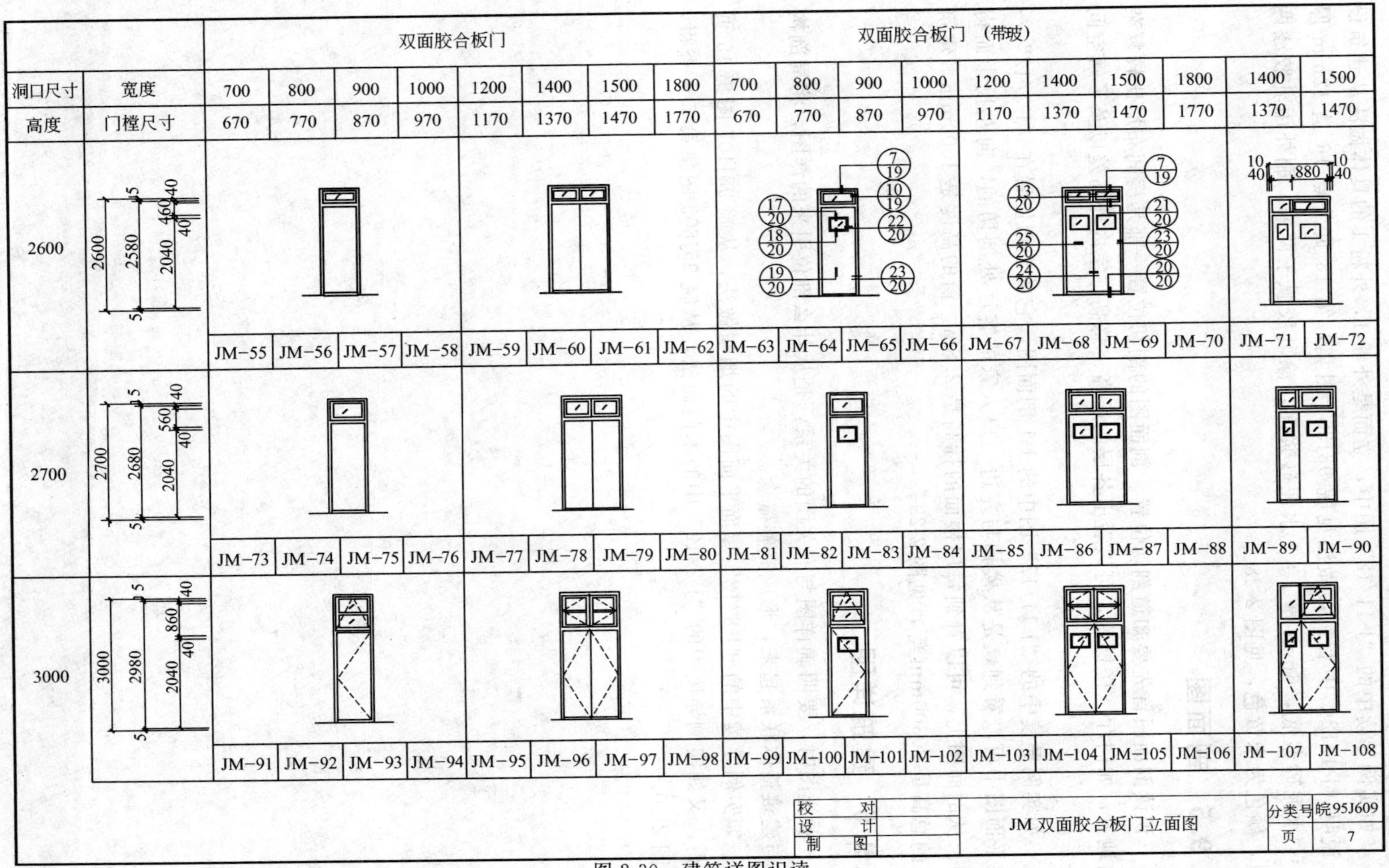

		双面胶合板门								双面胶合板门（带玻）									
洞口尺寸	宽度	700	800	900	1000	1200	1400	1500	1800	700	800	900	1000	1200	1400	1500	1800	1400	1500
高度	门樘尺寸	670	770	870	970	1170	1370	1470	1770	670	770	870	970	1170	1370	1470	1770	1370	1470
2600	2600, 2580, 2040, 460, 40, 40, 5, 5	JM-55	JM-56	JM-57	JM-58	JM-59	JM-60	JM-61	JM-62	JM-63	JM-64	JM-65	JM-66	JM-67	JM-68	JM-69	JM-70	JM-71	JM-72
2700	2700, 2680, 2040, 560, 40, 40, 5, 5	JM-73	JM-74	JM-75	JM-76	JM-77	JM-78	JM-79	JM-80	JM-81	JM-82	JM-83	JM-84	JM-85	JM-86	JM-87	JM-88	JM-89	JM-90
3000	3000, 2980, 2040, 860, 40, 40, 5, 5	JM-91	JM-92	JM-93	JM-94	JM-95	JM-96	JM-97	JM-98	JM-99	JM-100	JM-101	JM-102	JM-103	JM-104	JM-105	JM-106	JM-107	JM-108

校对		JM 双面胶合板门立面图	分类号	皖95J609
设计			页	7
制图				

图 2-30　建筑详图识读

如实例导读中的“J-11/12”图中，立面是外粉1，外粉1的具体做法从建筑设计说明（J-1/12）中看到，做法见皖93J301图集，第18页节点16是12mm厚1∶3水泥砂浆底，6mm厚1∶3水泥砂浆面，涂乳胶腻子两遍，刷外用乳胶漆两遍，颜色为米黄色，见图2-28。

2.9.5 剖面图

识读剖面图首先要知道剖切位置。剖面图的剖切位置一都是房间布局比较复杂的地方，如门厅、楼梯等，可以看出各层的层高、总高、室内外高差以及了解空间关系。

如实例导读中的“J-11/12”图中的1-1剖面图，它的剖切位置在“J-3/12”一层平面图中可以看到，是从楼梯与左边一户人家的客厅处剖切的，向左投影而得的。从剖面图上，可以看到每层楼面的标高是2.8m，窗的高度是1500mm，建筑屋的总高是20300mm等，见图2-29。

2.9.6 建筑详图

看详图时，要明确详图与有关图的关系，是从什么剖位引来的详图，将局剖构件与建筑整体联系起来，形成完整概念。

如实例导读中的“J-8/12”屋面平面图中的烟帽做法，从皖98J107图集15页查得。又如实例导读中的“J-2/12”中的木门做法，从皖95J609图集第7页查得，见图2-30。

3 结构施工图

3.1 结构施工图概述

表示建筑物的承重构件（如基础、承重墙、柱、梁、板、屋架、屋面板等）的布置、形状、尺寸大小、数量、材料、构造及其相互关系的施工图均称为结构施工图。

3.1.1 房屋结构与结构构件

任何一个房屋建筑都是由各种不同用途的建筑配件和结构构件组成的。结构构件起着“骨架”的作用，在整个房屋建筑中起着保证房屋安全可靠的作用。这个“骨架”就称之为“房屋的结构”。

图 3-1 房屋建筑中重量和荷载是通过基础、墙体、柱、梁、楼板等支撑的。这些承重构件都属于房屋的结构构件，而门、窗、墙板等都是用来满足采光、通风及遮风避雨用的，属于建筑配件。

3.1.2 建筑上常用结构形式

(1) 按结构受力形式划分 常见的有墙柱与梁板承重的砖混结构，板、梁、柱承重的框架结构及桁架结构等结构形式。

(2) 按建筑的材料划分 常见的有砖墙结构、钢筋混凝土结构、钢结构及其他建筑材料结构等。

3.1.3 房屋结构施工图的作用

建筑结构施工图（简称“结施”）内容包括房屋结构的类型、结构构件的布置。如各种构件的形状、大小、材料、代号、位置、数量、施工要求等。

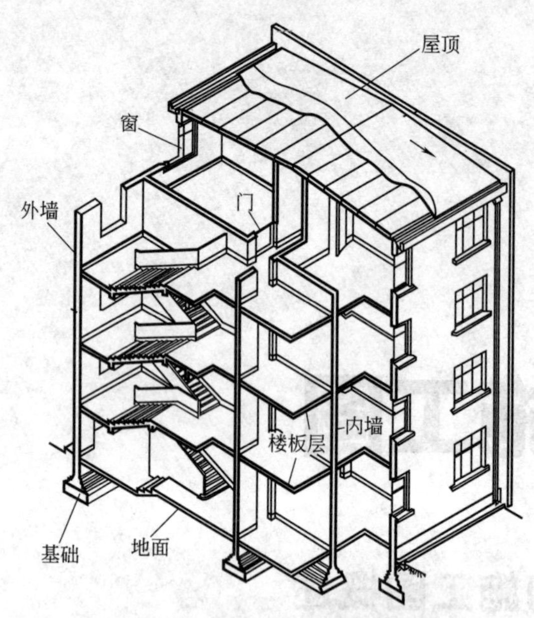

图 3-1 房屋结构与结构构件

建筑结构图主要用于施工，如放灰线、开挖基槽、模板放样、钢筋骨架绑扎、浇灌混凝土等，也用来编制建筑预算、编制施工组织进度计划。

3.1.4 结构施工图的组成

(1) 结构设计说明 用文字辅以图表来说明结构做法，具体内容有设计的主要依据（如功能要求、荷载情况、水文地质资料、地震烈度等）、结构的类型、建筑材料的规格形式、地基做法、钢筋混凝土各构件、砖砌体、局部做法、标准图和地区通用图的选用情况、施工注意事项等（见实例导读）。

(2) 结构构件平面布置图 通常包含以下内容：

① 基础平面布置图（含基础截面详图），主要表示基础类型、基础位置、轴线的距离；

② 楼层结构构件平面布置图，主要是楼板的布置、楼板的厚度及混凝土强度，钢筋布置、梁的位置、梁的跨度等；

③ 屋面结构构件平面布置图，主要表示屋面楼板的布置、屋面楼板的厚度等。

(3) 结构构件详图

① 基础详图，用于表示基础的详细做法。条形基础一般画一平面处的剖面，独立基础则画出一个基础大样图。

② 梁类、板类、柱类等构件详图（包括预制构件、现浇结构构件等）。

③ 楼梯结构详图。

④ 屋架结构详图（包括钢屋架、木屋架、钢筋混凝土屋架）。

⑤ 其他结构构件详图（如支撑等）。

以上各类图可参见实例导读。

3.2 钢筋混凝土构件的概念

3.2.1 钢筋混凝土的概念

混凝土是由水泥、砂子、石子和水四种材料按一定比例搅制而成。它的特点是抗压强度较高，抗拉强度极低，容易受拉力断裂。碳素钢材抗拉及抗压强度都极高，在实际工程中把钢材与混凝土结合在一起，使钢材承受拉力，混凝土承受压力，这样形成的建筑材料就叫钢筋混凝土。

梁、板、柱、基础等用钢筋混凝土做成，称作钢筋混凝土构件。常用构件见表 3-1。

表 3-1 常用构件代号

序号	名　称	代号	序号	名　称	代号	序号	名　称	代号
1	板	B	15	吊车梁	DL	29	基础	J
2	屋面板	WB	16	圈梁	QL	30	设备基础	SJ
3	空心板	KB	17	过梁	GL	31	柱	ZH
4	槽形板	CB	18	连系梁	LL	32	柱间支撑	ZC
5	折板	ZB	19	基础梁	JL	33	垂直支持	CC
6	密肋板	MB	20	楼梯梁	TL	34	水平支持	SC
7	楼梯板	TB	21	檩条	LT	35	梯	T
8	盖板或沟盖板	GB	22	屋架	WJ	36	雨篷	YP
9	挡雨板或檐口板	YB	23	托架	TJ	37	阳台	YT
10	吊车安全走道板	DB	24	天窗架	GJ	38	梁垫	LD
11	墙板	QB	25	框架	KJ	39	预埋件	M
12	天沟板	TGB	26	刚架	GJ	40	天窗端壁	TD
13	梁	L	27	支架	ZJ	41	钢筋网	W
14	屋面梁	WL	28	柱	Z	42	钢筋骨架	G

注：1. 预制钢筋混凝土构件、现浇钢筋混凝土构件、钢构件和木构件，一般可直接采用本表中的构件代号。在设计中，当需要区别上述构件种类时，应在图纸上加以说明。

2. 预应力钢筋混凝土构件代号，应在构件代号前加注“Y-”，如 Y-DL 表示预应力钢筋混凝土吊车梁。

钢筋混凝土构件的生产方法有两种。

(1) 预制构件 在工厂或现场先预制好，再现场吊装。

(2) 现浇构件 现场支模板，放入钢筋骨架、浇灌混凝土后并把它振捣密实，养护拆卸模板。

3.2.2 钢筋有关知识

(1) 常用钢筋符号 钢筋按其强度和品种有不同的等级。每一类钢筋都用一个符号表示，表 3-2 是常用钢筋种类及符号。

表 3-2 常用钢筋种类及符号

钢筋等级	钢号或外形	符 号	钢筋等级	钢号或外形	符 号
Ⅰ	3 号光圆钢筋	Φ	Ⅳ	等高肋	Φ
Ⅱ	20 锰硅月牙肋钢筋	Φ	冷拉Ⅰ级钢筋		Φ^l
Ⅲ	25 锰硅月牙肋钢筋	Φ	冷拔低碳钢丝		Φ^b

(2) 钢筋的标注方法 钢筋的直径、根数及或相邻钢筋中心距一般采用引出线的方式标注。常用钢筋的标注方法有以下两种。

a. 梁、柱中纵筋的标准

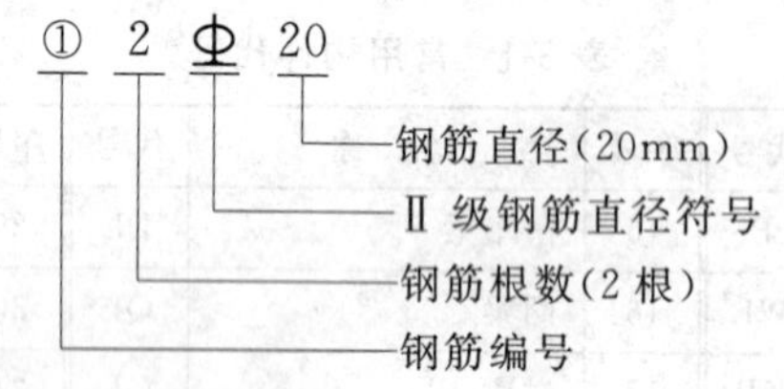

b. 梁、柱中箍筋的标准

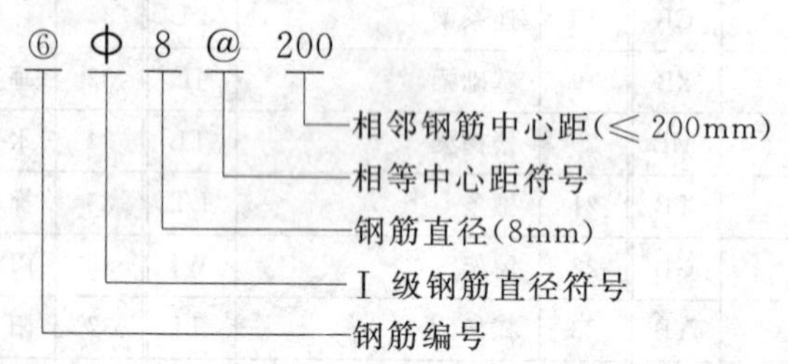

(3) 常见钢筋图例 钢筋的一般表示方法应符合表 3-3 和表 3-4 的规定。

表 3-3 钢筋的端部形状及搭接

序号	名 称	图 例	说 明
1	钢筋横断面		
2	无弯钩的钢筋端部		下图表示长短钢筋投影重叠时可在短钢筋的端部用 45°短划线表示
3	带半圆形弯钩的钢筋端部		
4	带直钩的钢筋端部		
5	带丝扣的钢筋端部		
6	无弯钩的钢筋搭接		
7	带半圆钩的钢筋搭接		
8	带直钩的钢筋搭接		
9	套管接头号(花篮螺丝)		

表 3-4　钢筋的配置

序　号	说　　明	图　　例
1	在平面图中配置双层钢筋时，底层钢筋弯钩应向上或向左，顶层钢筋则向下或向右	（底层）（顶层）
2	配双层钢筋的墙体，在配筋立面图中，远面钢筋的弯钩应向上或向左，而近面钢筋则向下或向右（GM：近面；YM：远面）	JM YM JM YM
3	如在断面图中不能表示清楚钢筋布置，应在断面图外面增加钢筋大样图	
4	图中所表示的箍筋、环筋、如布置复杂，应加画钢筋大样及说明	或
5	每组相同的钢筋、箍筋或环筋，可以用粗实线画出其中一根来表示，同时用一横穿的细线表示其余的钢筋、箍筋或环筋，横线的两端带斜短划表示该号钢筋的起止范围	

(4) 钢筋的作用

a. 受力钢筋　承受拉力或是承受压力的钢筋，用于梁、板、柱等。如图 3-2 所示中的钢筋①、钢筋②。

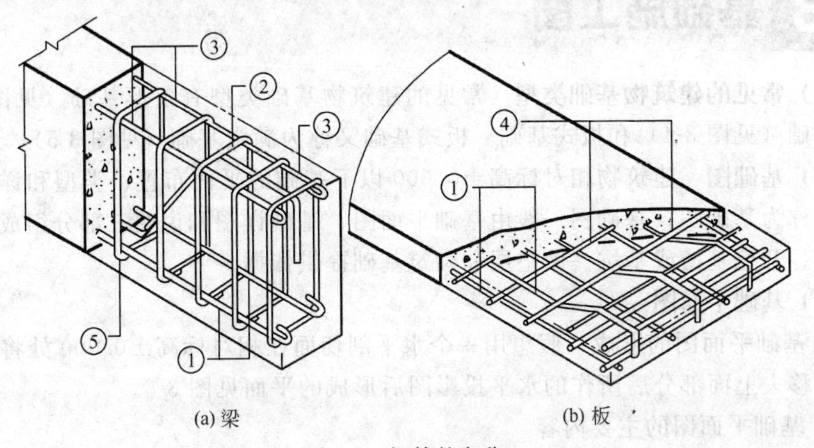

图 3-2　钢筋的名称

b. 箍筋　箍筋是将受力钢筋箍在一起，形成骨架用的，有时也承受外力所产生的应力。钢箍按构造要求配置。如图 3-2 中，钢筋⑤就是箍筋。

c. 架立钢筋　架立钢筋是用来固定箍筋间距的，使钢筋骨架更加牢固。如图 3-2 中的钢筋③。

d. 分布钢筋　分布钢筋主要用于现浇板内，与板中的受力钢筋垂直放置。主要是固定板内受力钢筋位置。如图 3-2 中的钢筋④。

当受力钢筋为光圆钢筋时，钢筋的端部设弯钩，以加强与混凝土的握裹力，避免钢筋在受拉时滑动，如果是表面带有螺纹的钢筋，端部不必设弯钩。弯钩的做法见图 3-2。

e. 支座筋　用于板内，布置在板的四周。

f. 钢筋的混凝土保护层　为了防止钢筋锈蚀，加强钢筋与混凝土的黏结力，在构件中的钢筋外缘到构件表面应有一定的厚度，该厚度称为保护层。保护层的厚度应查阅设计说明。如设计无具体要求时，保护层厚度应按规范要求去做，也就是不小于钢筋直径，并应符合表 3-5 的要求。

表 3-5　钢筋的混凝土保护层厚度　　单位：mm

环境与条件	构件名称	混凝土强度等级		
		低于 C25	C25 及 C30	高于 C30
室内正常环境	板、墙、壳	15		
	梁和柱	25		
露天或室内高湿度环境	板、墙、壳	35	25	15
	梁和柱	45	35	25
有垫层	基础	35		
无垫层		70		

3.3 基础施工图

(1) 常见的建筑物基础类型　常见的建筑物基础类型有条形基础（见图 3-3）、独立基础（见图 3-4）和板式基础。板式基础又称为满堂基础（见图 3-5）。

(2) 基础图　建筑物相对标高±0.000 以下基础的平面布置、类型和详细构造的图样称为基础图。基础图一般由基础平面图、基础详图和说明三部分组成。主要为放线、开挖基槽或基坑、做垫层和砌筑基础提供依据。

(3) 基础平面图

a. 基础平面图的形成　假想用一个水平剖切面在相对标高±0.000 处将建筑物剖开，移去上面部分后所作的水平投影图后形成的平面见图 3-6。

b. 基础平面图的主要内容

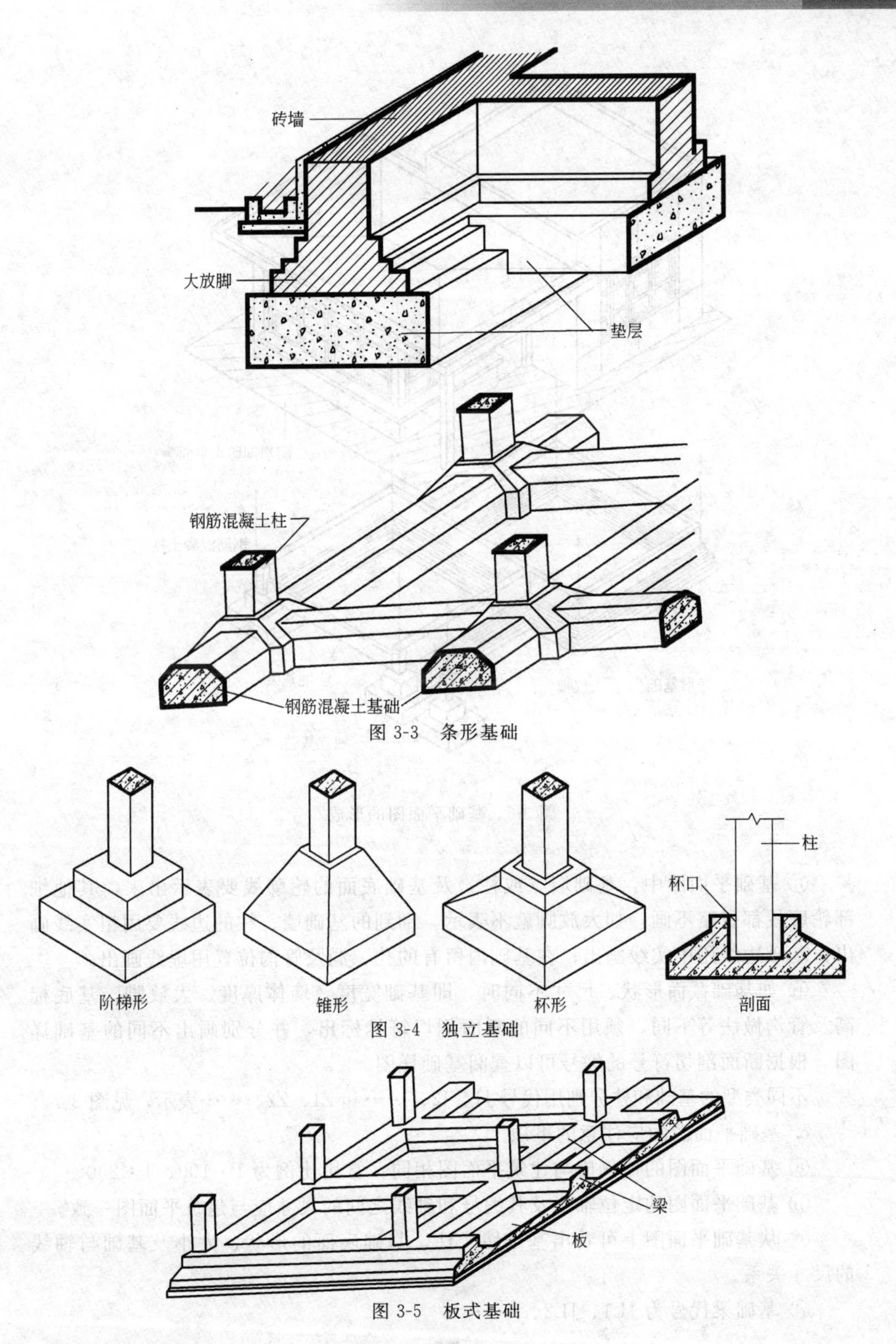

图 3-3 条形基础

图 3-4 独立基础

图 3-5 板式基础

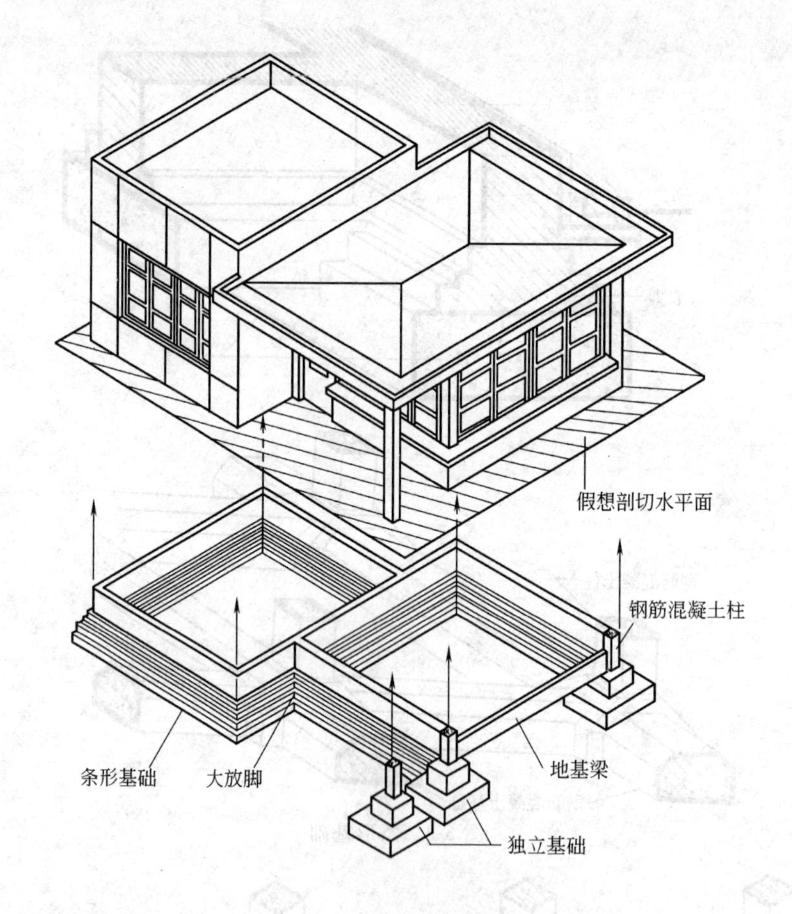

图 3-6 基础平面图的形成

ⓐ 基础平面图中，基础墙（或柱）及基础底面的轮廓线要表示出来，其他细部轮廓线都省略不画，如大放脚就不表示。剖到的基础墙、柱的边线要用粗实线画出；基础边线用中实线画出；在基础内留有的孔、洞及管沟位置用虚线画出。

ⓑ 如基础截面形状、尺寸不同时，即基础宽度、墙体厚度、大放脚、基底标高及管沟做法等不同，须用不同的断面剖切符号标出，并分别画出不同的基础详图。根据断面剖切符号的编号可以查阅基础详图。

不同类型的基础和柱分别用代号 J1、J2、……和 Z1、Z2、……表示，见图 3-7。

c. 基础平面图的应注意的事项

ⓐ 基础平面图的比例应与建筑平面图相同，常用比例为 1∶100、1∶200。

ⓑ 基础平面图的定位轴线及其编号和轴线之间的尺寸应与建筑平面图一致。

ⓒ 从基础平面图上可看出基础墙、柱、基础底面的形状、大小及基础与轴线的尺寸关系。

ⓓ 基础梁代号为 JL1、JL2、……

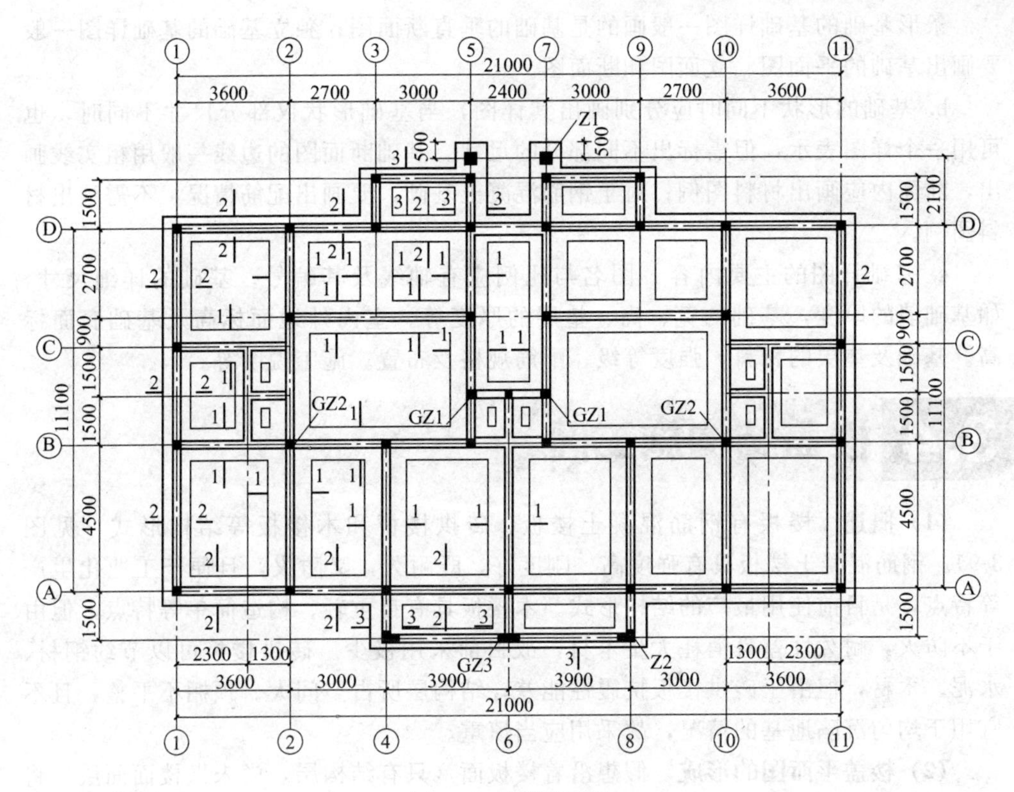

图 3-7 基础平面图

(4) 建筑物基础详图

a. 基础详图的形成 用较大的比例画出基础局部构造的图，如基础的细部尺寸、形状、材料做法及基础埋置深度等，见图 3-8。

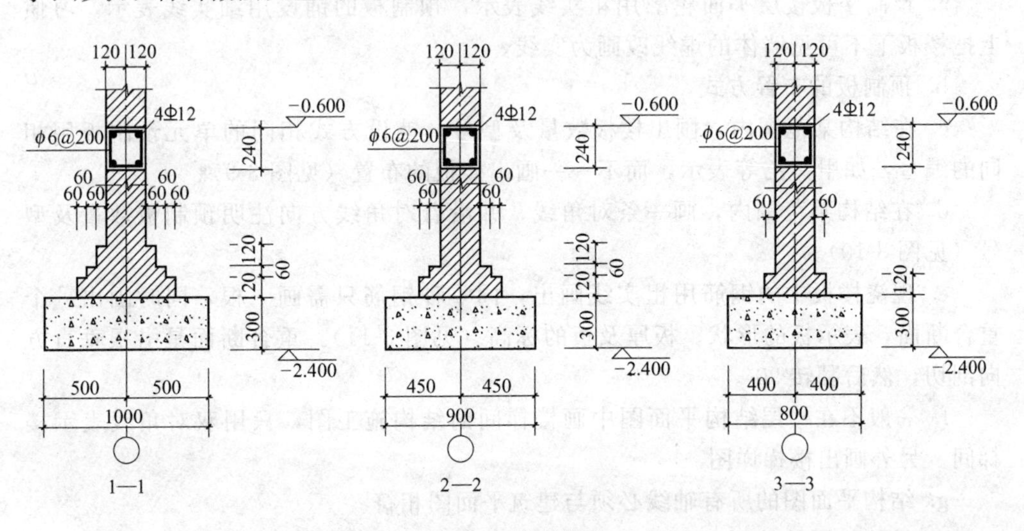

图 3-8 基础详图

条形基础的基础详图一般画的是基础的垂直断面图；独立基础的基础详图一般要画出基础的平面图、立面图和断面图。

b. 基础的形状不同时应分别画出其详图，当基础形状仅部分尺寸不同时，也可用一个详图表示，但需标出不同部分的尺寸。基础断面图的边线一般用粗实线画出，断面内应画出材料图例；对于钢筋混凝土基础，要画出配筋情况，不需画出材料图例。

c. 基础详图的主要内容　图名与比例应有轴线及其编号。基础的详细尺寸，如基础墙的厚度，基础的宽、高、垫层的厚度等。室内外地面标高及基础底面标高。基础及垫层的材料、强度等级、配筋规格及布置。施工说明等。

3.4 楼盖结构施工图

(1) 概述　楼板有钢筋混凝土楼板、砖拱楼板和木楼板等结构形式（见图 3-9）。钢筋混凝土楼板具有强度高、刚度好，既耐久，又防火，且便于工业化生产等特点，是目前使用最广的结构形式。木楼板具有自重轻、构造简单等特点，但由于不防火，耐久性差且消耗大量木材，故目前采用极少。砖拱楼板可以节约钢材、水泥、木材，但由于砖拱楼板抗震性能差，结构层所占空间大、顶棚不平整，且不宜用于均匀沉陷地基的情况，故采用应当慎重。

(2) 楼盖平面图的形成　假想沿着楼板面（只有结构层，尚未做楼面面层）将建筑物水平剖开，所作的水平剖面图。楼盖平面反映的是各层梁、板、柱、墙、过梁和圈梁等的平面布置情况，以及现浇楼板、梁的构造与配筋情况及构件间的结构关系。

(3) 图示特点及内容

a. 预制楼板楼层平面轮廓用粗实线表示，预制板的铺设用细实线表示，习惯上把楼板下不可见墙体的虚线改画为实线。

b. 预制板的布置方式。

c. 在结构某范围内，画出楼板数量及型号。铺设方式相同的单元预制板用相同的编号，如甲、乙等表示，而不一一画出楼板的布置（见图 3-9）。

d. 在结构某范围内，画一条对角线，并沿着对角线方向注明预制板数量及型号（见图 3-10）。

e. 现浇楼板中的钢筋用粗实线画出，同一种钢筋只需画一根，同时画出一个重合断面，表示板的形状、板厚及板的标高（见图 3-11）。重合断面是沿根垂直方向剖切，然后翻转 90°。

f. 一般不在楼层结构平面图中画楼梯间的结构施工图，只用双对角线表示楼梯间。另外画出楼梯详图。

g. 结构平面图的所有轴线必须与建筑平面图相符。

h. 结构相同的楼层平面图只画一个结构平面图，称为标准层平面图。

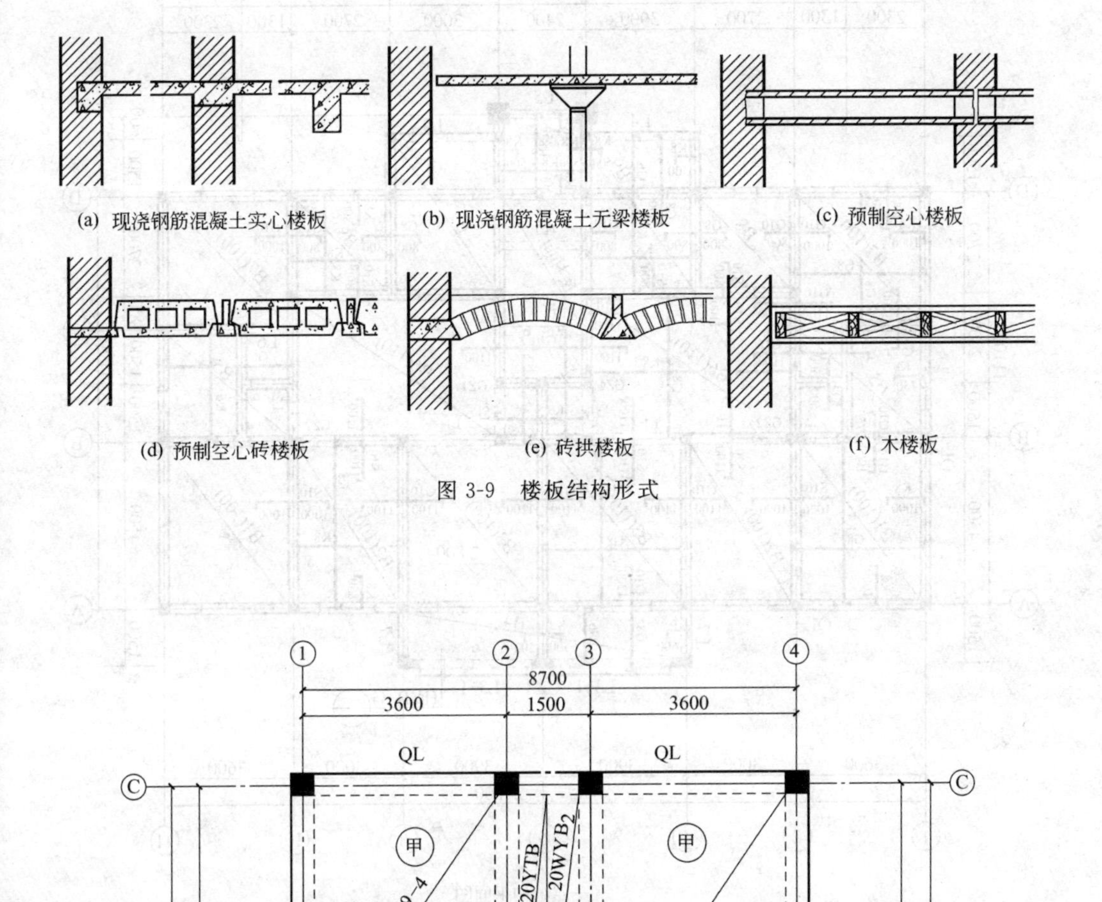

图 3-9 楼板结构形式

图 3-10 楼盖平面图

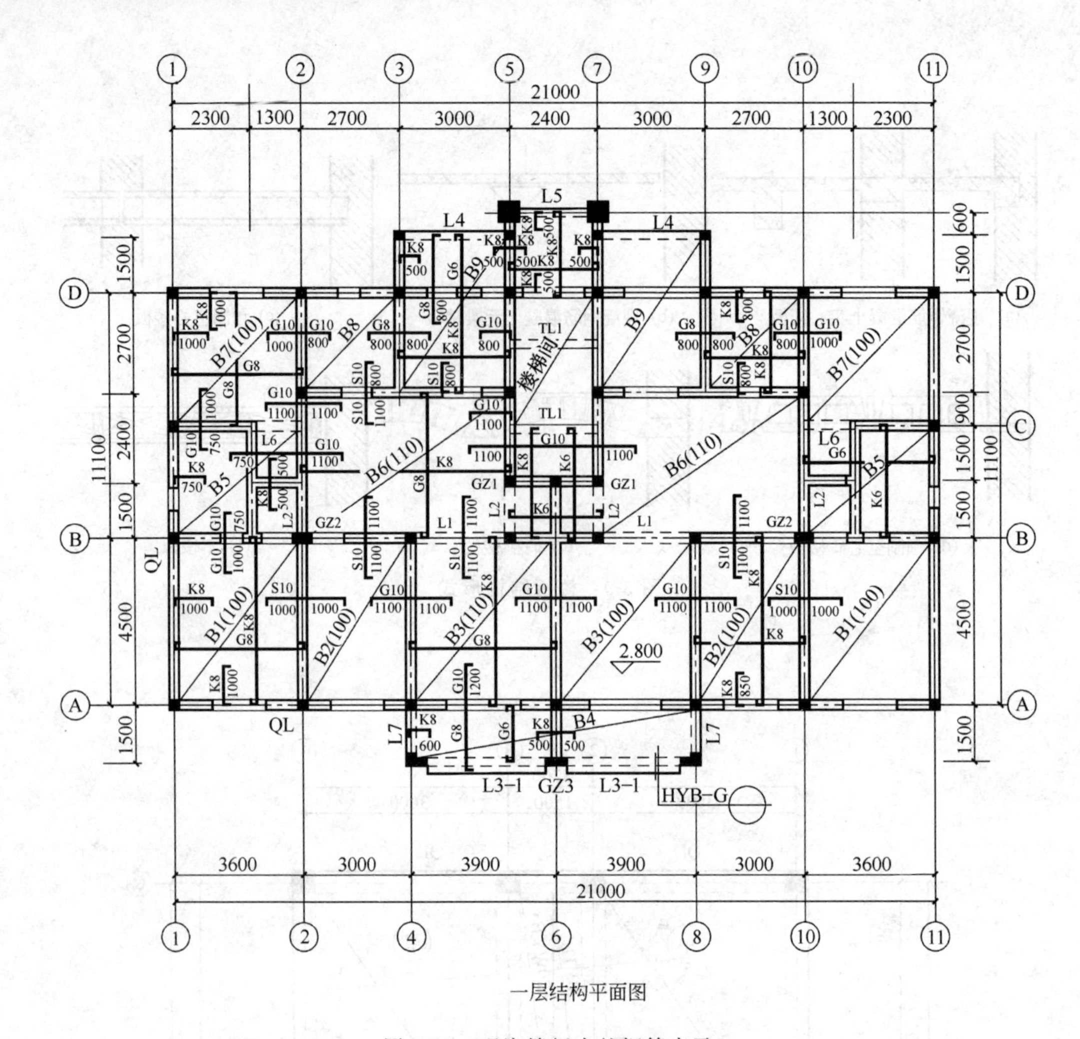

图 3-11 现浇楼板中的钢筋表示

3.5 钢筋混凝土构件详图

(1) 概述 钢筋混凝土构件有现浇、预制两种。钢筋混凝土构件是建筑工程中主要的结构构件，包括梁、板、柱、楼梯等。详图一般包括模板图、配筋图、预埋件详图及钢筋表（或材料用量表）。而配筋图又分为立面图、断面图和钢筋详图。钢筋混凝土构件详图，主要用来反映构件的长度、断面形状与尺寸及钢筋的形式与配置情况，也有用来反映模板尺寸、预留孔洞与预埋件的大小和位置，以及轴线和标高。

(2) 图示特点及内容 构件详图一般情况只绘制配筋图，对较复杂的构件才画出模板图和预埋件详图。

配筋图中的立面图特点是，假想构件为一透明体而画出的一个纵向正投影图。它主要用来表明钢筋的立面形状及其排列的情况，构件的轮廓线（包括断面的轮廓线）在图中是次要的。所以钢筋应用粗实线表示，构件的轮廓线用细实线表示。详图中，箍筋只能看到侧面（一条线），当类型、直径、间距均相同时，可画出其中的一部分，见图 3-12。

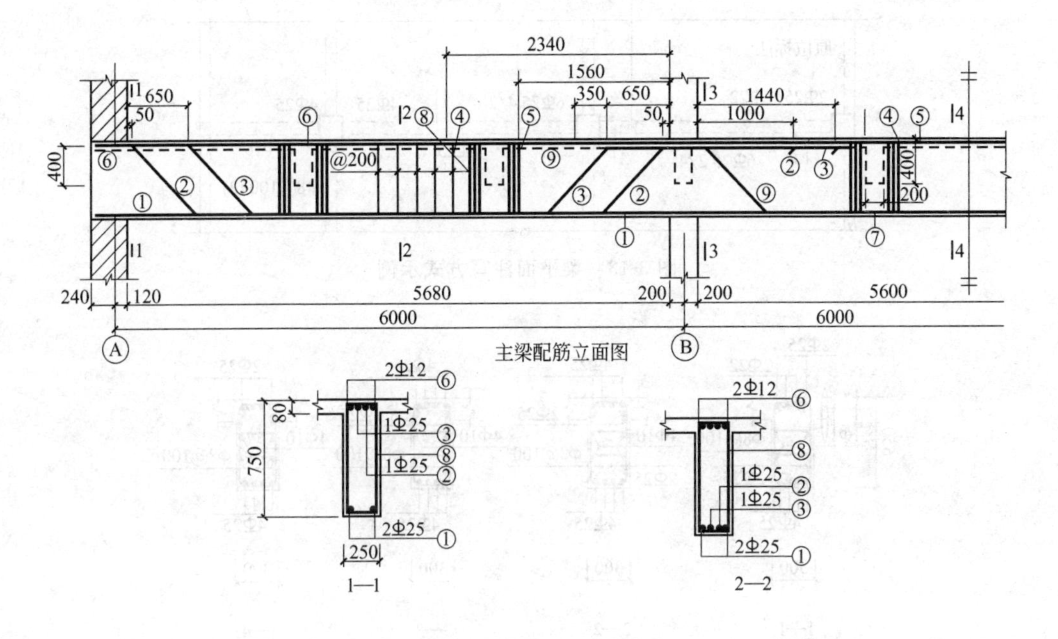

图 3-12　钢筋混凝土构件详图

断面图是构件的横向剖切投影图，它能表示出钢筋的上下和前后的排列、箍筋的形状及构件断面形状或钢筋数量和位置有不同之处，都要画一断面图，但不宜在斜筋段内截取断面。图中钢筋的横断面一般用黑圆点表示，构件轮廓线用细实线表示，见图 3-12。

立面图和断面图上都应注出一致的钢筋编号、直径、数量、间距等和留出规定的保护层厚度。

当配筋较复杂时，通常在立面图的正下方（或正上方）用同一比例画出钢筋详图。同一编号只画一根，并详细注明钢筋的编号、数量（或间距）、类别、直径及各段的长度与总尺寸。

3.6 钢筋混凝土框架梁平面整体表示法

框架梁平面整体表示法是在梁平面布置图上采用平面注写方式的表达，图3-13是梁平面注写方式示例，图 3-14 是梁的截面传统表示方式示例。

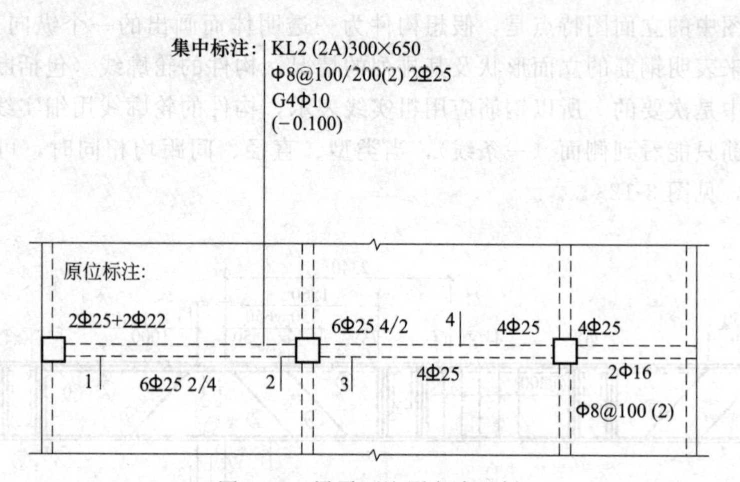

图 3-13 梁平面注写方式示例

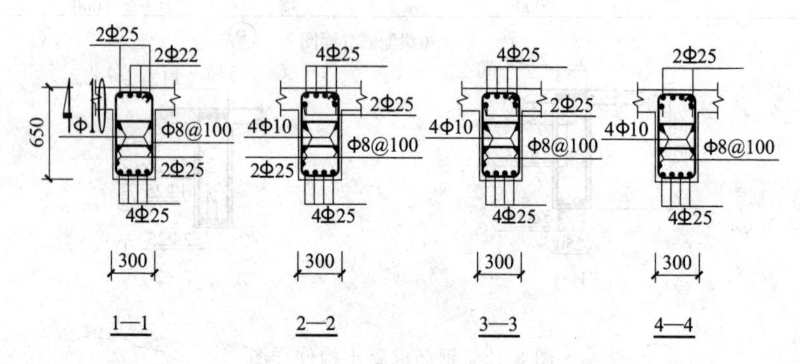

图 3-14 梁的截面传统表示方式示例

3.6.1 代号和编号规定

有代号和编号的梁与相应梁的构造做法见相互对应关系见表 3-6。

表 3-6 相互对应关系表

梁类型	代号	序号	跨数(A:一端悬挑,B:两端悬挑)		
楼层框架梁	KL	XXX	(XX)	(XXA)	(XXB)
屋面框架梁	WKL	XXX	(XX)	(XXA)	(XXB)
非框架梁	L	XXX	(XX)	(XXA)	(XXB)
圆弧形梁	HL	XXX	(XX)	(XXA)	(XXB)
纯悬挑梁	XL	XXX	(XX)	(XXA)	(XXB)

3.6.2 梁平面配筋图的标注方法

结构层平面梁配筋图画法见图3-15。关于梁的几何要素和配筋要素，多跨通

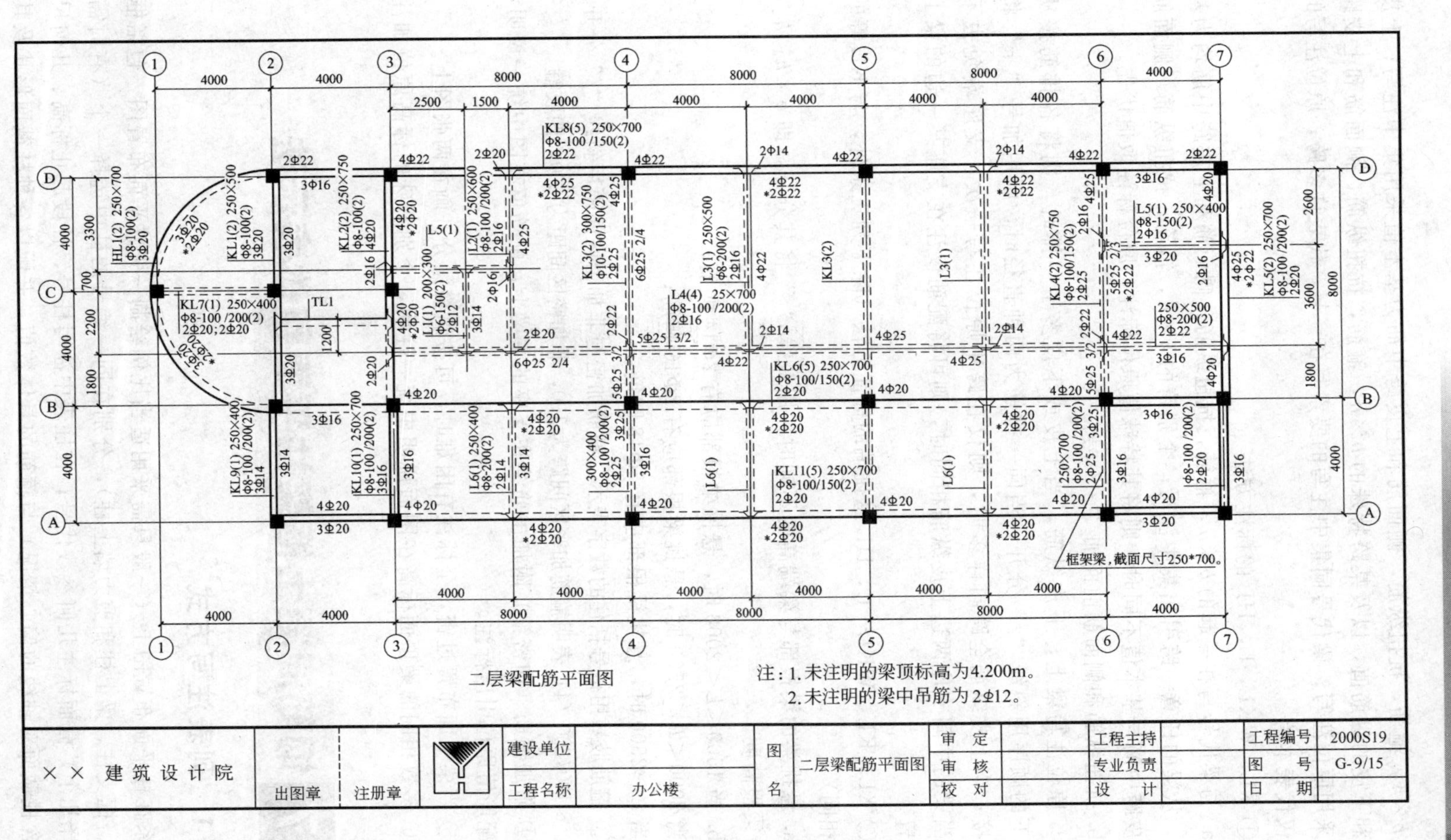

图 3-15 结构层平面梁配筋图画法

用的 $b \times h$，箍筋，抗扭纵筋，侧面筋和上皮跨中筋为基本值采用集中注写；上皮支座和下皮的纵筋值，以及某跨特殊的 $b \times h$，箍筋，抗扭纵筋，侧面筋和上皮跨中筋采用原位注写；梁代号同集中注写的要素写在一起，代表许多跨；原位注写的要素仅代表本跨。

① KL，WKL，L，HL 的标注方法

a. 与梁代号写在一起的 $b \times h$，箍筋，抗扭纵筋，侧面筋和上皮跨中筋均为基本值，从梁的任意一跨引出集中注写；个别跨的 $b \times h$，箍筋，抗扭纵筋，侧面筋和上皮跨中筋与基本值不同时，则将其特殊值原位标注，原位标注取值优先。

b. 抗扭纵筋和侧面筋前面加“*”号。

c. 原位注写梁上，下皮纵筋，当上皮或下皮多于一排时，则将各排筋按从上往下的顺序用斜线“/”分开；当同一排筋为两种直径时，则用加号“+”将其连接；当上皮纵筋全跨同样多时，则仅在跨中原位注写一次，支座端免去不注；当梁的中间支座两边上皮纵筋相同时，则可将配筋仅注在支座某一边的梁上皮位置。

② XL，KL，WKL，L，HL 悬挑端的标注方法（除下列三条外，与 KL 等的规定相同）

a. 悬挑梁的梁根部与梁端高度不同时，用斜线“/”将其分开，即 $b \times h_1/h_2$，h_1 为梁根高度。

b. 当 $1500 \leqslant L < 2000$ 时，悬挑梁根部应有 2Φ14 鸭筋；

当 $2000 < L \leqslant 2500$ 时，悬挑梁根部应有 2Φ16 鸭筋；

当 $L \geqslant 2500$ 时，悬挑梁根部应有 2Φ18 鸭筋。

③ 箍筋肢数用括号括住的数字表示，箍筋加密与非加密区间距用斜线“/”分开。例如：8-100/200（4）表明箍筋加密区间跨为 100，非加密区间距为 200，四肢箍。

④ 附加箍筋（加密箍）附加吊筋绘在支座的主梁上，配筋值在图中统一说明，特殊配筋值原位引出标注。

⑤ 当梁平面布置过密，全标注有困难时，可按纵横梁分开画在两张图上。

⑥ 多数相同的梁顶面标高在图面说明中统一注明，个别特殊的标高原位加注高差。

3.7 钢筋混凝土框架柱平面整体表示法

3.7.1 列表注写方式

系在柱平面布置图上（一般只需采用适当比例绘制一张柱平面布置图，包括框架柱、框支柱、梁上柱和剪力墙上柱），分别在同一编号的柱中选择一个（有时需要选择几个）截面标注几何参数代号；在柱表中注写柱号、柱段起止标高、几何尺寸（含柱截面对轴线的偏心情况）与箍筋的具体数值，并配以各种柱截面形状及其

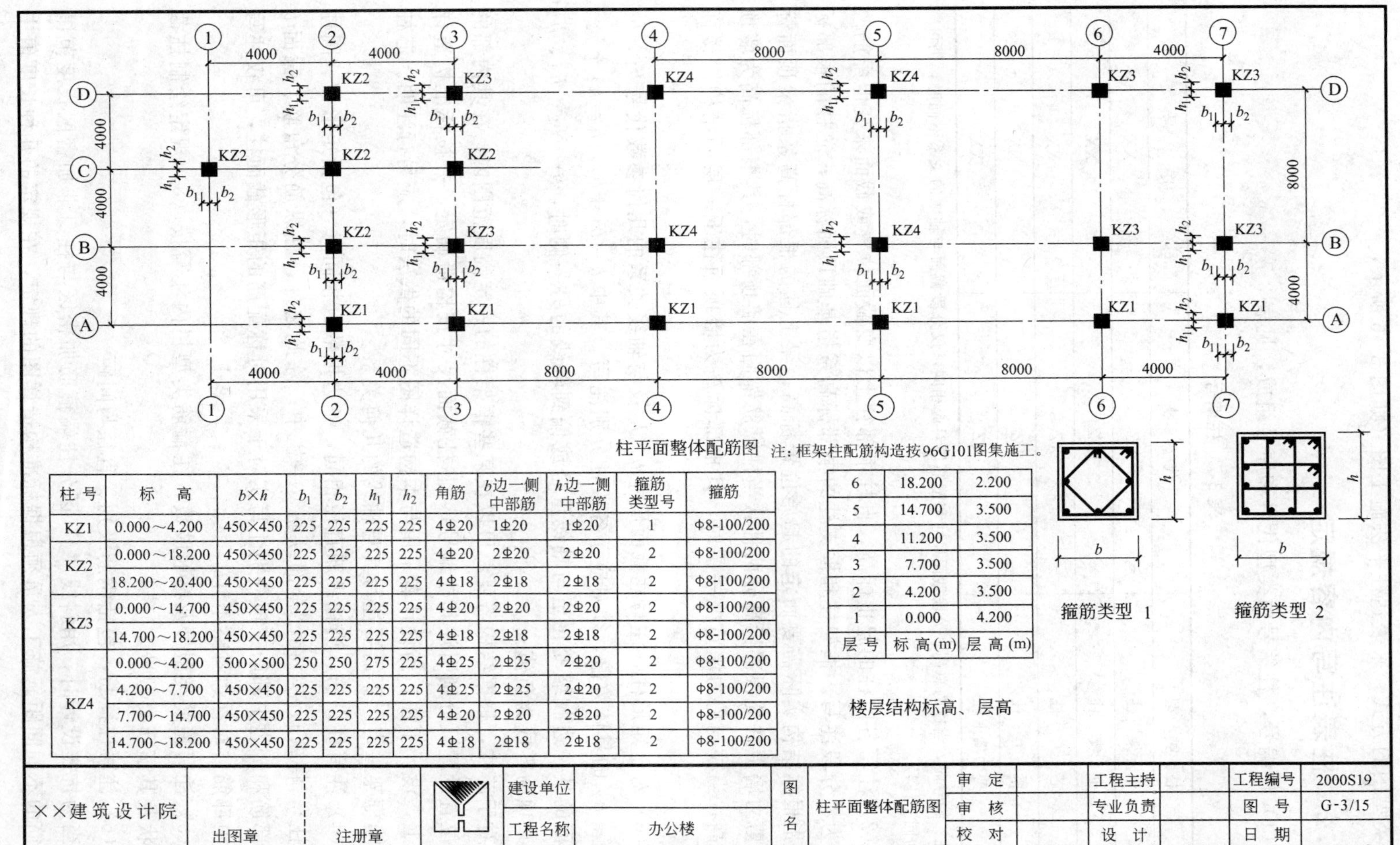

柱号	标高	$b\times h$	b_1	b_2	h_1	h_2	角筋	b边一侧中部筋	h边一侧中部筋	箍筋类型号	箍筋
KZ1	0.000～4.200	450×450	225	225	225	225	4Φ20	1Φ20	1Φ20	1	Φ8-100/200
KZ2	0.000～18.200	450×450	225	225	225	225	4Φ20	2Φ20	2Φ20	2	Φ8-100/200
	18.200～20.400	450×450	225	225	225	225	4Φ18	2Φ18	2Φ18	2	Φ8-100/200
KZ3	0.000～14.700	450×450	225	225	225	225	4Φ20	2Φ20	2Φ20	2	Φ8-100/200
	14.700～18.200	450×450	225	225	225	225	4Φ18	2Φ18	2Φ18	2	Φ8-100/200
KZ4	0.000～4.200	500×500	250	250	275	225	4Φ25	2Φ25	2Φ20	2	Φ8-100/200
	4.200～7.700	450×450	225	225	225	225	4Φ25	2Φ25	2Φ20	2	Φ8-100/200
	7.700～14.700	450×450	225	225	225	225	4Φ20	2Φ20	2Φ20	2	Φ8-100/200
	14.700～18.200	450×450	225	225	225	225	4Φ18	2Φ18	2Φ18	2	Φ8-100/200

层号	标高(m)	层高(m)
6	18.200	2.200
5	14.700	3.500
4	11.200	3.500
3	7.700	3.500
2	4.200	3.500
1	0.000	4.200

楼层结构标高、层高

图 3-16　平面整体柱表示法

箍筋类型图的方式，来表达柱平法施工图（如图 3-16 所示）。

3.7.2 柱表注写内容规定

（1）柱编号，柱编号由类型代号和序号组成，见表 3-7。

表 3-7 柱编号

柱类型	代号	序号
框架柱	KZ	XX
框支柱	KZZ	XX
芯柱	XZ	XX
梁上柱	LZ	XX
剪力墙上柱	QZ	XX

注：编号时，当柱的总高、分段截面尺寸和配筋均对应相同，仅分段截面与轴线的关系不同时，仍可将其编为同一柱号。

（2）注写各段柱的起止标高，自柱根部往上以变截面位置或截面未变但配筋改变处为界分段注写。框架柱和框支柱的根部标高系指基础顶面标高；芯柱的根部标高系指根据结构实际需要而定的起始位置标高；梁上柱的根部标高系指梁顶面标高；剪力墙上柱的根部标高分两种：当柱纵筋锚固在墙顶部时，其根部标高为墙顶面标高；当柱与剪力墙重叠一层时，其根部标高为墙顶面往下一层的结构层楼面标高。

（3）对于矩形柱，注写柱截面尺寸 $b \times h$ 及与轴线关系的几何参数代号 b_1、b_2 和 h_1、h_2 的具体数值，须对应于各段柱分别注写。其中 $b=b_1+b_2$，$h=h_1+h_2$。当截面的某一边收缩变化至与轴线重合或偏到轴线的另一侧时，b_1、b_2、h_1、h_2 中的某项为零或为负值。

对于芯柱，根据结构需要，可以在某些框架柱的一定高度范围内，在其内部的中心位置设置（分别引注其柱编号）。芯柱截面尺寸按构造确定，并按标准构造详图施工，设计不注；当设计者采用与本构造详图不同的做法时，应另行注明。芯柱定位随框架柱走，不需要注写其与轴线的几何关系。

（4）注写柱纵筋。当柱纵筋直径相同，各边根数也相同时（包括矩形柱、圆柱和芯柱），将纵筋注写在“全部纵筋”一栏中；除此之外，柱纵筋分角筋、截面 b 边中部筋和 h 边中部筋三项分别注写实对于采用对称配筋的矩形截面柱，可仅注写一侧中部筋，对称边省略不注。

（5）注写箍筋类型号及箍筋肢数，在箍筋类型栏内注写按（8）规定绘制柱截面形状及其箍筋类型号。

（6）注写柱箍筋，包括钢筋级别、直径与间距。

当为抗震设计时，用斜线“/”区分柱端箍筋加密区与柱身非加密区长度范围内箍筋的不同间距。施工人员须根据标准构造详图的规定，在规定的几种长度值中取其最大者作为加密区长度。

例如：Φ12@100/250，表示箍筋为 HPB235 钢筋，直径 Φ12mm，加密区间跨为 100mm，非加密区间距为 250mm。

当箍筋沿柱全高为一种间距时，则不使用“/”线。

例如：Φ12@100，表示箍筋为 HPB235 钢筋，直径 Φ12mm，间距为 100mm，沿柱全高加密。

当圆柱采用螺旋箍筋时，需在箍筋前加“L”。

例如：LΦ12@100/200，表示采用螺旋箍筋，HPB235 钢筋，直径 Φ12mm，加密区间距为 100mm，非加密区间距为 200mm。

（7）当柱（包括芯柱）纵筋采用搭接连接，且为抗震设计时，在柱纵筋搭接长度范围内（应避开柱端的箍筋加密区）的箍筋均应按≤5d（d 为柱纵筋较小直径）及≤100 的间距加密。

当为非抗震设计时，在柱纵筋搭接长度范围内的箍筋加密，应由设计者另行注明。

（8）具体工程所设计的各种箍筋类型图以及箍筋复合的具体方式，须画在表的上部或图中的适当位置，并在标注与表中相对应的 b、h 编上类型号。

3.8 如何识读结构施工图

结构施工图的识读首先应了解结构施工图的基本画法、内容、构造做法、相关图集和规范。识图时一般按照图纸编号的顺序相互对照地识读。

（1）图纸说明 从图纸说明上可以看出结构类型，结构构件使用的材料和细部做法等。如图 3-16 中可看到基础垫层为 C10 混凝土，现浇梁、板、柱为 C25 混凝土，框架填充墙的做法等。

（2）基础施工图 基础施工图可以看出基础的类型做法等，如果砖带形基础、混凝土基础、混凝土板式基础等。

从基础平面图上可以看出基础的布置，轴线的编号、位置、间距等，如图3-17所示。

从基础详图上可以看出基础的具体做法。如砖带形基础底部标高、垫层的宽度和厚度、砖基础的放脚步数等。

（3）结构平面图 看结构图可以了解墙、柱、梁之间的距离和轴线编号，可以从结构平面图上得知现浇板的厚度、钢筋布置等。

看结构图时应和建筑图对照着看，承重墙壁在结构图上画，非承重墙则在建筑图上画。建筑图与结构尺寸不同时，应以结构图为准。图 3-17 中，画出二层楼板的厚度及配筋。斜楼右下方表示板厚，其中斜线表示的包整块板。Ⓐ同轴线上有 HYB-G 索引符号，意思是具体做法见结构图集 HYB-G。

板的上下两层均配有钢筋，钢筋弯钩向上画地，表示该钢筋放在板的下底部，

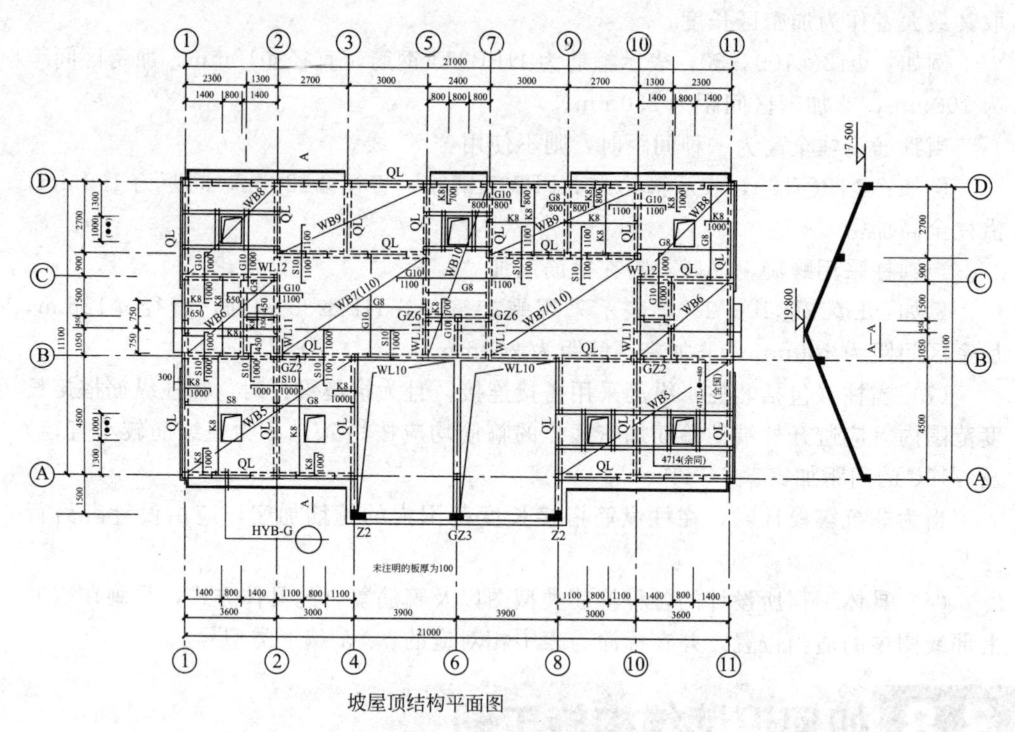

图 3-17 结构平面图

钢筋弯钩向下画时，表示钢筋放在板的上顶面。

(4) 结构详图 结构详图有的在施工图上画出，有的则在标准图集上或规范上，都要详细看，按照设计和施工规范要求进行施工。

如双向板的底筋，短向筋放在底层，长向筋应在短向筋之上。结构平面图中板负筋长度是指梁（板）边至钢筋端部的长度，钢筋下料时应加上梁（墙）的宽度。图 3-17 是某楼板的结构详图，它的具体和配筋从图中的表中可查得。

装修施工图

装修施工图纸一般有目录、装修施工说明、平面布置图、楼地面装修平面图、顶棚平面图、墙（柱）装修立面图以及必要的细部装修节点详图等内容。下面分别叙述讲解。

4.1 内视符号识读

为了表示室内立面在平面图上的位置，平面布置图上应用内视等号，看出视点位置、方向及立面编号，如图 4-1 所示。

符号中的立面编号用拉丁字母或阿拉伯数字。相邻 90°的两个方向或三个方向可用多个单面视符号或一个四面内视符号表示，此时四面视符号中的四个编号格内，只根据需要标注两个或三个即可。如果所画出的室内立面与平面布置图不在一张图纸上时，则可参照索引符号的表示方法，在内视符号圆内画一细实线水平直径，上方注写立面编号，下方注写立面图所在图纸编号，如图 4-2 所示。

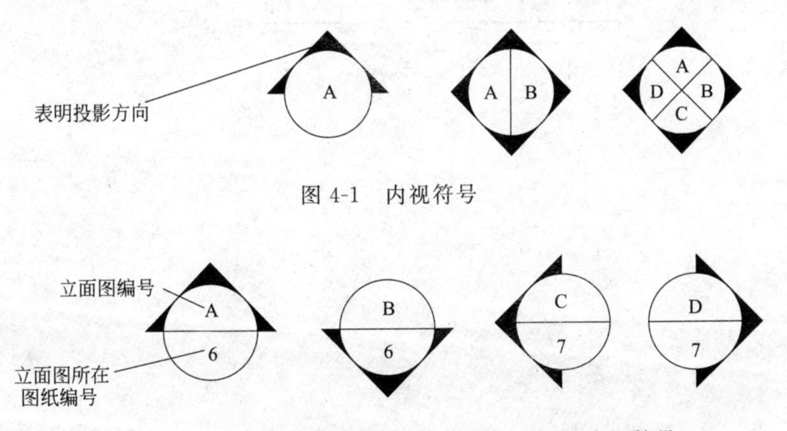

图 4-1　内视符号

图 4-2　立面图与平面图不在同一张图纸上时的内视符号

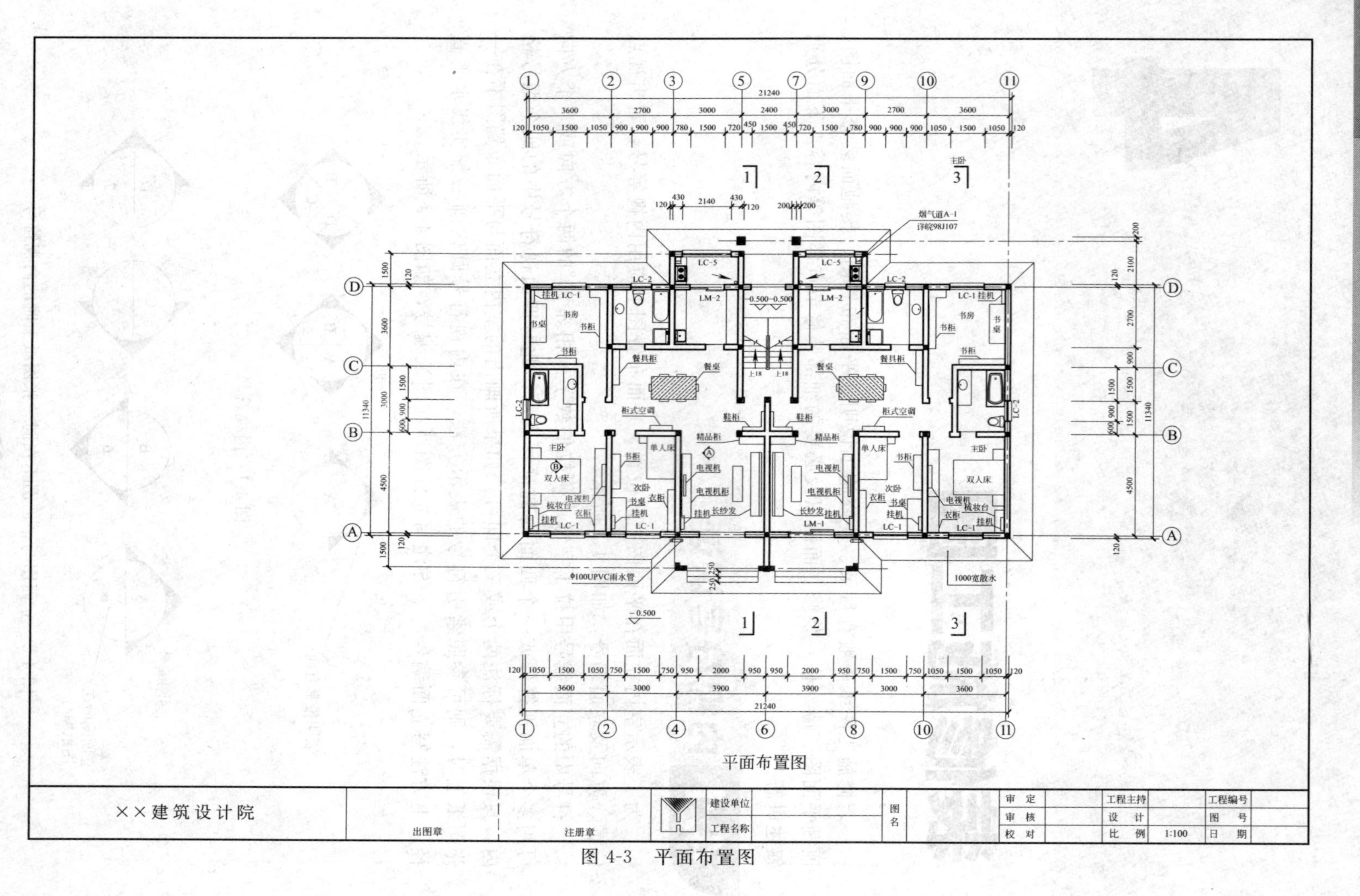
平面布置图
××建筑设计院
出图章
注册章
建设单位
工程名称
图名
审 定
审 核
校 对
工程主持
设 计
比 例
1:100
工程编号
图 号
日 期
书房
书桌
书柜
餐具柜
餐桌
柜式空调
鞋柜
精品柜
主卧
双人床
单人床
次卧
衣柜
梳妆台
电视机
电视机柜
长沙发
挂机
φ100UPVC雨水管
1000宽散水
烟气道A-1
详皖98J107

图 4-3 平面布置图

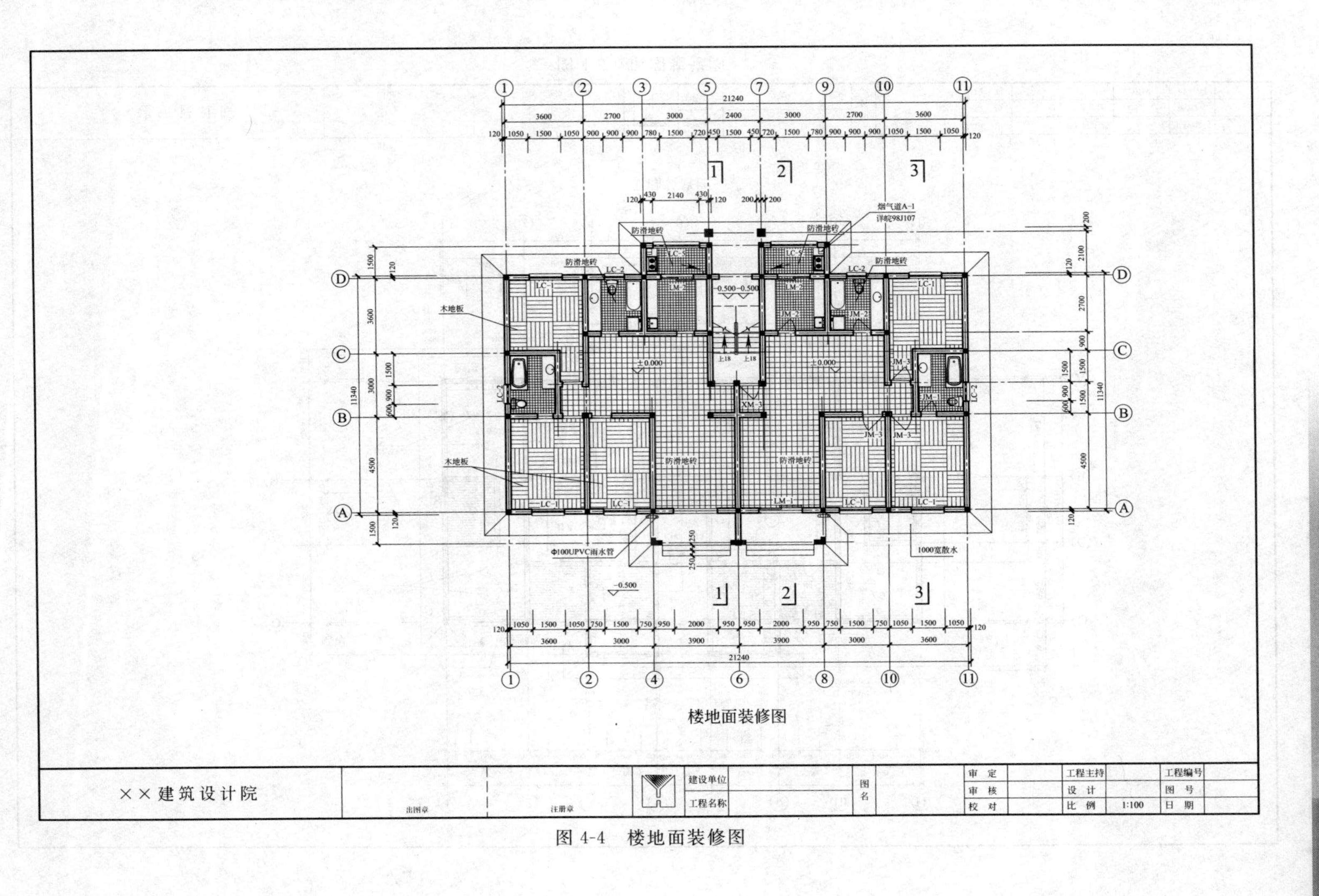
楼地面装修图
××建筑设计院
防滑地砖
木地板
1000宽散水
±0.000
Φ100UPVC雨水管
烟气道A-1
建设单位
工程名称
审定
审核
校对
工程主持
设计
比例
1:100
工程编号
图号
日期

图 4-4 楼地面装修图

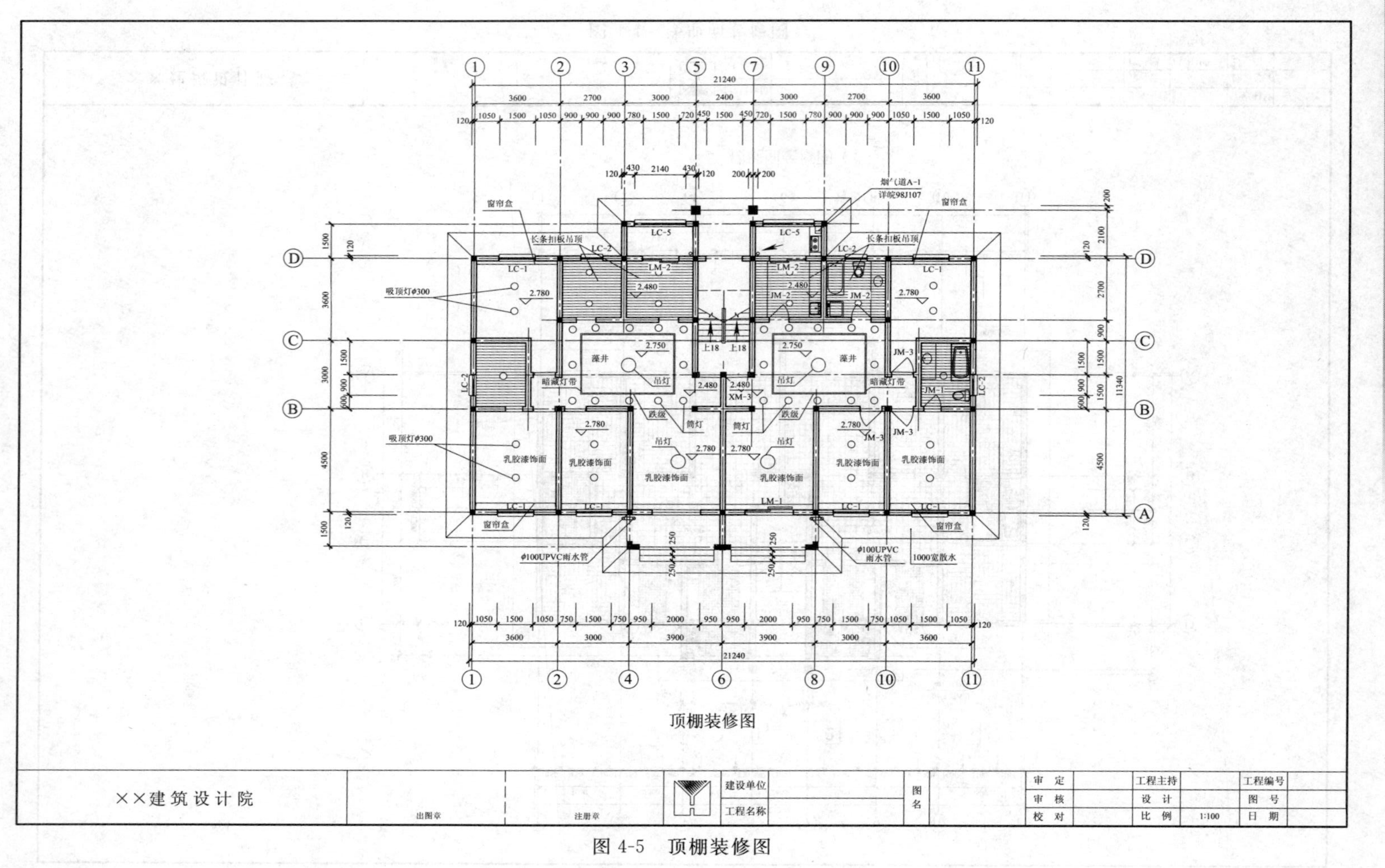
烟气道A-1
详皖98J107
窗帘盒
长条扣板吊顶
吸顶灯φ300
乳胶漆饰面
藻井
吊灯
筒灯
暗藏灯带
跌级
φ100UPVC雨水管
1000宽散水
顶棚装修图
××建筑设计院
出图章
注册章
建设单位
工程名称
图名
审 定
审 核
校 对
工程主持
设 计
比 例
1:100
工程编号
图 号
日 期

图 4-5 顶棚装修图

4.2 平面布置图

平面布置图主要根据室内使用功能、精神功能、人体工程以及使用的要求等，对室内空间进行布置的图样。

以住宅为例，平面布置图主要表达的内容有：建筑主体结构，如墙、柱、门窗等；如客厅、餐厅、卧室等的家具，如沙发、餐桌、衣柜、床、书柜、茶几、电视柜等的形状、位置；厨房、卫生间的、洗手台、浴缸、坐便器等的形状、位置；各种家电的形状、位置，以及各种隔断、绿化、装饰构件等的布置；此外还要标注主要的装修尺寸，必要的装修要求等。见图 4-3。

4.3 楼地面装修图

楼地面装修图主要内容有地面的造型、材料的名称和工艺要求。对于块状地面材料，用细实线画出块材的分格线，以表示施工时的铺装方向，对于零星构件的台阶、基座、坑槽等特殊部位还应画出详图表示构造形式、尺寸及工艺做法。

楼地面装修图即作为施工的依据，也作为地面材料采购的参考图样，楼地面装修图的比例一般与平面的布置图一致。见图 4-4。

4.4 顶棚装修图

顶棚装修图的主要内容有：顶棚的造型、灯饰、空调风口、排气扇、消防设施等的轮廓线、条块状饰面材料的排列方向线；建筑主体结构的主要轴线、编号或主要尺寸；顶棚的各类设施尺寸、标高；顶棚的各类设施、各部位的饰面材料、涂料的规格、名称、工艺说明等；索引符号或剖面及断面等符号的标注。见图 4-5。

4.5 室内立面装修图

室内立面装修图主要内容有投影方向可见的室内轮廓线和装修构造、门窗、构配件、墙面做法、固定家具、灯具、必要的尺寸和标高及需要表达的非固定家具、灯具、装修物件等。见图 4-6。

4.6 节点装修详图

节点装修详图是指装修的细部的局部放大图、剖面图、断面图等。由于在装修

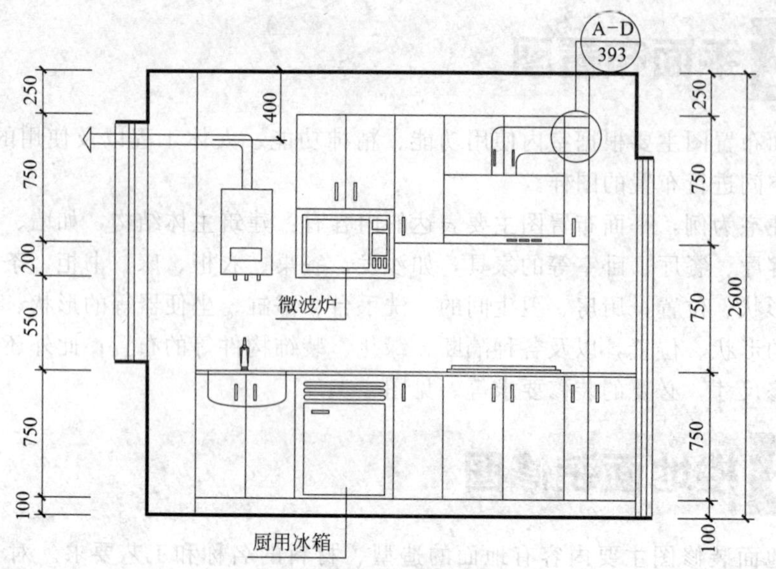

图 4-6　厨房立面装修图

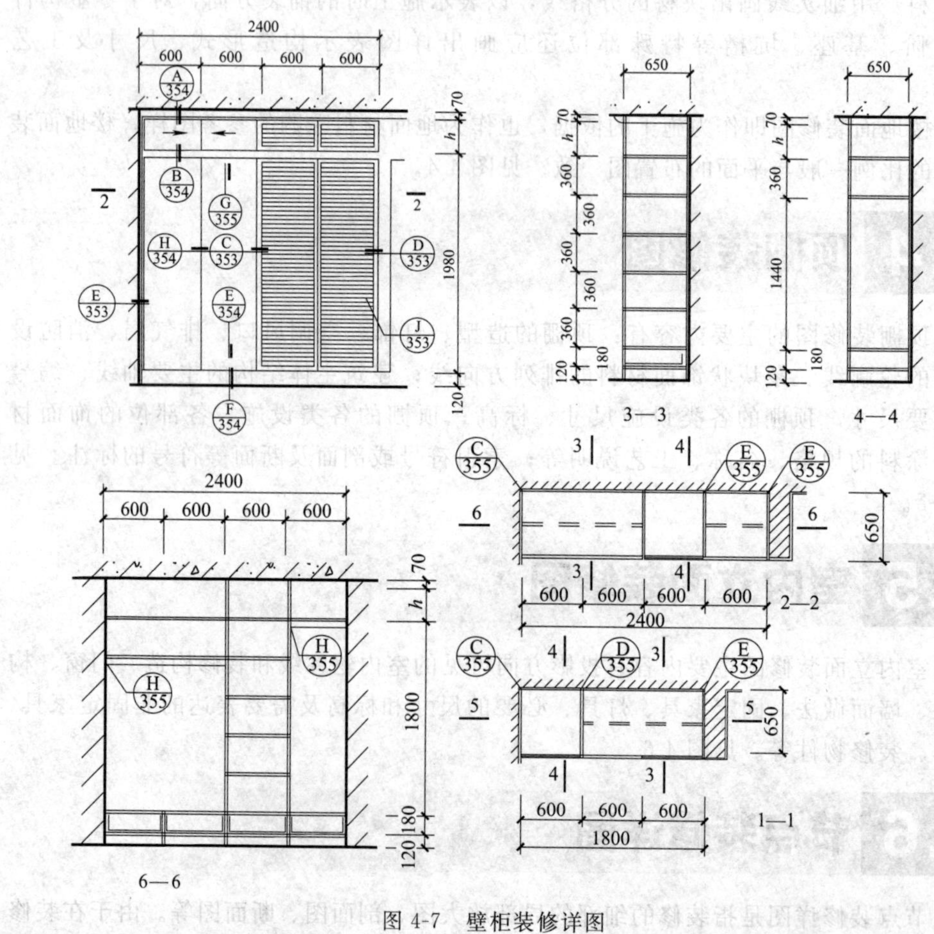

图 4-7　壁柜装修详图

施工中构件的一些复杂或细小的部位，在平、立面图中未能详尽表达，就需要用节点详图来表示该部位详细做法，由于装修设计往往带有鲜明的个性，再加上装修材料和装修工艺做法的不断变化，以及室内设计师的新创意，因此，节点详图在装修施工图中是不可缺少的，图 4-7 是壁柜的装修详图。

给排水施工图

5.1 给排水施工图概述

5.1.1 给排水工程的分类

给排水工程可按图 5-1 分类。建筑内部给水排水与建筑小区给水排水的界限划分：给水是以建筑物的给水引入管的阀门为界；排水是以排出建筑物的第一个排水检查井为界。

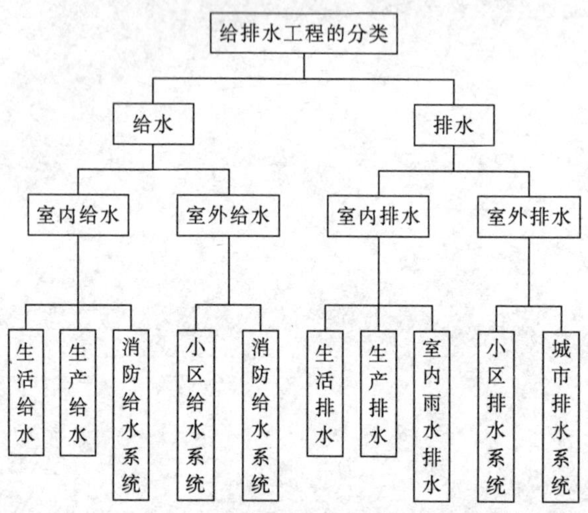

图 5-1 给排水工程的分类

5.1.2 室内给水系统的组成

室内给水系统一般由下列各部分组成，如图 5-2 所示。

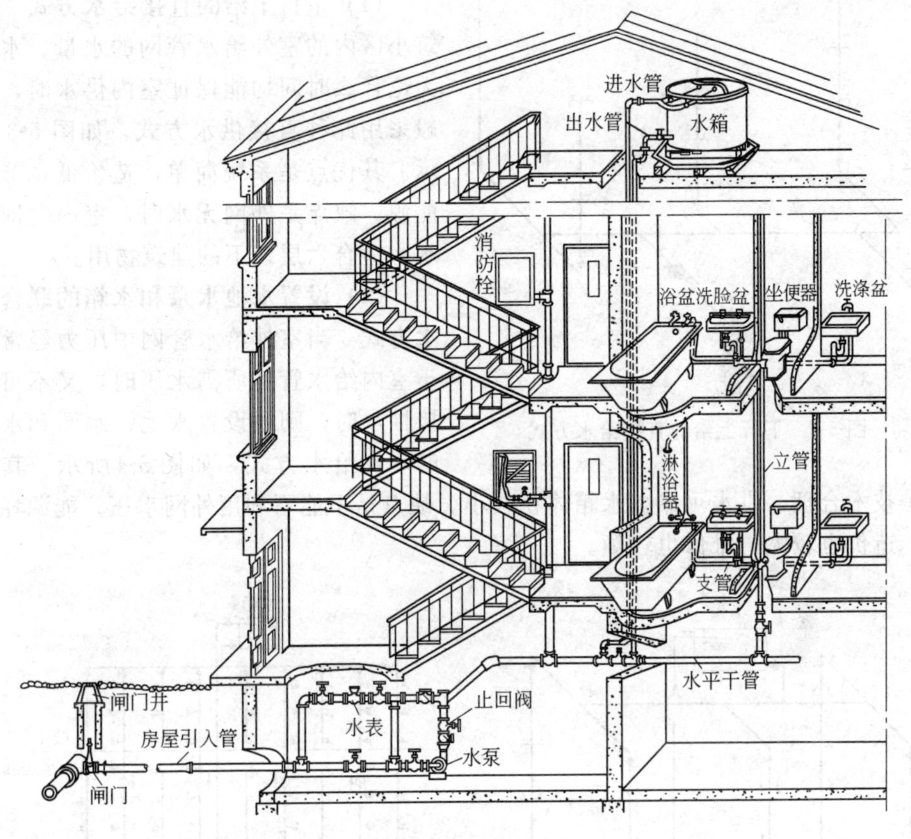

图 5-2　室内给水系统

(1) 引入管　引入管是指建筑小区室外给水管网与建筑屋内给水管之间的管段(或称进户管)。小区引入管是指总进管。

(2) 水表节点　水表节点是指引入管上装设的水表及其前后的阀门、泄水装置等的总称。阀门是用于关闭进水管网，以便于拆换水龙头等修理的；泄水装置是在检修时放空管网内水、检测水表精度及测定进户点压力值等用的。

(3) 管道系统　管道系统是指室内给水干管、垂直立管及支管等组成的系统。

(4) 给水附件　给水附件是指管路上的截止阀、闸阀、止回阀及各种配水龙头等。

(5) 升压和贮水设备　建筑小区给水管网压力不足或建筑屋内部对安全供水、水压稳定有要求时，必须设置各种附属设备，如贮水设备有水箱、水池、水泵、气压设备等，来增加水压，这些设备统称升压贮水设备。

(6) 用水设备　指卫生器具，消防设备和生产用水设备。

5.1.3 室内给水系统的给水方式

室内给水系统的给水方式较多，工程上给水方式最基本的有如下几种。

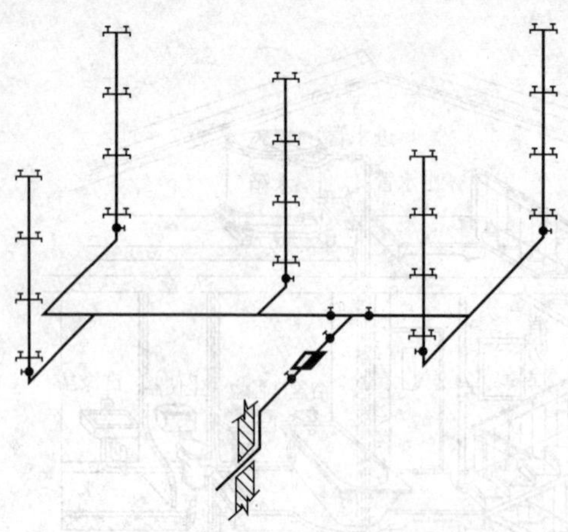

图 5-3　下行上给的直接给水方式

(1) 下行上给的直接给水方式　建筑小区内的室外给水管网的水量、水压无论什么时间均能保证室内供水时，一般采用此种直接供水方式，如图 5-3 所示。其优点是系统简单，造价低，节约能源。缺点是外网无水时，室内立即停水。适合六层以下的建筑物用。

(2) 设置水池水泵和水箱的联合给水方式　当室外给水管网中压力经常低于室内给水管网所需水压时，又不可直接抽水时，则须设置水池、水泵和水箱的联合给水方式，如图 5-4所示。其优点是技术合理，供水可靠，水箱体积较小。缺点是不能不利用外网水压，能源耗量大，造价也较大，维修也较烦。

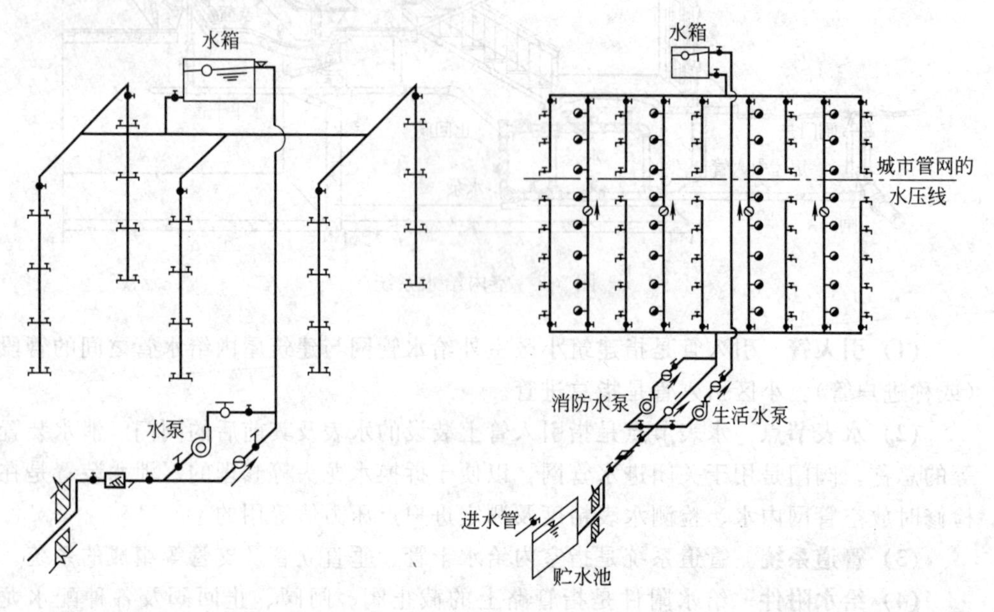

图 5-4　设置水池水泵和水箱的联合给水方式　　图 5-5　高层建筑分区供水的给水方式

如一天内室外管网压力大部分时间都能满足室内供水要求，仅在用水高峰时刻，室外管网中水压不能保证建筑物的上层用水时，则可只设水箱解决。

(3) 高层建筑分区供水的给水方式　较高的建筑物中，为避免底层过大的水静压力，常将建筑物分成上下两个供水区。下区直接用城市管网供水，上区则由水泵水箱联合供水，水泵水箱按上区需要考虑，这样可充分利用外网水压，节约能源，如图 5-5 所示。

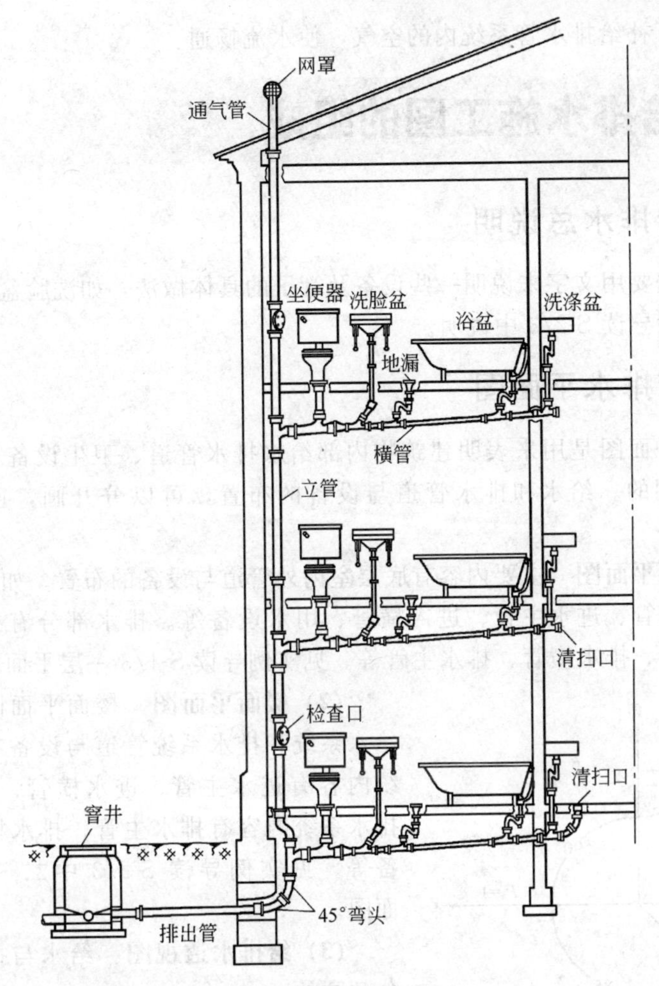

图 5-6 建筑内部排水系统

5.1.4 建筑内部排水系统的组成

建筑内部排水系统一般由下列几部分组成（见图 5-6）。

(1) 卫生器具或生产设备受水器 常用的如洗涤盆、浴盆、洗脸盆、大便器等。

(2) 排水系统 排水系统泛指器具排水管（卫生器具与横管之间的一段短管，包括存水管）、有一定坡度的横支管、立管、埋设在室内地下的总横干管和室外的排出管等。存水弯是堵有害气体的，不让有害气体进入室内。

(3) 通气系统 建筑物层数不高、卫生器具不多的建筑物，可将排水立管上部延伸出屋顶，用作为通气管。但对层数较多或卫生器具设置多时，排水管系统应设专用通气管或配辅助通气管。

通气管的作用有：使室内外排水管道中有害气体排到大气中去；排水管系统向

下排水时，可补给排水管系统内的空气，使水流畅通。

5.2 给排水施工图的组成

5.2.1 给排水总说明

总说明主要用文字来说明一些设备及管子的具体做法，如洗脸盆选用类型、安装等。见实例导读 S-2/3 中说明。

5.2.2 给排水平面图

给排水平面图是用来表明建筑物内部给水排水管道、卫生设备、用水设备等的平面布置用的。给水和排水管道与设备的布置，可以分开画，也可以合在一起画。

(1) 底层平面图 主要内容有底层室内外管道与设备的布置。如进水部分有水表井、进水总管、进水主管、进入横管、用水设备等。排水部分有检查井、化粪池、排水支管、排水横管、排水主管等。见实例导读 S-1/3 一层平面图。

(2) 楼面平面图 楼面平面图主要内容有给水系统和排水系统管道与设备布置，给水系统内容有进水主管、进水横管、用水设备等。排水系统内容有排水主管、排水横管及用水设备等。见实例导读 S-2/3 中二～六层楼面平面图。

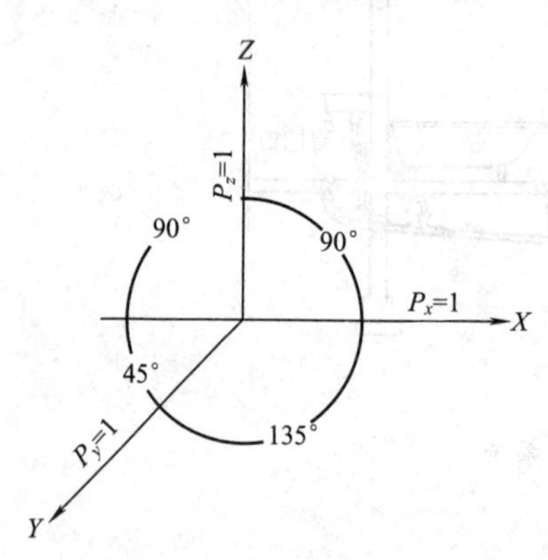

图 5-7 三等正面斜轴侧图

(3) 给排水透视图 给水与排水透视图是分开画的。

① 透视图的概念 透视图是用来反映给排水管道在空间三个方面走向的。平面图是用来反映给水与排水管道的某一平面的横向与纵向的位置，垂直方向的布置则无法反映。为了表示管道在垂直方向的布置，必须用三维空间的三个方向来表示，这就要将管道画成轴侧图，显示其在空间三个方向的延伸，即透视图。

透视图，一般常用“三等正面斜轴侧图”来表示，共轴间角和轴向变形系数如图 5-7 所示。

② 透视图的内容 透视图可反映管道的空间三个方向布置情况，如各段管的管径、标高、坡度以及设备在管道上的位置。

③ 透视图的画法 透视图中，如给水管和排水管的数量不是一根时，需对其进行编号。编号应和平面图上的编号一致，以便看图。见实例导读 S-1/3 中上下水透视图。

透视图中的管道须用粗实线表示，用水设备（如水表、水龙头等）须用图例画出。

透视图上的管径经过墙面、地面、屋面等时，墙面、地面、屋面等要用细实线画出，并用各材料的图例反映。

透视图上的管道须写上标高，进水管的标高以管中心为准，排水管的标高以管底为准。室内工程注相对标高，室外工程注绝对标高。各层楼面、屋面及地面也要写上标高。见实例导读 S-1/3 中上下水透视图。

管径的单位为 mm，其常用符号表示方法见表 5-1。

表 5-1 管径的常用表示方法

材 料	符 号	举 例	表示的含义
镀锌管	*DN*	*DN*15	*DN*15 表示管径为 15mm 的进水管，材料具体见图纸说明
钢筋混凝土管等	*d*	*d*200	*d*200 表示管径为 200mm 的排水管，材料具体见图纸说明
无缝钢管等	*D*×壁厚	*D*100×4	表示管径为 100mm，壁厚为 4mm，材料具体见图纸说明

(4) 详图 详图是用来对平面图上某个设备进一步地详细表示，如坐式大便器、冷水脸盆、冷水浴盆等。给排水的详图一般都选用标准图集里的详图，见图 5-8。

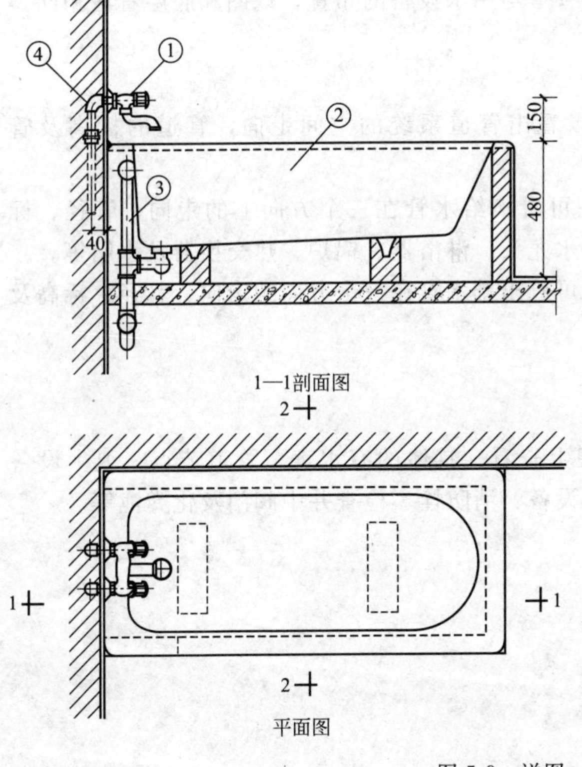

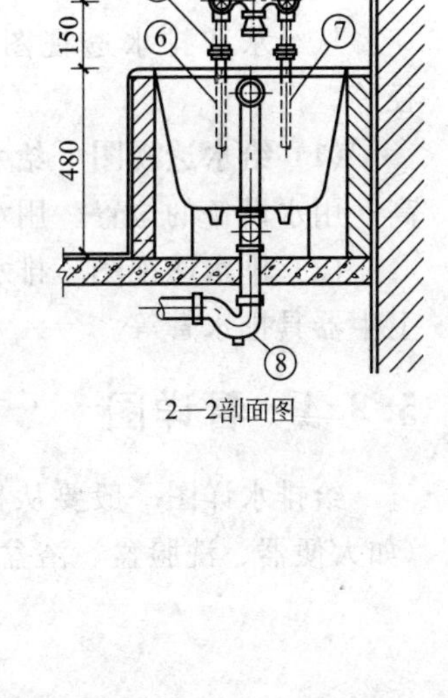

图 5-8 详图

5.3 如何识读给排水施工图

给水施工图的识图一般是先底层后上层，按进水的方向顺序识读，即：引入管→干管→主管→支管用水设备。

排水施工图的识读顺序正好和给水施工图相反，即：用水设备→存水弯→排水横管→排水主管→排水管→检查井→化粪池。

5.3.1 看给排水底层平面图

从底层平面图上，可以看到以下内容：

① 给水总管和排水总管的走向、埋深位置、管径及材料等；

② 阀门井、检查井、化粪池的大小、埋深和具体做法；

③ 给水与排水的主管、干管、支管的管径平面位置、走向及材料等；

④ 建筑物内部的用水设备的布置，如洗脸池、水池、浴盆及大便器等设备布置。

5.3.2 看给排水标准层平面图

标准层主要反映建筑物内部的管道与用水设备的布置，识图和底层看法相同。

5.3.3 看给排水透视图

从给水和排水透视图上，可以看出管道系统的空间走向，管道的标高及管径等。

(1) 给水透视图 给水透视图可看出给水管在三个方向上的走向、管径、标高、用水设备的位置。用水设备有水龙头、淋浴器、锅炉、热交换器及水箱等。

(2) 排水透视图 排水透视图可看出排水管在三个方向的走向、管径、标高及卫生器具排水管等。

5.3.4 看详图

给排水详图一般要从标准图集上查看。具体的有水表、管道节点、卫生设备(如大便器、洗脸盆、浴盆)、排水设备、消防栓、检查井中阀门及化粪池等。

建筑电气施工图

6.1 建筑电气施工图概述

6.1.1 建筑电气工程的分类

建筑电气工程的主要内容是供电、用电工程。其分类如图 6-1 所示。

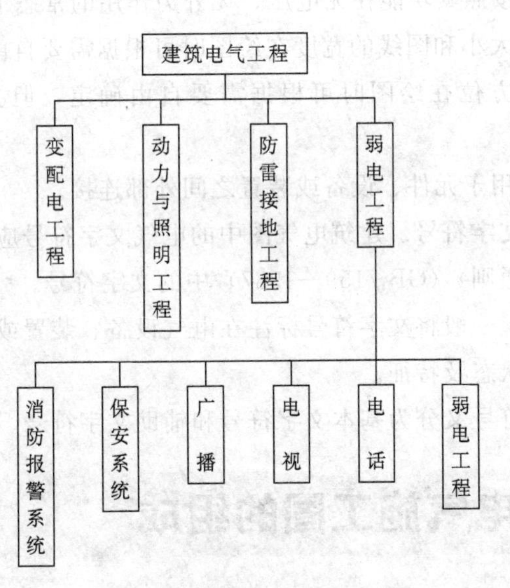

图 6-1 建筑电气工程的分类

6.1.2 建筑电气施工图的特点

(1) 电气施工图的制图采用统一的符号并加注文字来表示，图形符号和文字符号是构成电气工程语言的“词汇”。电气工程的设备、元件、线路很多，结构类型不一，安装方法各异，因此，在许多情况下，必须借用统一的图形符号和文字符号才能绘出图来。

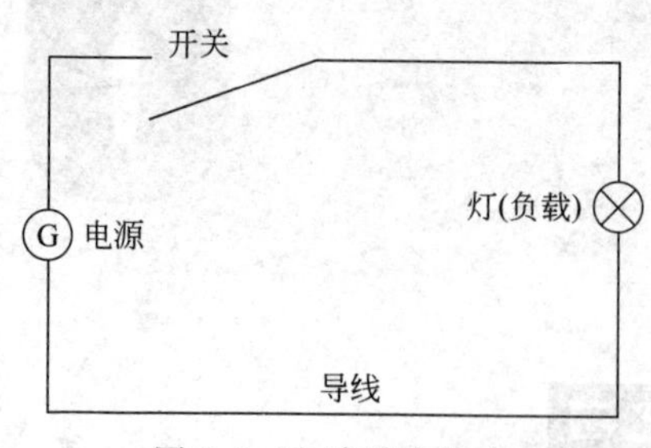

图 6-2　电路基本组成

阅读电气工程图时，首先要了解这些符号所表达的内容与含义，电气图形符号一般分为两大类：一类是电气线路中的符号；二类是电气平面图上的符号。图形符号在画图时并不按它们的形状和尺寸来画。

（2）任何电路都必须构成闭合回路。

（3）电路中的电气设备、元件等，彼此之间都是通过导线将其连接起来构成一个整体的，见图 6-2。

6.1.3　建筑电气图形与文字符号

（1）建筑电气图形符号　建筑电气施工图使用电气图形符号应尽量选用《电气图用图形符号》（GB 4728）中规定的符号。

电气图形符号的特点：

a. 图形符号是按照其功能在无电压、无外力作用的常态下绘制的；

b. 图形符号的大小和图线的宽度在绘图时可根据需要自由确定；

c. 图形符号的方位在绘图时可根据需要自由确定，但文字和指示方向不能倒置；

d. 图形符号只用于元件、设备或装置之间外部连接。

（2）建筑电气文字符号　建筑电气图中的电气文字符号应尽量选用《电气技术中的文字符号制订通则》（GB 7159—1987）中的文字符号。

电气工程图中，一般将文字符号标注在电气设备、装置或元件上或其近旁，表示其名称、功能、状态及特征。

建筑电气文字符号又分为基本文字符号和辅助文字符号。

6.2 建筑电气施工图的组成

6.2.1　设计说明

主要内容有电气设计的依据、要求、安装标准、安装方法、工程等级等。

如实例导读电施说明中穿线电管解释是“图中未注明的导线选取用 BV-2.5 的

塑料导线穿阻燃塑料管敷设。其线管配合如下：2 根为 SGM16；3～4 根为 SGM20；6～8 根为 SGM25。”设计说明有的还画出整套图中使用的图例。具体见实例导读 D-1/7 说明。

6.2.2 设备材料表

设备材料表是用来解释本套图上工程所使用的设备和材料的名称、型号、规格及数量。

6.2.3 电气系统图

各分项工程中都有系统图。电气系统图是反映本工程供电、分配控制和设备的总体情况。电气系统图又分为变配电系统图、动力系统图、照明系统图、弱电系统图。具体见实例导读中电施系统图。

6.2.4 电气平面图

电气平面图上标有电气设备安装位置、线路敷设的布置，及所有导线型号、规格、数量、管径大小等。这些都是用图例画在建筑平面上的。常用的电气平面图见实例导读中电施平面图。

6.2.5 设备布置图

设备布置图是用来反映电气设备、装置的平面与空间的具体位置，并写有安装方式。设备布置图一般由平面图、立面图、剖面图及详图组成，如图 6-3 所示。

6.2.6 安装接线图

安装接线图用来反映电气设备、元件之间的配线与接线关系的，用来指导设备的安装、接线和查线的，如图 6-4 所示。

6.2.7 电气原理图

电气原理图用来反映电气设备或系统的工作原理，它是根据各个部分的原理来绘制的。从电气原理图上可以知道各个部分的动作顺序，但不反映各个电气设备的安装位置和具体接线，如图 6-5 所示。

6.2.8 安装详图

安装详图是用来反映设备的具体安装和做法的大样图，用来指导安装施工等。图中画有设备安装尺寸。详图一般选用统一的安装设备标准图册，如图 6-6 所示。

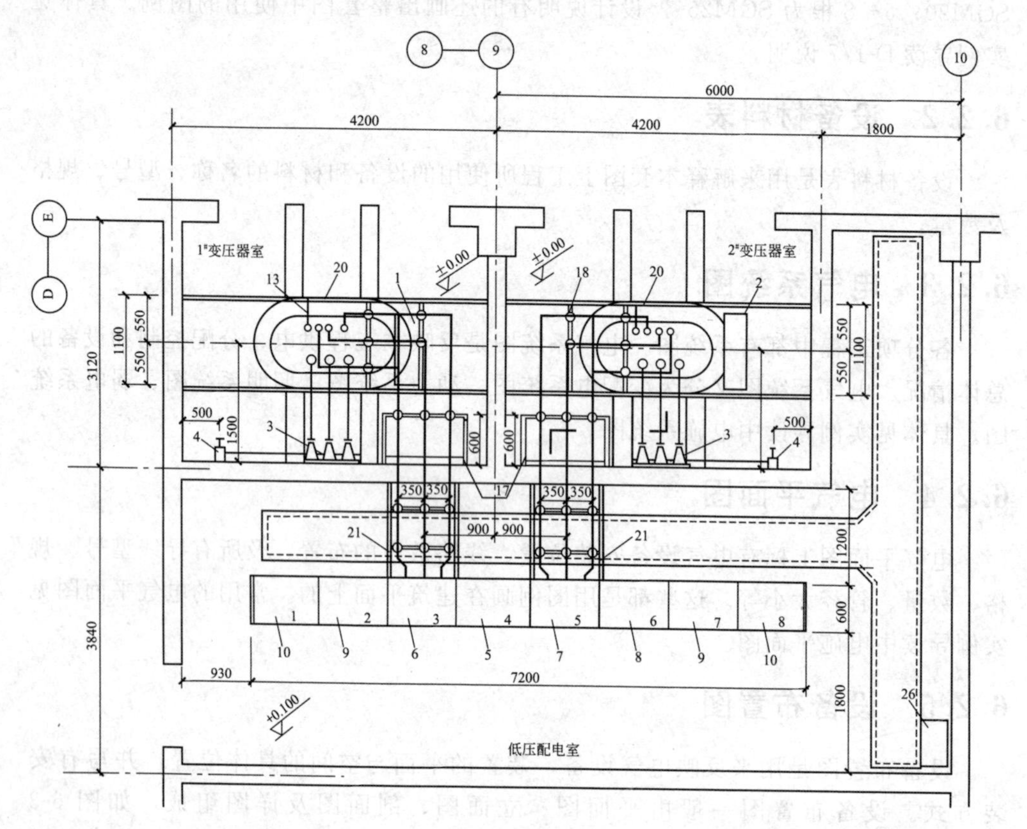

图 6-3 设备布置图

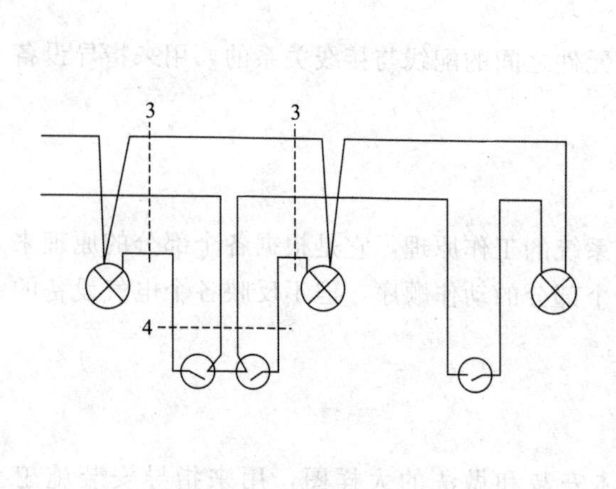

图 6-4 安装接线图

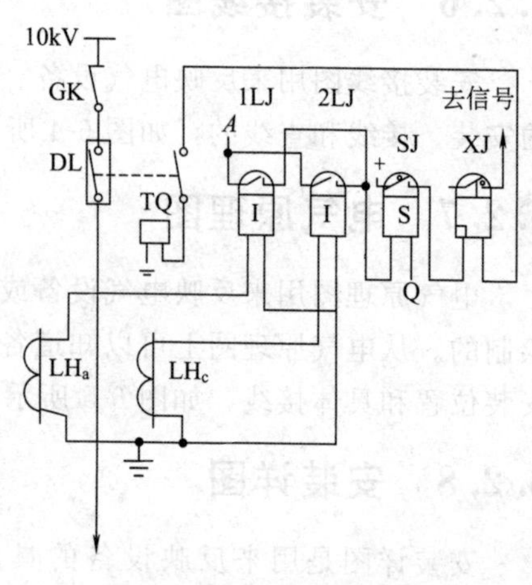

图 6-5 电气原理图

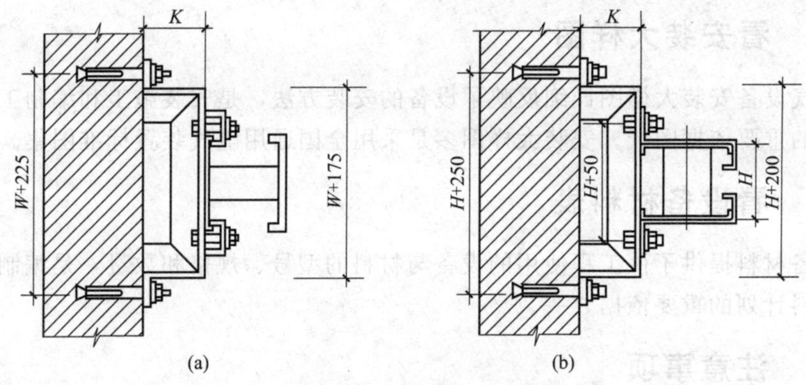

图 6-6 安装详图

6.3 如何识读建筑电气施工图

阅读建筑电气工程图首先要知道电气图的表达形式、通用画法、图形符号、文字符号和建筑电气工程图的特点，其次要按照一定的阅读顺序，只有这样才能比较迅速全面地读懂图纸。最好还能懂得电气设备的工作原理。

6.3.1 看总说明

了解工程总体概况及设计依据和要求、使用的材料规格等。了解图纸中未能表达清楚的各有关事项具体有供电电源的来源、电压等级、线路敷设方法、设备安装高度及安装方式、补充使用的非国标图形符号、施工时应注意的事项等。

6.3.2 看系统图

各分项工程的图纸中都各有其系统图。如变配电工程的供电系统图、电力工程的电力系统图、照明工程的照明系统图以及电缆电视系统图等。系统图上可以知道系统的基本组成、接线情况、主要电气设备和元件等连接关系及它们的规格、型号和参数等。

6.3.3 看平面布置图

各分项工程都有各自的平面布置图。如建筑物的电气平面图、照明平面图、防雷接地平面图等。平面布置图上，可以看出设备安装位置、线路敷设部位、敷设方法及所用导线型号、规格、数量、管径大小等。阅读平面图时，应按一定的顺序阅读，具体是总配电箱→干线→分配电箱→支干线→用电设备顺序阅读。

6.3.4 看电路图及安装接线图

看图时应依据功能关系是从上至下或从左至右一个回路一个回路地阅读。

6.3.5 看安装大样图

电气设备安装大样图详细反映了设备的安装方法，是安装施工和编制工程材料计划时的重要依据图纸。安装大样图多是采用全国通用电气装置标准图集。

6.3.6 看设备材料表

设备材料提供了该工程使用的设备与材料的型号、规格和数量，是编制购置设备、材料计划的重要依据之一。

6.3.7 注意事项

看建筑电气工程施工图时应与主体工程（土建工程）及其他安装工程（给排水管道、工艺管道、采暖通风空调管道、通信线路、消防系统及机械设备等）施工图相互配合看，建筑电气工程不能与建筑结构图及其他安装工程发生任何矛盾。如线路的敷设与建筑结构的梁、柱、门窗、楼板的位置有关，还与其他管道的走向、间距有关；设备的安装与墙体结构、楼板材料有关；特别是一些暗敷线路、电气设备基础及各种电气预埋件更与土建工程密切相关。因此，阅读建筑电气工程图时要注意与有关的土建工程图、管道工程图之间的配合关系。

建筑电气工程图中对于设备的安装方法、质量要求以及使用、维修等方面的技术要求等一般不完全反映出来。我们在阅读图纸时，有关安装方法、技术要求等问题，要注意参照有关标准图集和国家规范执行。

室内采暖施工图

7.1 采暖系统及其分类

采暖系统分为热水采暖系统和蒸汽采暖系统。

7.1.1 热水采暖系统

(1) 重力（自然）循环热水采暖系统

① 重力循环热水供暖的工作原理。工作之前，先将系统中充满汽水，然后加热锅炉，水在锅炉内被加热，密度减小，同时受着从散热器流回来密度较大的回水的驱动，使热水沿供水平管上升，流入散热器。在散热器内水被冷却，再沿回水干管流回锅炉。图 7-1 是重力循环热水供暖系统的工作原理图。

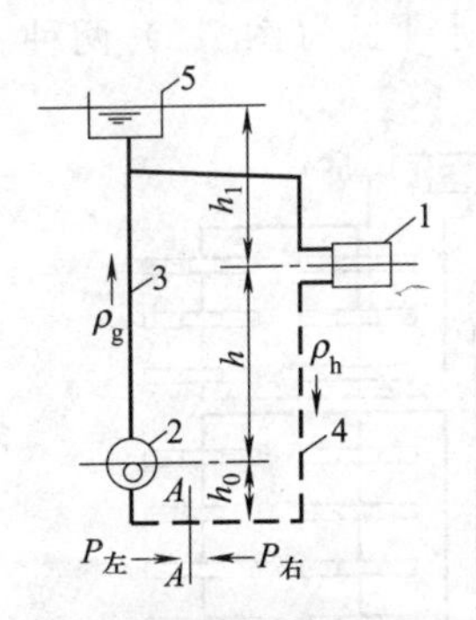

图 7-1 重力循环热水供暖系统工作原理图

1—散热器；2—热水锅炉；3—供水管路；4—回水管路；5—膨胀水箱

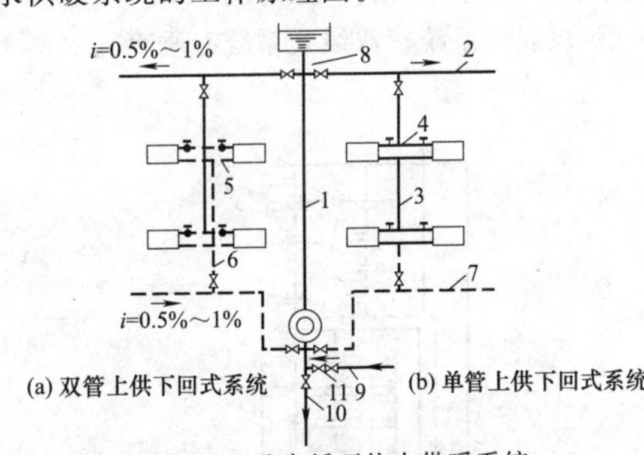

图 7-2 重力循环热水供暖系统

1—总立管；2—供水干管；3—供水立管；4—散热器供水支管；5—散热器回水支管；6—回水立管；7—回水干管；8—膨胀水箱连接管；9—充水管（接上水管）；10—泄水管（接下水道）；11—止回阀

② 重力循环热水供暖系统的主要形式。重力循环热水采暖系统主要分单管和双管两种型式。图 7-2（a）为双管上供下回式系统，图 7-2（b）为单管上供下回式系统。

（2）机械循环热水供暖系统

① 上供下回热水采暖系统（图 7-3）左侧为双管式，图右侧为单管式系统。机械循环系统除膨胀水箱的连接位置与重力循环系统不同外，还增加了循环水泵及排气装置。

② 下供下回式热水采暖系统，该系统的供水和回水干管敷设在底层散热器下面（图 7-4）。

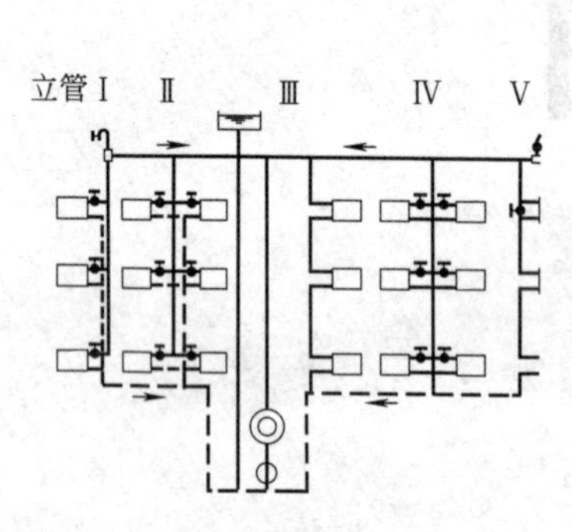

图 7-3 机械循环上供下回式系统

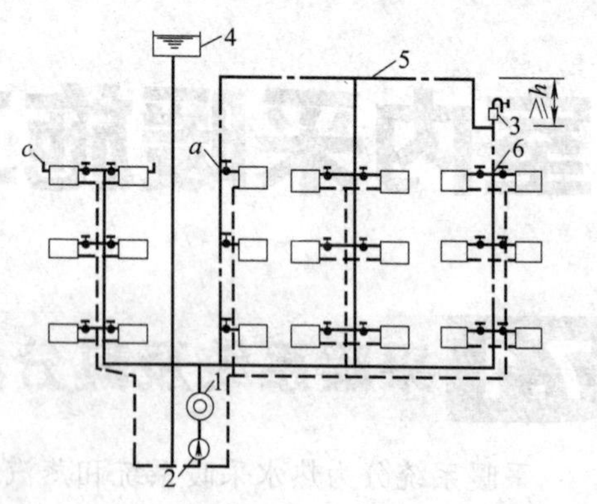

图 7-4 机械循环下供下回式系统

1—热水锅炉；2—循环水泵；3—集气罐；4—膨胀水箱；5—空气管；6—冷风阀

（3）高层建筑热水采暖系统

① 分区式供暖系统。高层建筑供暖系统中，垂直方向分成两个或两个以上的独立系统，如图 7-5 及图 7-6 所示。

② 双线式系统。双线式系统有垂直式（图 7-7）和水平式（图 7-8）两种。

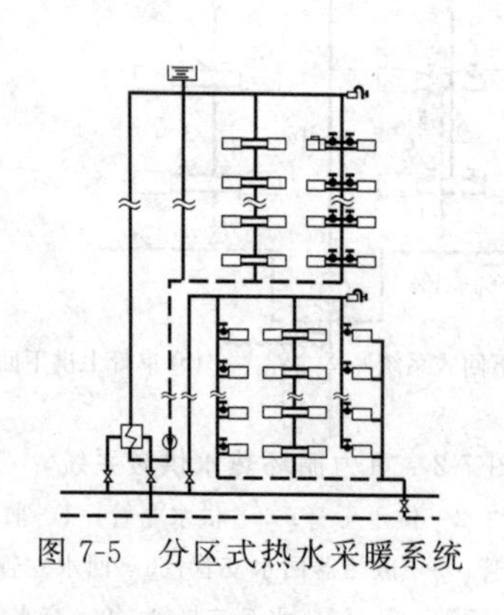

图 7-5 分区式热水采暖系统

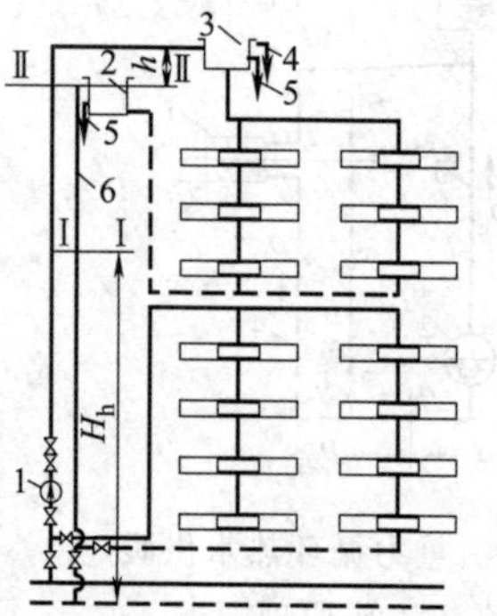

图 7-6 双水箱分区式热水采暖系统

1—加压水泵；2—回水箱；3—进水箱；4—进水箱溢流管；5—信号管；6—回水箱溢流管

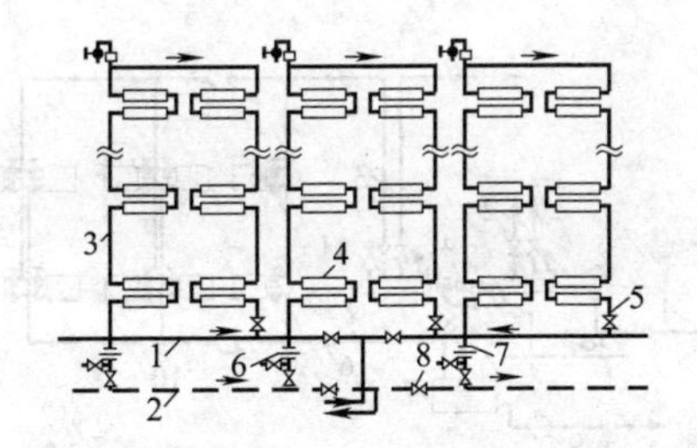

图 7-7 垂直双线式单管热水采暖系统

1—供水干管；2—回水干管；3—双线立管；4—散热器；5—截止阀；6—排水阀；7—节流孔板；8—调节阀

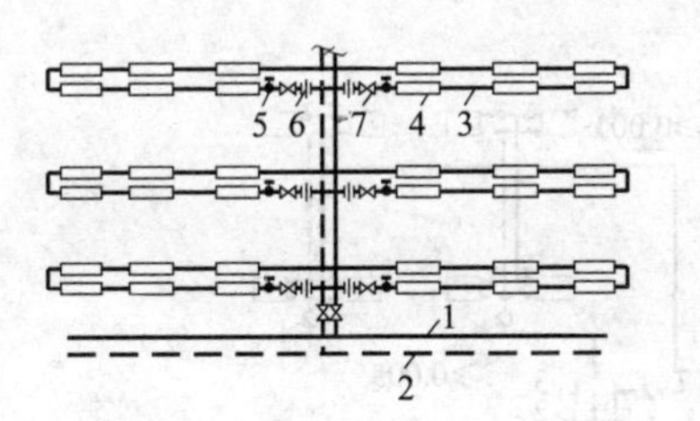

图 7-8 水平双线式单管热水采暖系统

1—供水干管；2—回水干管；3—双线水平管；4—散热器；5—截止阀；6—节流孔板；7—调节阀

③ 单、双管混合式系统，散热器沿垂直方向分成若干组，在每组内采用双管形式，而组与组之间则用单管连接，就组成了单、双管混合式系统，见图 7-9。

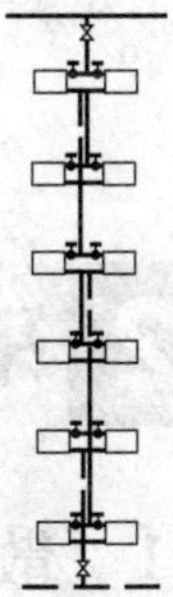

图 7-9 单、双管混合式系统

7.1.2 蒸汽采暖系统

(1) 低压蒸汽采暖系统

① 重力回水低压蒸汽采暖系统。图 7-10 所示是重力回水低压蒸汽采暖系统示意图。图 7-10（a）是上供式，图 7-10（b）是下供式。

② 机械回水低压蒸汽采暖系统（图 7-11），这种机械回水蒸气采暖系统不同于重力回水系统，是一个“断式”系统。

(2) 高压蒸汽采暖系统

在工业生产中，往往需要高压蒸汽，图 7-12 是一个厂房的用户人口和室内高压蒸汽供热系统示意图。

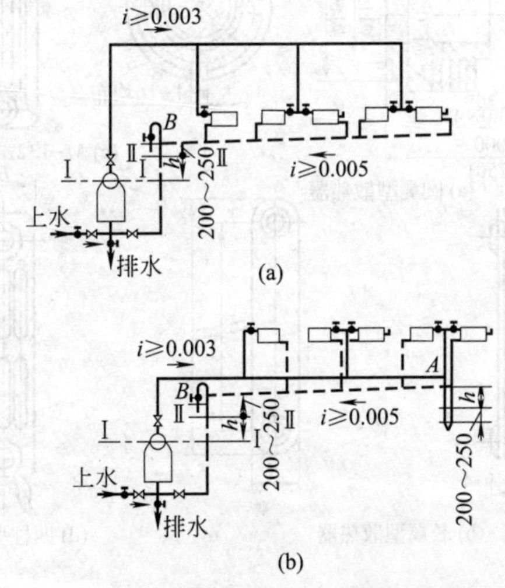

图 7-10 重力回水低压蒸汽采暖系统

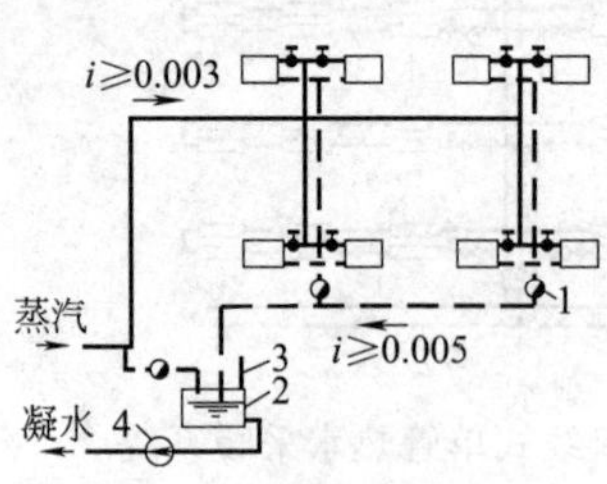

图 7-11　机械回水低压蒸汽采暖系统

1—低压恒温式疏水管；2—凝水箱；3—空气管；4—凝水管

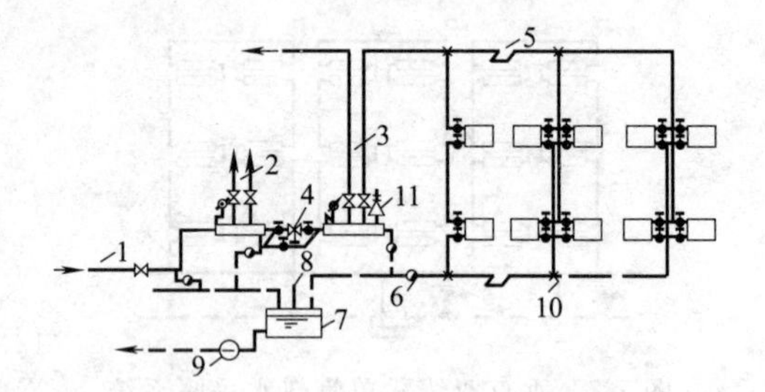

图 7-12　室内高压蒸汽采暖系统

1—室外蒸汽管；2—室内高压蒸汽供热管；3—室内高压蒸汽供暖管；4—减压装置；5—补偿器；6—疏水器；7—开式凝水箱；8—空气管；9—凝水泵；10—固定支点；11—安全阀

7.2 采暖系统中的散热设备

7.2.1 散热器

(1) 铸铁散热器

铸铁散热器有翼型及柱型两种。

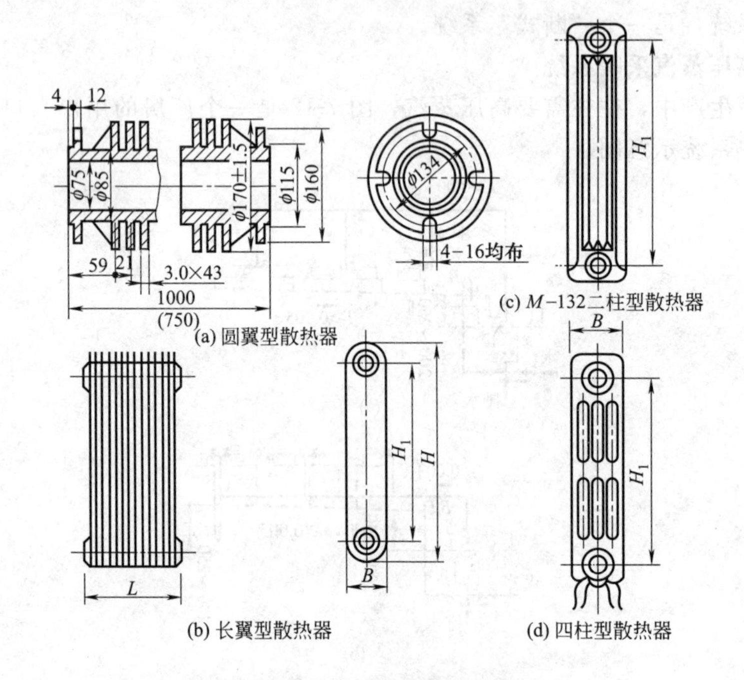

图 7-13　铸铁散热器示意图

① 翼型散热器。翼型散热器又有圆翼型［图 7-13（a）］和长翼型［图 7-13（b）］两类。

② 柱型散热器。柱型散热器外型是状的单片散热器［图 7-13（c）和图 7-13（d）］，根据散热的需要，可把各个单片组装在一起形成一组散热器。

(2) 钢制散热器

① 闭式钢串片对流散热器：其组成是由钢管、钢片、联箱、放气阀及管接头（见图 7-14）等。

② 板型散热器（如图 7-15）其组成是由面板、背板、进出水口接头、放水门固定套及上下支架等。

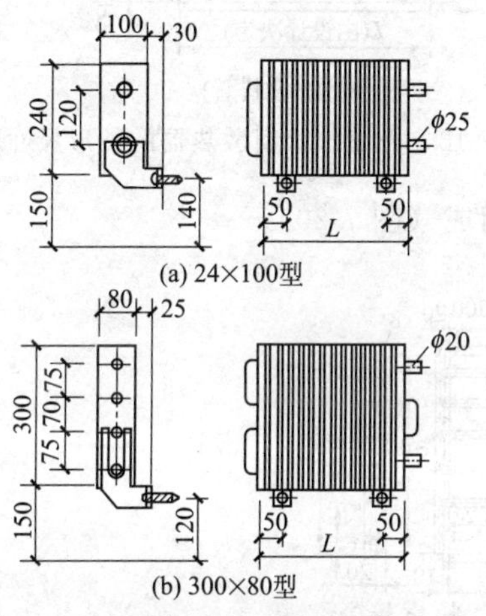

图 7-14 闭式钢串片对流散热器示意图

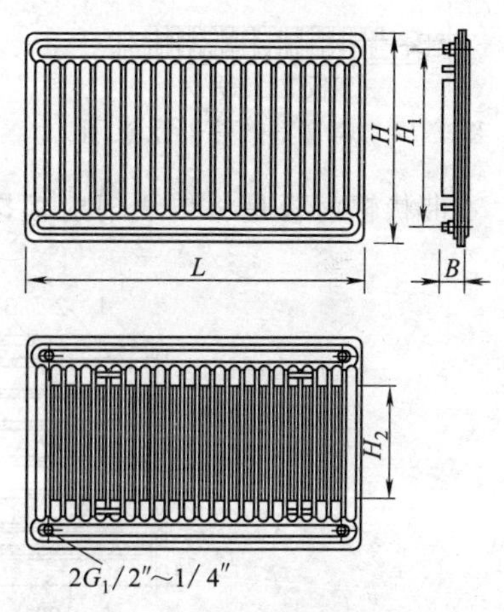

图 7-15 钢制板型散热器示意图

③ 钢制柱型散热器。这种散热器构造及外形与铸铁柱型散热器相似（图 7-16）。

④ 扁管型散热器：由 52mm×11 mm×1.5 mm（宽×高×厚）的水通路扁管叠加焊接在一起，两端再加上断面 35mm × 40mm 的联箱制而成（图 7-17）。

⑤ 光面排管型散热器。这种散热器是用各种直径的钢管焊接制成或煨制成的，又称为排管散热器、光管散热器（图 7-18）。

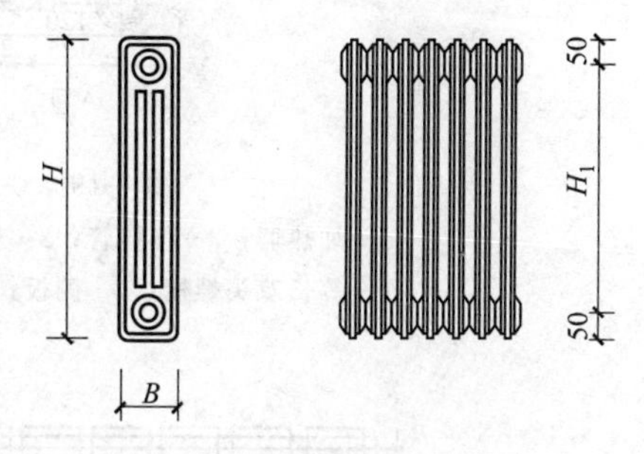

图 7-16 钢制柱型散热器示意图

7.2.2 钢制辐射板

(1) 钢制辐射板的型式

钢制辐射板有块状及带状辐射板两种型式。图 7-19 为块状辐射板的构造示意图。

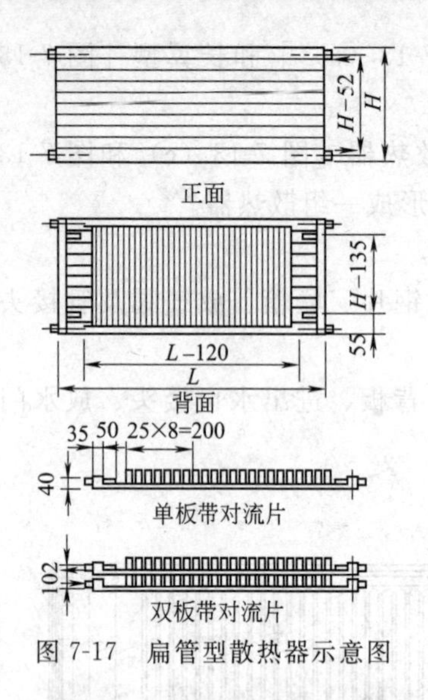

图 7-17 扁管型散热器示意图

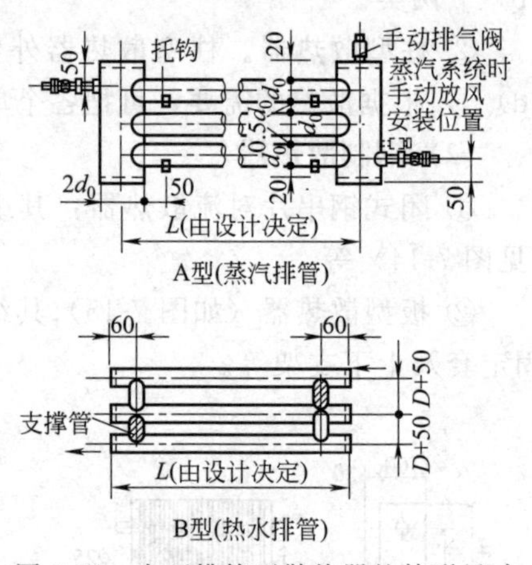

图 7-18 光面排管型散热器的外形尺寸

带状辐射板是将单块辐射板按长度方向串联而成（图 7-20）。

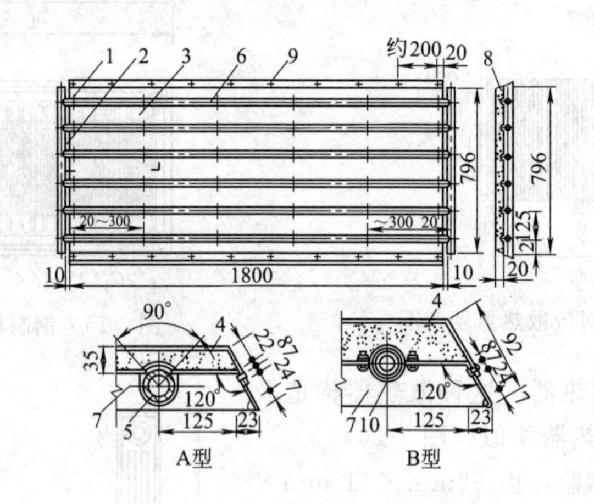

图 7-19 块状辐射板构造示意图

1—加热器；2—连接管；3—辐射板表面；4—辐射板背面；5—垫板；6—等长双头螺栓；7—侧板；8—隔热材料；9—铆钉；10—内外管卡

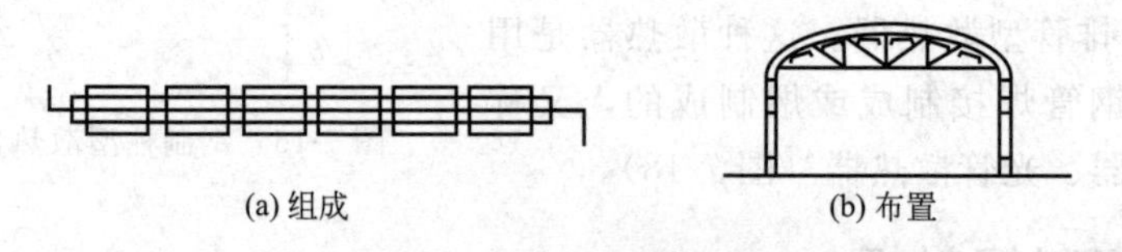

图 7-20 带状辐射板示意图

（2）钢制辐射板的安装

钢制辐板的安装有下列三种方式，如图 7-21 所示。①水平安装，②倾斜安装，③垂直安装。

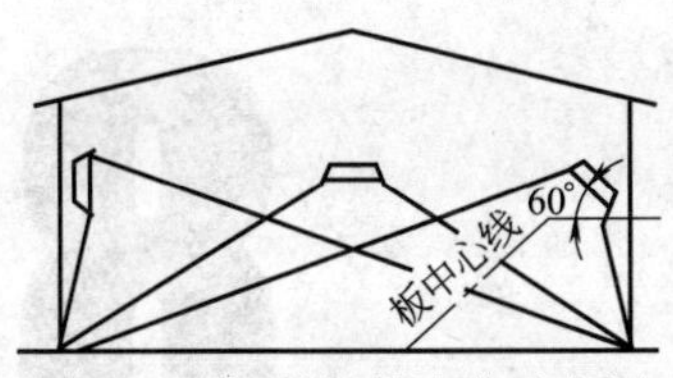

图 7-21 辐射板的安装示意图

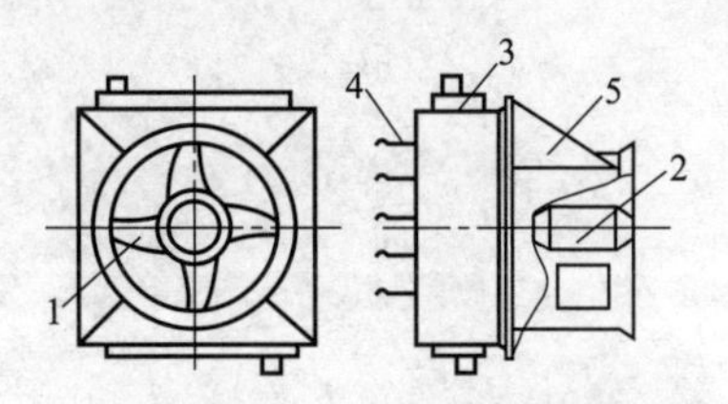

图 7-22 NC 型轴流暖风机

1—轴流式风机；2—电动机；3—加热器；4—百叶片；5—支架

7.2.3 暖风机

暖风机是由通风机、电动机及空气加热器组合而成的联合机组。

(1) 暖风机的型式 暖风机有轴流式和离心式两种，常称为小型暖风机和大型暖风机。根据其适用的热媒不同，又分为蒸汽暖风机、热水暖风机、蒸汽热水两用暖风机及冷热水两用暖风机（图 7-22）。

(2) 暖风机的布置和安装 常用的布置三种方案，见图 7-23。图 7-23（a）为直吹布置，暖风机布置在内墙一侧，射击热风与房间短轴平行，吹向外墙或外墙方向。图 7-23（b）为斜吹布置。暖风机在房间中部沿纵轴方向布置，把热空气向外墙斜吹。图 7-23（c）为顺吹布置，若暖风机无法在房间纵轴线上布置时，可沿四边墙串联吹送，避免气流相互干扰，使室内温度均匀。

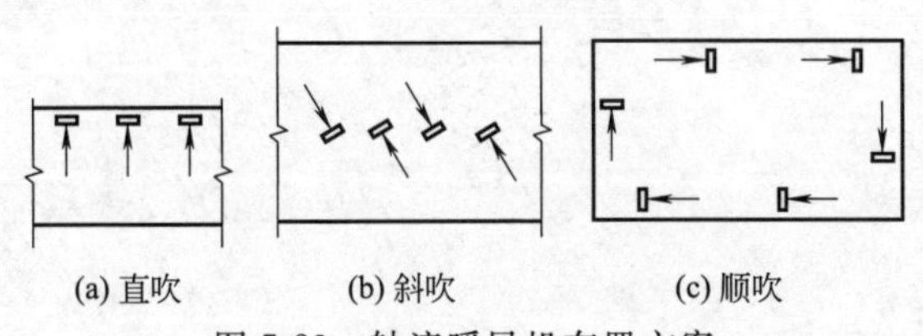

(a) 直吹 (b) 斜吹 (c) 顺吹

图 7-23 轴流暖风机布置方案

8 住宅楼建筑施工图实例导读

8.1 某住宅楼建筑施工图实例导读

建筑设计说明

一 设计依据

■ 项目批文及国家现行建筑设计规范。

■ 本工程建设场地地形图及规划图。

■ 建设单位委托设计单位设计本工程的设计合同书。

二 工程概况

■ 地理位置								
■ 使用功能	住宅							
■ 建筑面积	1541m²	地下	m²	地上	m²			m²
■ 建筑层数	6 层	地下	层	地上	层	局部		层
■ 建筑性质	建筑规模	建筑耐久年限	基底面积	建筑分类	耐火等级	抗震设防烈度	总高度	
居住建筑		二级	m²		二级	7度	21.65m	

三 一般说明

■ 本工程图注尺寸除标高以米计外，其余尺寸均以毫米计。

■ 图注标高为相对标高 。

■ 墙身防潮层设于室内地坪下一皮砖处及有高差地面的墙面的迎水面上，用1：2水泥砂浆掺5%的防水剂粉20厚。

■砌体做法：■ 采用机制黏土砖，未注明的砌体厚度均为240。

□ 采用烧结承重多孔砖墙体，做法详见皖2000J102图集，未注明的砌体厚均为240。

□ 采用非承重黏土空心砖砌块，做法详见皖93J102图集，未注明的砌体厚均为240。

四 工程做法

类别	工程做法	使用范围
室外工程	■ 散水做法：详见皖91J307图集第3页节点1。	沿建筑物四周
	□ 坡道做法：详皖91J307图集第6页节点3。	
	■ 台阶做法：详皖91J307图集第7页节点3。（砖砌台阶）	台阶—1
	□ 台阶做法：详见皖91J307图集第7页节点4。□ 水泥砂浆面	
	□ 防滑地砖面 色	
	□ 花岗岩饰面 色	
	□ 花池做法：详皖91J307图集第9页节点2。	
	□ 花台做法：详见皖91J307图集第9页节点3。	
	□ 砖砌台阶挡墙做法：详见皖91J307图集第8页节点B墙体、拦板与墙体交接处应设置不小于20宽的施工缝，用防水油膏嵌缝。	
地面做法	■ 水泥砂浆面：详见皖93J301图集第4页节点8。 □ 面层不抹光	
	□ 细石混凝土配筋地面：详见皖93J301图集第5页节点14。	未特别注明的地面
	□ 水磨石地面：详见皖93J301图集第6页节点15。（1.5厚铜条分格）□ 石子	
	■ 地砖地面：详见皖93J301图集第7页节点18。 □ 色	卫生间
	□ 花岗岩地面：详见皖93J301图集第7页节点20。 □ 色	
	□ 硬木企口板地面：详见皖93J301图集第9页节点25。	
	□ 架空预制板地面：素土夯实，300厚3：7灰土夯实，空气层高480，钢筋混凝土架空预制板地面，刷素水泥浆一道，25厚1：2水泥砂浆抹光。	
防水做法	■ 卫生间、厨房的楼板采用自防水混凝土结构，抗渗标号S6。	厨房及卫生间
	■ 卫生间、厨房的楼地面采用20厚1：3防水水泥砂浆。	厨房及卫生间
	■ 卫生间的墙体根部设120高的混凝土防渗反梁，抗渗标号S6，配筋见结施。	卫生间
	■ 卫生间的管道穿板处的构造做法详皖93J204图集第17页节点3。	卫生间
	■ 卫生间的卫生设备安装构造做法详见皖93J204图集第17页。	
		卫生间

类别	构造做法	使用范围
平屋面做法	■ 不上人屋面：详见皖93J204图集第4页节点6。	屋面—1
	□ 上人屋面：详见皖93J204图集第4页节点7。	
	■ 排气道做法：详见皖92J201图集第20页。	相应屋面
	■ 保温层为1：10水泥蛭石，最薄处为60。	相应屋面
坡屋面做法	□ 坡屋面做法：20厚1：3水泥砂浆找平，851防水涂膜防水层，20厚挤聚苯乙烯保温隔热板，钢丝网罩面，30厚水泥砂浆，按挂瓦要求做顺水条，按挂瓦要求做挂瓦条。	
	■ 坡屋面做法：20厚1：3水泥砂浆找平，851防水涂膜防水层，20厚挤聚苯乙烯保温隔热板，钢丝网罩面，30厚水泥砂浆，外钉玻璃纤维瓦。	
	□ 坡屋面做法：20厚1：3水泥砂浆找平，聚氨脂防水涂膜防水层，按挂瓦要求做顺水条，按挂瓦要求做挂瓦条，挂铺 色 瓦。	
楼面做法	□ 水泥砂浆毛坯楼面详见皖93J301图集第11页节点1、2。（面层不抹光）	
	■ 水泥砂浆面：详见皖93J301图集第11页节点1、2。	未特别注明的地面
	□ 细石混凝土：详见皖93J301图集第11页节点3、4。	
	□ 水磨石楼面：详见皖93J301图集第11页节点5。（1.5厚铜条分格）□ 石子	
	■ 地砖楼面：详见皖93J301图集第13页节点12、13。 ■ 浅灰色	厨房、卫生间
	地砖规格为200×200 □ 色	
外墙粉刷	□ 干粘石饰面：详见皖93J301图集第16页节点10。 □ 色石子	
	□ 色石子	
	□ 面砖饰面：详见皖93J301图集第17页节点14、15。面砖规格为500×300。	
	■ 外墙漆墙面：详见皖93J301图集第18页节点16。 ■ 米黄色	外粉—1
	■ 白色	外粉—2
	■ 赭红色	外粉—3
	□ 8厚1：3防水水泥砂浆底，8厚1：2.5防水水泥砂浆面，外墙漆饰面。 □ 色	
	□ 色	
	□ 色	
	□ 花岗岩饰面：详见皖93J301图集第19页节点24。 □ 色	
	□ 色	
	■ 嵌缝条为黑色uPVC条 ■ 10宽 □ 16宽 □ 20宽 □ 色	
内墙粉刷	■ 麻刀灰毛坯墙面：16厚1：1：6水泥石灰砂浆底，2厚麻刀灰面。	未特别注明的内墙
	■ 水泥砂浆毛坯墙面：12厚1：3水泥砂浆底，6厚1：2水泥砂浆扫毛。	厨房及卫生间
	□ 麻刀灰墙面：16厚1：1：6水泥石灰砂浆底，2厚麻刀灰面，白色乳胶漆两度。	
	□ 水泥砂浆面：12厚1：3水泥砂浆底，6厚1：2水泥砂浆面，白色乳胶漆两度。	
	□ 混凝土墙水泥砂浆面：详见皖93J301图集第22页节点11。	
	□ 贴瓷砖墙面：详见皖93J301图集第22页节点13。规格为 □ 色瓷砖	
	□ 石材装饰面：详见皖93J301图集第29页节点7、8。 □ 色	
	□ 20厚1：3水泥砂浆面随砌随抹。	管道井内壁
顶棚做法	■ 麻刀灰毛坯顶棚：详见皖93J301图集第 23页节点 2、3。（取消涂料面层）	
	□ 麻刀灰顶棚：详见皖93J301图集第23页节点 2、3。	
	□ 轻钢龙骨纸面石膏板吊顶：详见皖93J308图集第13页。	

类别	构造做法	使用范围
隔墙做法	■ 硅酸盐空心砖砌块：见皖93J102图集。	所有120厚内填充墙
	□ GRC轻质隔墙：见皖94J104图集。	
	□ 加气混凝土砌块墙：见皖92J101图集。	
墙裙做法	□ 水泥墙裙：见皖93J301图集第28页节点1。	
	□ 乳胶漆墙裙：见皖93J301图集第28页节点3。 □ 色	
	■ 釉面砖墙裙：见皖93J301图集第28页节点5。	厨房、卫生间H=2100
	（规格200×300） ■ 白色瓷砖	
	（规格 ） □ 色瓷砖	
	□ 胶合板墙裙：见皖93J301图集第29页节点6。（面板为 ）□ 色	
踢脚做法	■ 水泥踢脚：见皖93J301图集第26页节点1。（踢脚与内墙平）	所有踢脚
	□ 硬木踢脚：见皖93J301图集第27页节点9。 □ 色	
	□ 水磨石踢脚：见皖93J301图集第26页节点4。 □ 色	
	□ 花岗岩踢脚：见皖93J301图集第27页节点8。 □ 色	
油漆做法	□ 木材面油漆：见皖93J301图集第30页节点5。（清漆） □ 色	
	□ 色	
	■ 木材面油漆：见皖93J301图集第30页节点4。（磁漆） ■ 淡青色	所有木门
	□ 色	
	□ 木材面油漆：见皖93J301图集第30页节点12。（清漆磨退） □ 色	
	□ 色	
	■ 金属面油漆：见皖93J301图集第31页节点1。（调合漆） ■ 银粉色	钢制出水口
	□ 色	
	□ 金属面油漆：见皖93J301图集第31页节点5。（磁漆） □ 色	
构配件做法	■ 凡檐口，雨篷，阳台底，外廊底均应做滴水线。内墙阳角门膀角均应做护角。	
	■ 凡预埋木砖均需满涂防腐剂。	
	■ 凡雨篷板面均为20厚1：2防水水泥砂浆。	
	■ 所有厨房、卫生间、阳台、平台、外廊均比相应的楼地面低30。	
	■ 平面图中门定位尺寸（门垛尺寸）除图中注明者外，其余均为120。	
	■ 外墙窗台用1：3水泥砂浆15厚打底，并将窗框安装后的缝隙填充密实。窗台泛水内高外低，大于10。	
	■ 阳台拦板、扶手应与墙体拉结，墙体中预埋钢筋入墙300，外伸300，与栏杆、扶手的水平，钢筋绑扎。	
	□ 室外抗震缝做法详见皖94J903图集第5页节点1、3。	
	■ 室内抗震缝做法详见皖94J903图集第7页节点3、6，第13页节点1、3第14页节点3。	
	外墙墙面上的框架梁、柱与填充墙间钉200宽钢板网，1：2水泥砂浆掺5%防水剂，分两次粉刷，每遍10厚。	

五 备注

■ 本设计不含二次装修，二次装修设计需经我院认可，方可施工。

■ 室内外装饰材料的规格、色彩、质地的选择须经建设单位和设计单位协商后确定。

□ 铝合金幕墙、铝板幕墙及石材幕墙，应选择有相应设计、生产、施工资质的单位进行设计、制作、安装。

六 说明

本图中■ 符号为本工程采用的做法。

本设计图应同各有关专业图纸密切配合施工，在未征及设计单位同意时，不得在各构件上任意凿孔开洞。施工中各工种应密切配合，凡遇设备基础，电梯等安装工程时，应对到货样本或实物核实无误后方可进行施工。

本说明中未尽事宜按国家现行有关施工规范及规程执行。

××建筑设计院	出图章	注册章	建设单位		图名	建筑设计说明	审定		工程主持		工程编号	
			工程名称				审核		设计		图号	J-1/12
							校对		比例		日期	

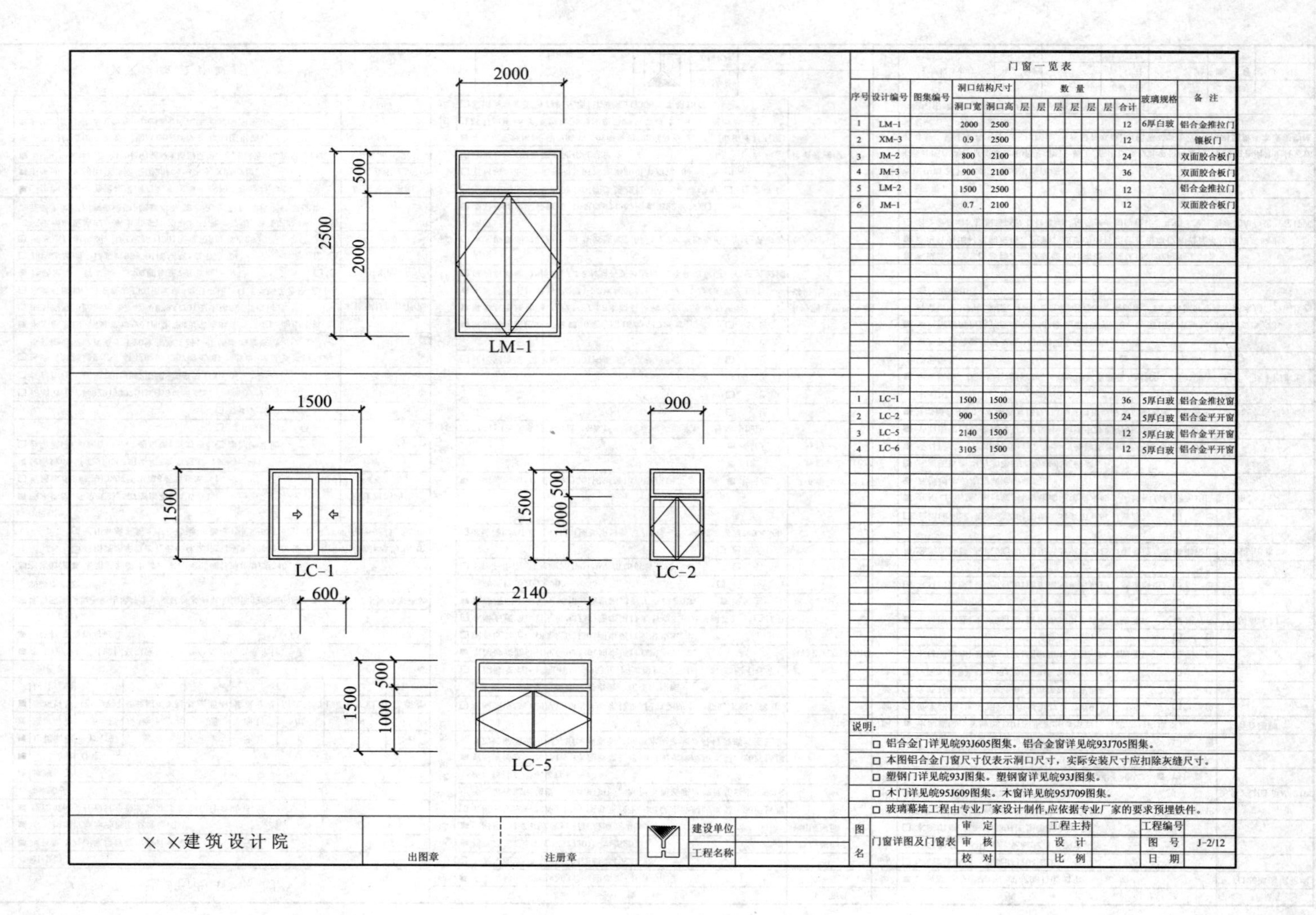

门窗一览表

序号	设计编号	图集编号	洞口宽	洞口高	层	层	层	层	层	层	合计	玻璃规格	备注
1	LM-1		2000	2500							12	6厚白玻	铝合金推拉门
2	XM-3		0.9	2500							12		镶板门
3	JM-2		800	2100							24		双面胶合板门
4	JM-3		900	2100							36		双面胶合板门
5	LM-2		1500	2500							12		铝合金推拉门
6	JM-1		0.7	2100							12		双面胶合板门
1	LC-1		1500	1500							36	5厚白玻	铝合金推拉窗
2	LC-2		900	1500							24	5厚白玻	铝合金平开窗
3	LC-5		2140	1500							12	5厚白玻	铝合金平开窗
4	LC-6		3105	1500							12	5厚白玻	铝合金平开窗

（洞口宽、洞口高为洞口结构尺寸；层、合计为数量）

说明：

□ 铝合金门详见皖93J605图集。铝合金窗详见皖93J705图集。

□ 本图铝合金门窗尺寸仅表示洞口尺寸，实际安装尺寸应扣除灰缝尺寸。

□ 塑钢门详见皖93J图集。塑钢窗详见皖93J图集。

□ 木门详见皖95J609图集。木窗详见皖95J709图集。

□ 玻璃幕墙工程由专业厂家设计制作,应依据专业厂家的要求预埋铁件。

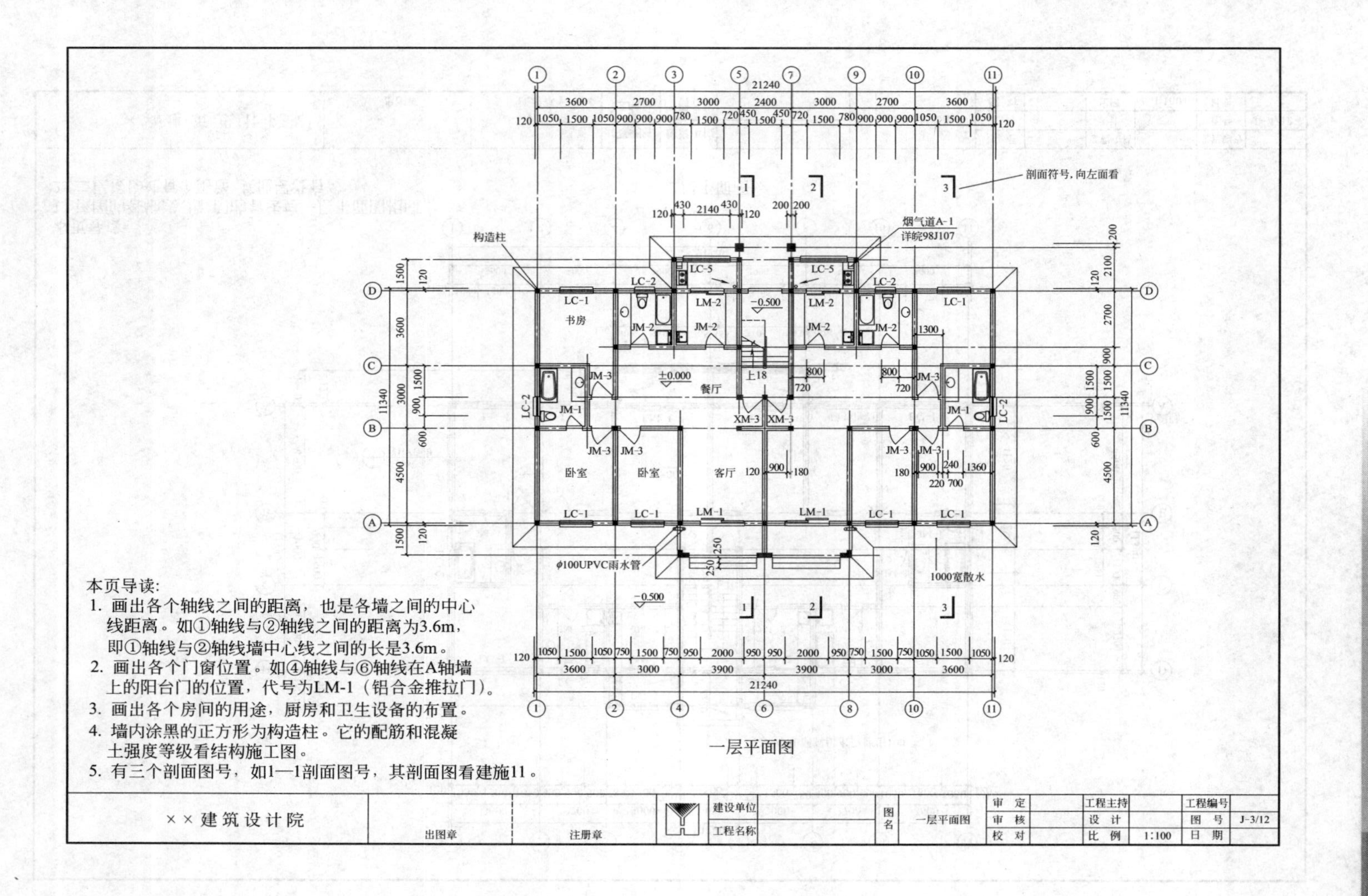

本页导读:

1. 画出各个轴线之间的距离，也是各墙之间的中心线距离。如①轴线与②轴线之间的距离为3.6m，即①轴线与②轴线墙中心线之间的长是3.6m。
2. 画出各个门窗位置。如④轴线与⑥轴线在A轴墙上的阳台门的位置，代号为LM-1（铝合金推拉门）。
3. 画出各个房间的用途，厨房和卫生设备的布置。
4. 墙内涂黑的正方形为构造柱。它的配筋和混凝土强度等级看结构施工图。
5. 有三个剖面图号，如1—1剖面图号，其剖面图看建施11。

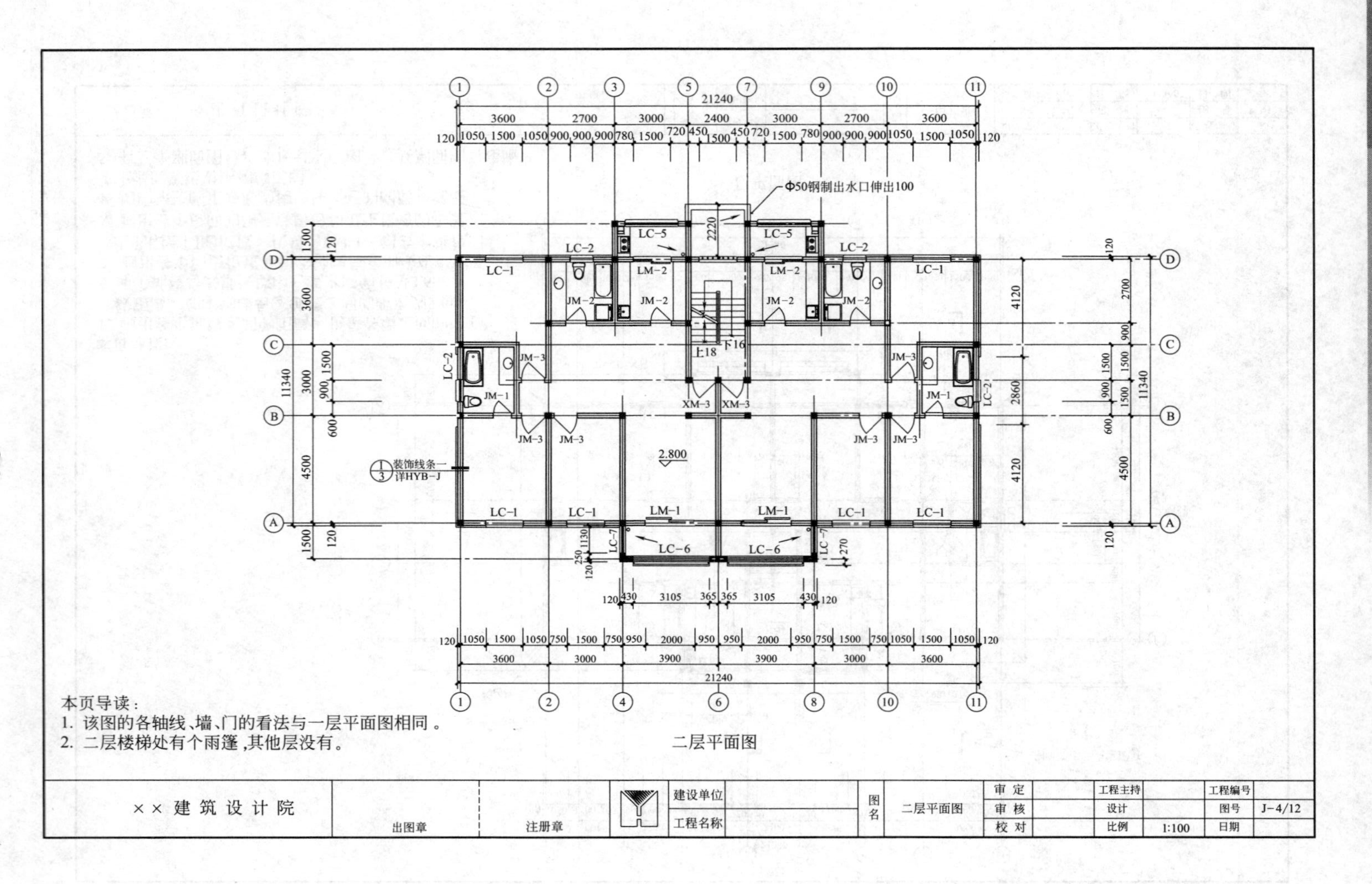
Φ50钢制出水口伸出100
装饰线条一 详HYB-J
2.800
上18
下16
本页导读：
1. 该图的各轴线、墙、门的看法与一层平面图相同。
2. 二层楼梯处有个雨篷，其他层没有。
二层平面图
××建筑设计院
出图章
注册章
建设单位
工程名称
图名
二层平面图
审定
审核
校对
工程主持
设计
比例
1:100
工程编号
图号
J-4/12
日期

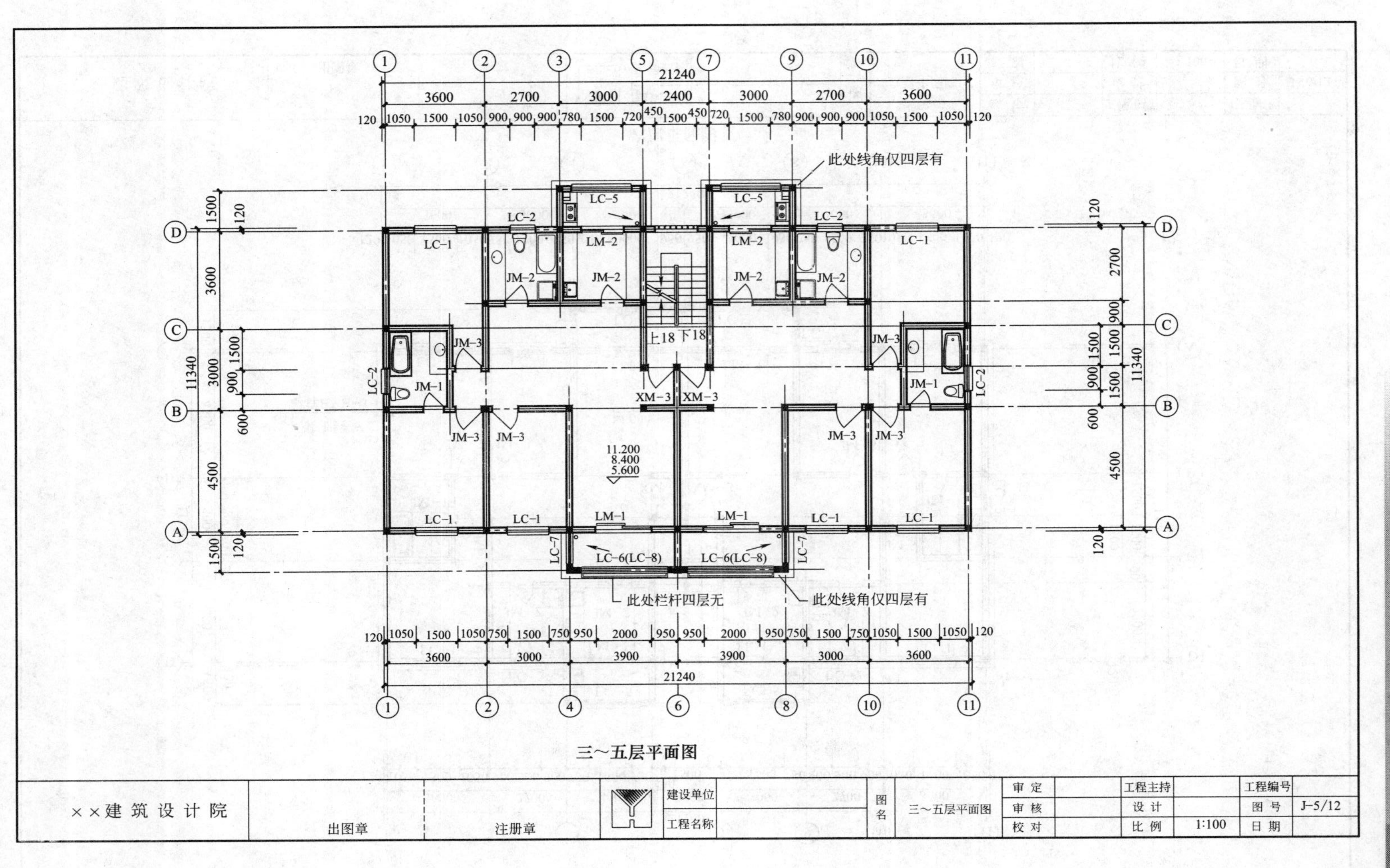
21240
3600 2700 3000 2400 3000 2700 3600
此处线角仅四层有
LC-5
LC-2
LC-1
LM-2
JM-2
JM-3
JM-1
上18 下18
XM-3
11.200
8.400
5.600
LM-1
LC-6(LC-8)
LC-7
此处栏杆四层无
此处线角仅四层有
11340
3600 3000 3900 3900 3000 3600
三～五层平面图
××建筑设计院
出图章
注册章
建设单位
工程名称
图名 三～五层平面图
审定
审核
校对
工程主持
设计
比例 1:100
工程编号
图号 J-5/12
日期

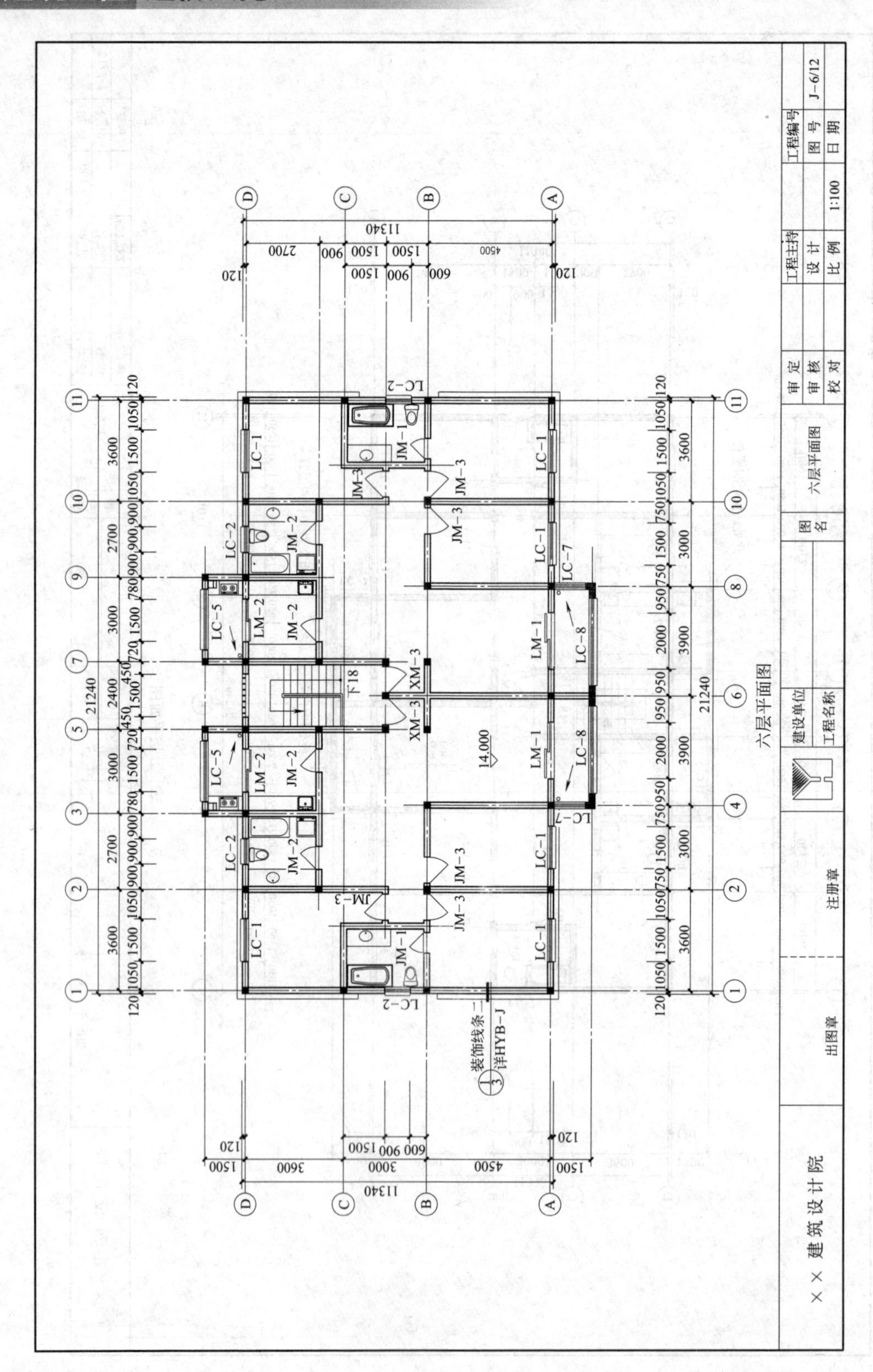
六层平面图
××建筑设计院
出图章
注册章
建设单位
工程名称
图名
六层平面图
审定
审核
校对
工程主持
设计
比例
1:100
工程编号
图号
J-6/12
日期
装饰线条二
详HYB-J
14.000
下18
LC-1
LC-2
LC-5
LC-7
LC-8
LM-1
LM-2
JM-1
JM-2
JM-3
XM-3
21240
11340

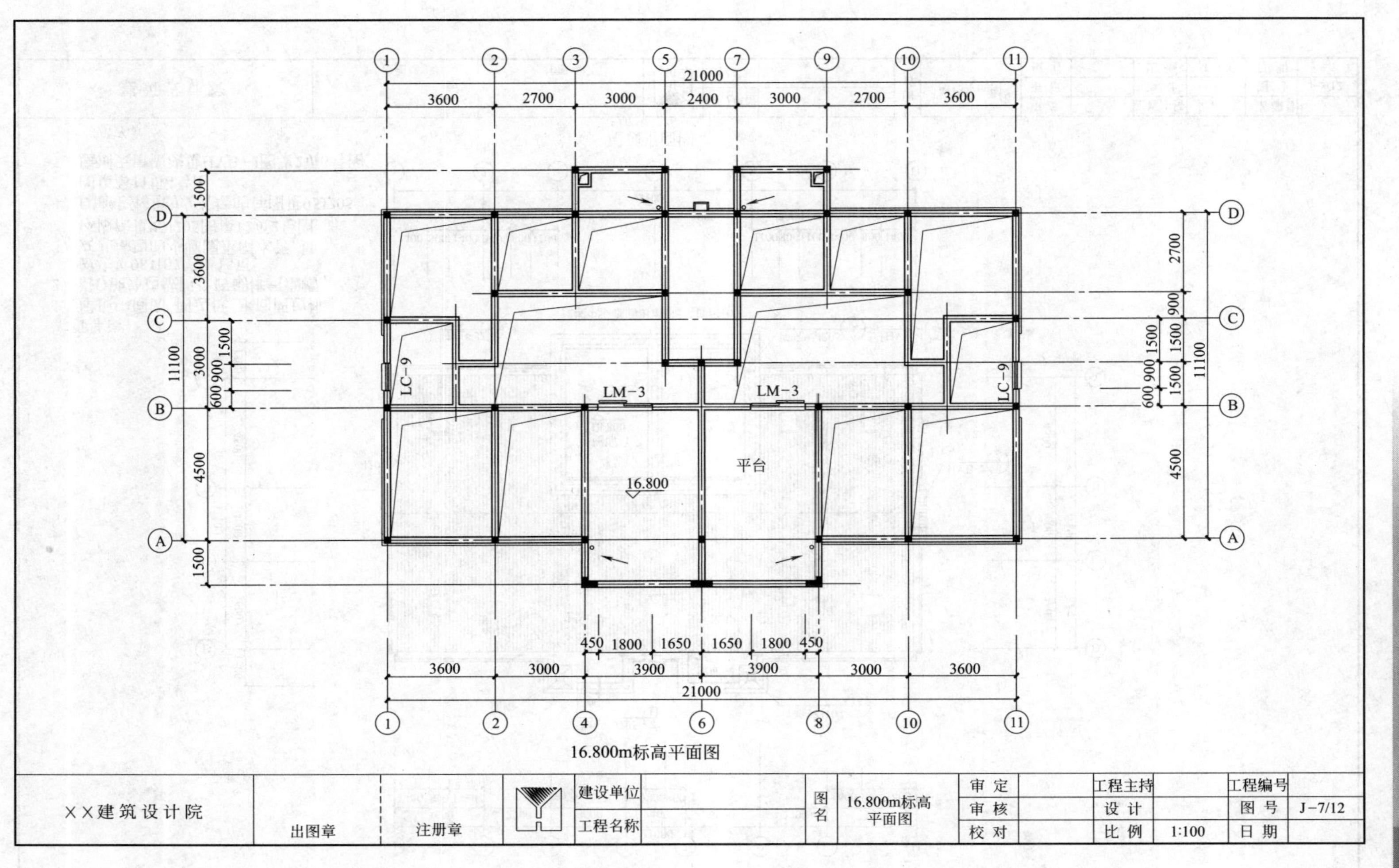
21000
3600
2700
3000
2400
11100
4500
1500
LC-9
LM-3
平台
16.800
450
1800
1650
3900
16.800m标高平面图
××建筑设计院
出图章
注册章
建设单位
工程名称
图名
16.800m标高平面图
审定
审核
校对
工程主持
设计
比例
1:100
工程编号
图号
J-7/12
日期

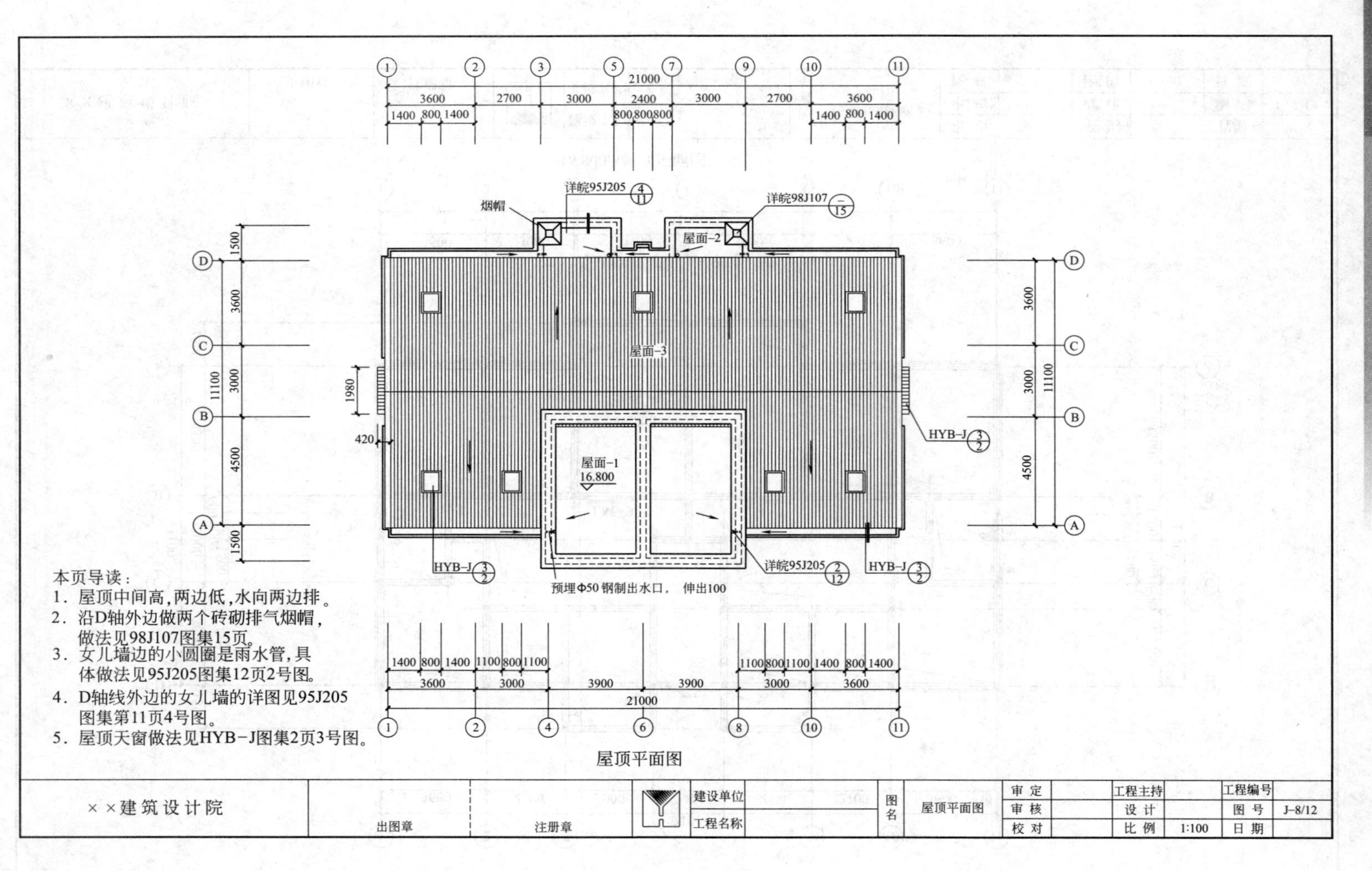

烟帽
详皖95J205 4/11
详皖98J107 —/15
屋面-2
屋面-3
屋面-1
16.800
HYB-J 3/2
详皖95J205 2/12
预埋Φ50 钢制出水口， 伸出100
21000
3600 2700 3000 2400 3000 2700 3600
1400 800 1400 800 800 800 1400 800 1400
1400 800 1400 1100 800 1100 1100 800 1100 1400 800 1400
3600 3000 3900 3900 3000 3600
11100
1500 3600 3000 4500 1500
1980
420
本页导读：
1．屋顶中间高，两边低，水向两边排。
2．沿D轴外边做两个砖砌排气烟帽，做法见98J107图集15页。
3．女儿墙边的小圆圈是雨水管，具体做法见95J205图集12页2号图。
4．D轴线外边的女儿墙的详图见95J205图集第11页4号图。
5．屋顶天窗做法见HYB－J图集2页3号图。
屋顶平面图
××建筑设计院
出图章
注册章
建设单位
工程名称
图名
屋顶平面图
审定
审核
校对
工程主持
设计
比例
1:100
工程编号
图号
J-8/12
日期

南立面图

本页导读：

左右两边是标高尺寸。如室外地面的标高是－0.5m，室内地坪的标高是±0.00m。

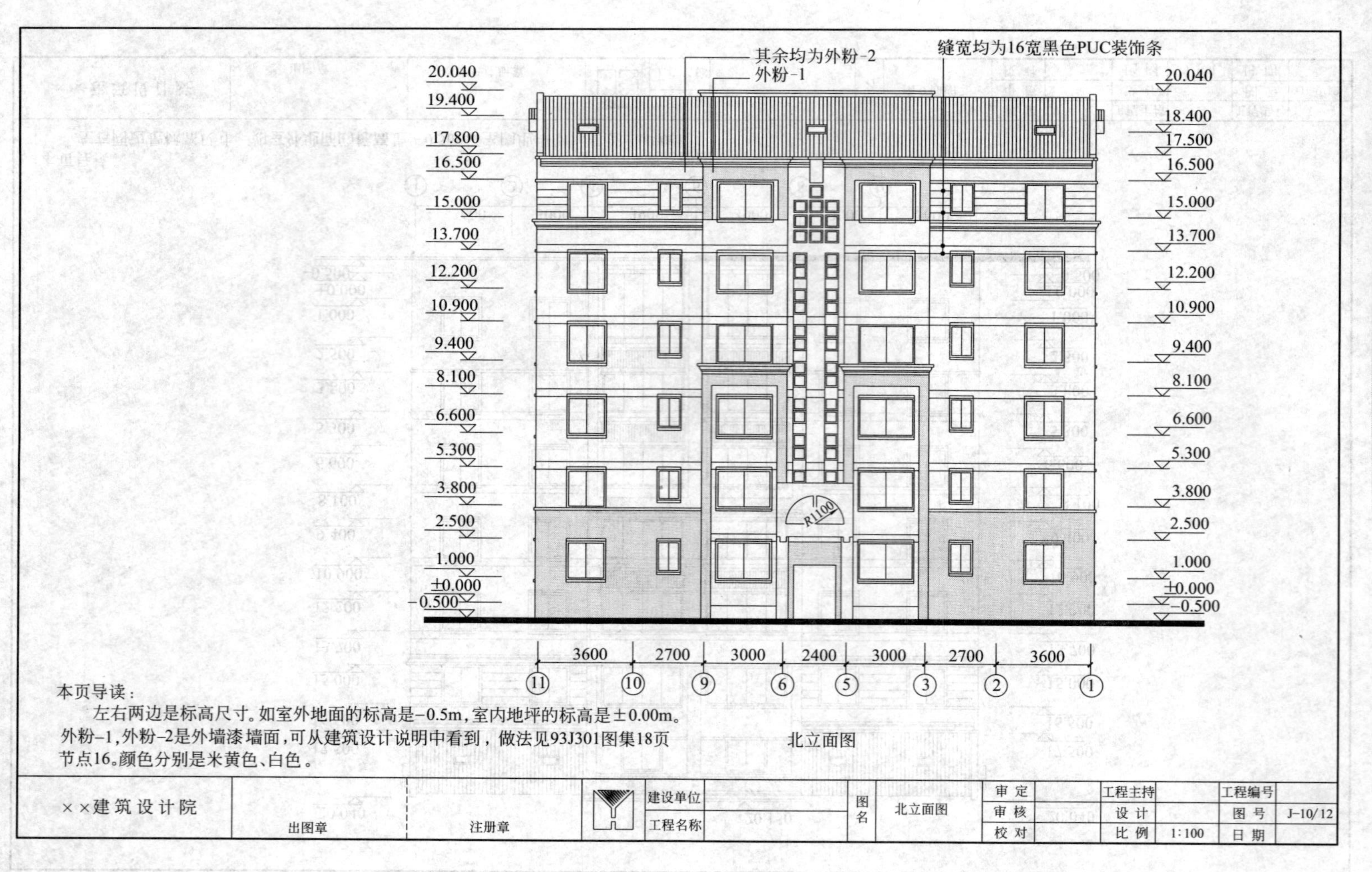

北立面图

本页导读：

左右两边是标高尺寸。如室外地面的标高是−0.5m，室内地坪的标高是±0.00m。外粉−1，外粉−2是外墙漆墙面，可从建筑设计说明中看到，做法见93J301图集18页节点16。颜色分别是米黄色、白色。

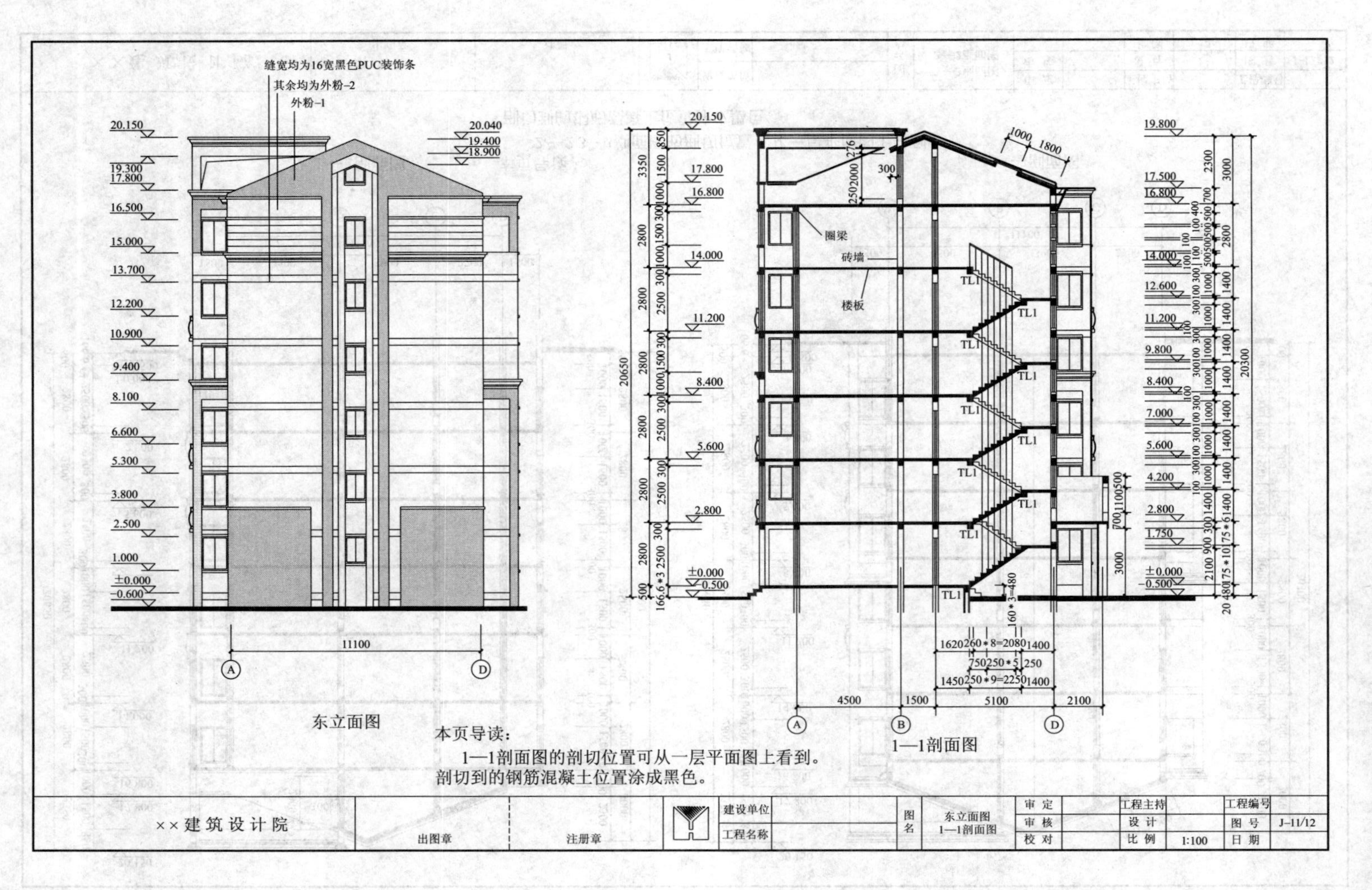

本页导读：

1—1剖面图的剖切位置可从一层平面图上看到。剖切到的钢筋混凝土位置涂成黑色。

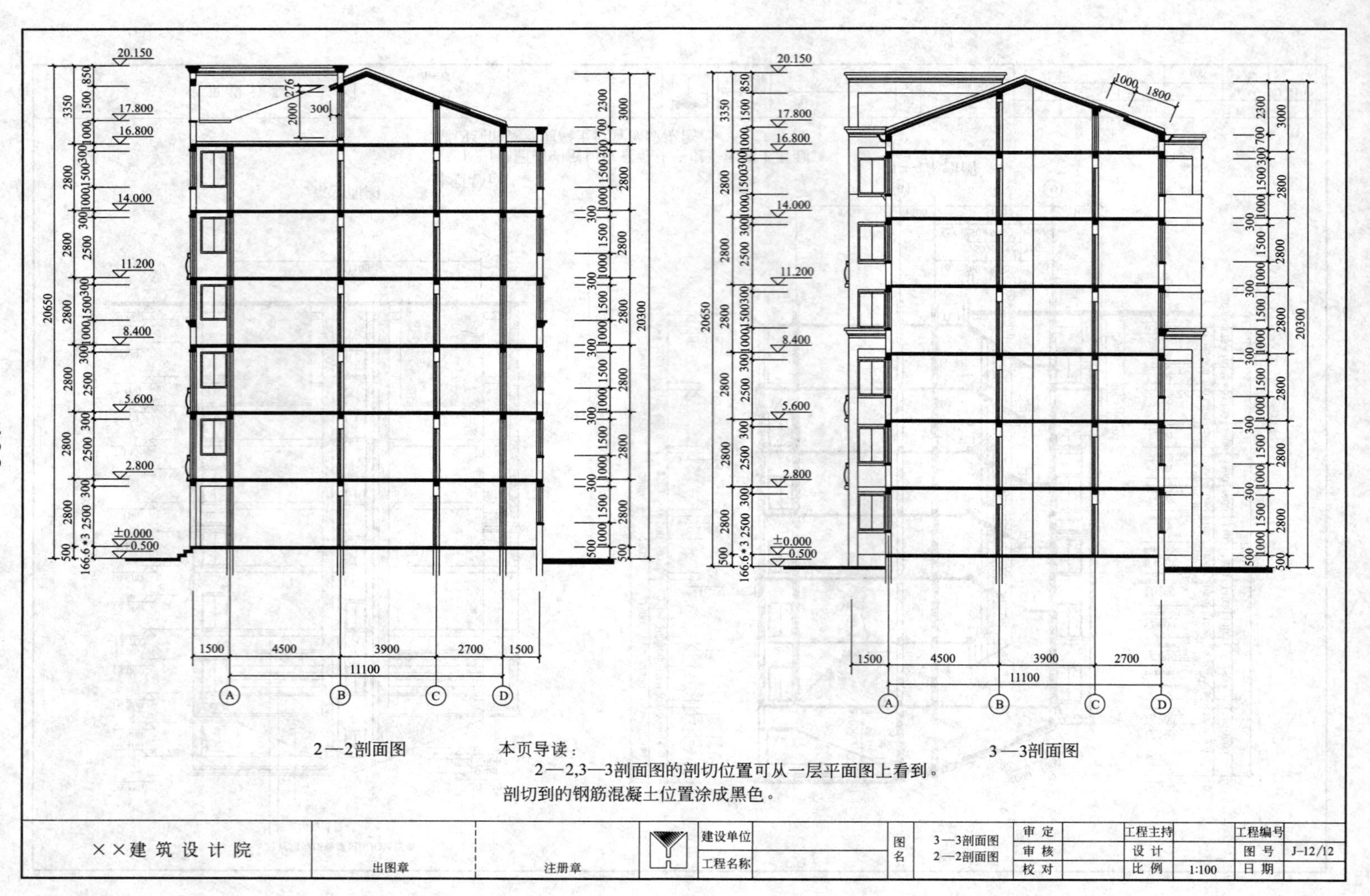

20.150
17.800
16.800
14.000
11.200
8.400
5.600
2.800
±0.000
-0.500
20650
20300
3350
1500
4500
3900
2700
11100
A
B
C
D
2—2剖面图
本页导读：
2—2,3—3剖面图的剖切位置可从一层平面图上看到。
剖切到的钢筋混凝土位置涂成黑色。
3—3剖面图
××建筑设计院
出图章
注册章
建设单位
工程名称
图名
3—3剖面图
2—2剖面图
审定
审核
校对
工程主持
设计
比例
1:100
工程编号
图号
J-12/12
日期

承重多孔砖砌体结构统一说明

■一、一般说明

（一）本说明用于烧结承重多孔砖砌体结构。本工程使用功能为：住宅。

（二）标高以米为单位，其余均以毫米为单位。本工程±0.00 相当于地质报告中的绝对标高值：40.000。

（三）本工程设计使用年限为 50 年。

（四）在本说明中有■符号者为本工程采用。

（五）本工程设计楼面活荷载标准值为：楼面 1.5kN/m²，厨卫 2.0kN/m²，阳台 2.5kN/m²，屋面 0.75kN/m²。

■二、抗震设计

本工程抗震设防分类为丙类建筑；基本烈度为 7 度，设防烈度为 7 度，设计近震；场地土类型为中硬场地土，场地类别为Ⅱ类。

■三、地基基础部分

基础系根据安徽省建筑工程勘察院提供的工程地质报告设计的。

■（一）天然地基

（1）本工程采用天然地基，根据地质报告，基础埋置在第③层黏土层上，地基承载力标准值 $f_k=280$kPa。

（2）条形基础埋置深度变化时，应做成 1：2 跌级连接，除特殊情况外，施工时一般按图 1 做法处理。

（3）基础埋入持力层深度应≥200。基础回填土应采用素土分层回填，每层厚度≤300，并应人工夯实。

（4）底层 120 厚内隔墙直接砌置在混凝土地面上，做法按图 2 处理。

□（二）桩基础

■本工程采用锤击式沉管灌注桩。桩基的要求详见结施。

■（三）对于各类型基础，若施工时发现地质情况与设计不符时，请通知设计人员共同研究处理。基槽挖至距设计标高 100～200 时应通知勘探、设计、质检、监理人员到场验槽，符合要求后应迅速清挖至设计标高，及时浇灌垫层。基坑严禁长时间积水浸泡或暴晒。

基坑开挖时施工单位应做好降水和支护工作，应制定可靠的施工组织设计，确保相邻建筑的安全。

■四、采用材料

■（一）现浇部分

（1）基础垫层为 C10 混凝土。

（2）现浇梁、板、构造柱为 C20 混凝土。

■（二）墙体部分

（1）±0.000 以下用烧结实心黏土砖，砖标号 MU10，水泥砂浆标号 M10。

（2）±0.000 以上用烧结实心黏土砖，标号为 MU10。

（3）±0.000 至二层顶用 M10 混合砂浆。

（4）二层顶至屋顶用 M7.5 混合砂浆。

不得采用缺角、断裂、外形不齐的劣质砖。

■（三）钢筋部分

钢筋采用 ϕ 为Ⅰ级钢，$f_y=210$MPa。

钢筋采用Φ为Ⅱ级钢，$f_y=310$MPa。

■五、构造要求

（1）现浇板中未注明的分布筋为 ϕ6@250。未注明的负筋为 ϕ8@200。

（2）双向板的底筋，短向筋放在底层，长向筋放在短向筋之上。

（3）结构平面图中板负筋长度是指梁（墙）边至钢筋端部的长度，钢筋下料时应加上梁（墙）的宽度。

结构平面图中板钢筋代号规定如下：K6-Φ6@200，K8-Φ8@200，K10-Φ10@200，K12-Φ12@200。
G6-Φ6@150，G8-Φ8@150，G10-Φ10@150，G12-Φ12@150。
S6-Φ6@100，S8-Φ8@100，S10-Φ10@100，S12-Φ12@100。

（4）钢筋混凝土圈梁的连接按《皖 2000J102》图集第 28、29、30、31、32 页。

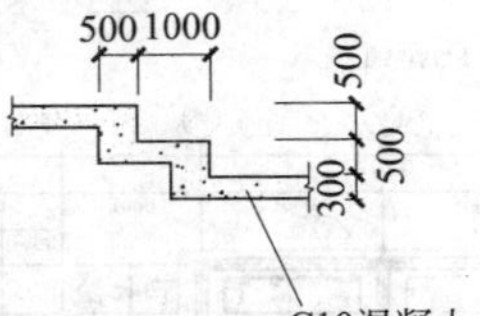

500 1000 500 500 300 C10混凝土

图 1

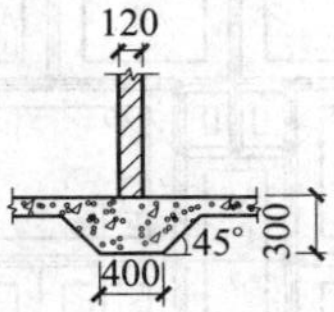

120 300 45° 400

图 2

（5）板上圆孔的直径或方孔边长等于或大于 300 而小于 1000 时，按图 3 及图 4 设钢筋加固，边长小于 300 时可不加固板筋，板筋应绕孔边通过。

（6）钢筋混凝土构造柱（Gz）施工时须先砌墙后浇混凝土，墙应留马牙槎并沿墙体高度每隔 500 设 2□6 拉结筋，伸入墙内长 1000，如构造柱边有门窗洞口，则拉结筋伸至洞口边。

构造柱的施工按《皖 2000J102》图集第 23、24、25、26、27 页相应节点。

（7）卫生间、厨房、南阳台的板面标高比相应楼板面的标高降低 30，按图 5 施工。

北阳台的板面标高与相应的卫生间、厨房楼板面标高相同。

（8）上、下水管道及设备孔洞均需按水、电、暖的施工图位置预留，不得后凿。

（9）纵向受力钢筋的锚固长度，当采用Ⅰ级钢时为 $L_a=30d$，当采用Ⅱ级钢时为 $L_a=40d$。

（10）纵向受力钢筋的搭接长度，当采用Ⅰ级钢时为 $L_a=36d$，当采用Ⅱ级钢时为 $L_a=48d$。

（11）厨房、卫生间的 120 厚隔墙为后砌的非承重墙，采用 M5 混合砂浆砌筑。与承重墙、构造柱的拉结按《皖 2000J102》图集第 21、22 页有关节点施工。

（12）钢筋保护层厚度规定如下：板为 15mm；梁、柱为 25mm；基础梁为 35mm。

□六、墙体配筋

建筑平面图中涂阴影的墙体表示采用水平配筋砌体。

详见 97G329<五>图集第 1 页④节点和第 3 页①②⑤节点及第 4 页①②⑤节点施工。

■七、门、窗过梁

凡在结构平面图中未特别注明的门、窗过梁统一按下述处理：（过梁长度＝洞口宽度＋500）。

（1）洞口宽度≤1000 时，采用预制板，板宽同墙厚，板厚为 60，底筋 3ϕ8，分布筋 ϕ6@250。

（2）1000＜洞口宽度≤1500 时，采用钢筋混凝土过梁，梁宽同墙厚，梁高为 150，底筋 2Φ2，架立筋 2Φ10，箍筋Φ6@200。

（3）1500＜洞口宽度≤2100 时，采用钢筋混凝土过梁，梁宽同墙厚，梁高为 180，底筋 3Φ12，架立筋 2ϕ10，箍筋□6@200。

（4）2100＜洞口宽度≤2700 时，采用钢筋混凝土过梁，梁宽同墙厚，梁高为 240，底筋 3ϕ14，架立筋 2Φ10，箍筋□6@200。

（5）当圈梁兼过梁且门、窗洞口的宽度≥1500 时，圈梁上、下另加 1□12 钢筋，L＝洞宽＋500，箍筋改为 ϕ6@150。

■八、屋顶水箱采用皖 95G409 图集。水箱支承柱、支承梁的施工按图集。支承柱应向下延伸一层。

■九、屋面女儿墙采用砖砌，墙顶设 240 宽、70 高的现浇细石混凝土压顶，内配 2ϕ8 纵筋，分布筋 ϕ6@300。女儿墙加筋及构造柱做法按《皖 2000J102》图集第 33 页有关节点。

■十、屋面检修孔孔壁按图 6 施工。

■十一、多孔砖及墙体的施工验收要求按安徽省地方标准《多孔砖砌体工程施工及验收规程》DB 34/178—1999 和《烧结承重多孔砖墙体构造》皖 2000J102 图集。

■十二、现浇楼板施工时应采取措施确保负筋的有效高度，严禁踩压负筋；现浇板混凝土应振捣密实，加强养护，并保证必要的养护时间；浇注楼板时如需留缝应按施工缝的要求设置，防止楼板开裂。

楼板和墙体上的预留孔、预埋件应按照图纸要求预留、预埋；安装完毕后孔洞应封堵密实，防止渗漏。

■十三、其他未注明的部分应按国家和地方有关设计和施工验收规范、规程执行。

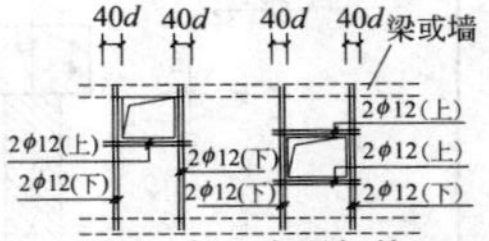

40d 40d 40d 40d 梁或墙 2ϕ12(上) 2ϕ12(下) 2ϕ12(下) 2ϕ12(上) 2ϕ12(下) 2ϕ12(上) 2ϕ12(下)

图 3 板上方洞加筋

注：As1、As2 分别为该方向板底被洞口截断的钢筋面积的一半，且≥2□12。

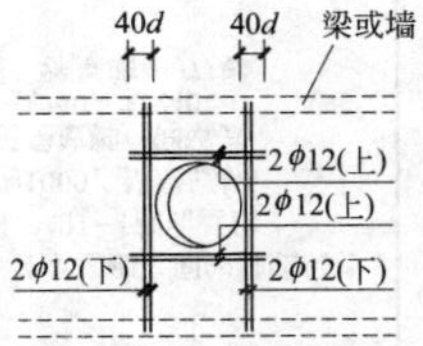

40d 40d 梁或墙 2ϕ12(上) 2ϕ12(上) 2ϕ12(下) 2ϕ12(下)

图 4 板上圆洞加筋

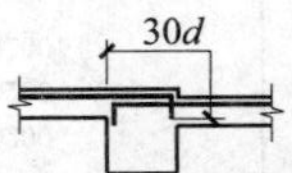

30d

图 5 板面高差时负筋的锚固

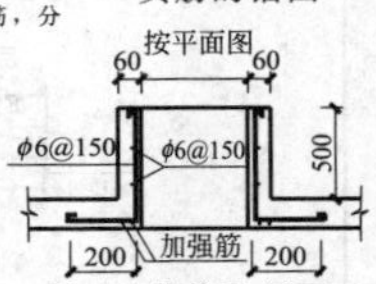

按平面图 60 60 ϕ6@150 ϕ6@150 500 200 加强筋 200

图 6 检修孔剖面

注：本结构图不可用于施工。

××建筑设计院	出图章	注册章	建设单位		图名	承重多孔砖砌体结构统一说明	审 定		工程主持		工程编号	
			工程名称				审 核		设 计		图 号	G-1/9
							校 对		比 例		日 期	

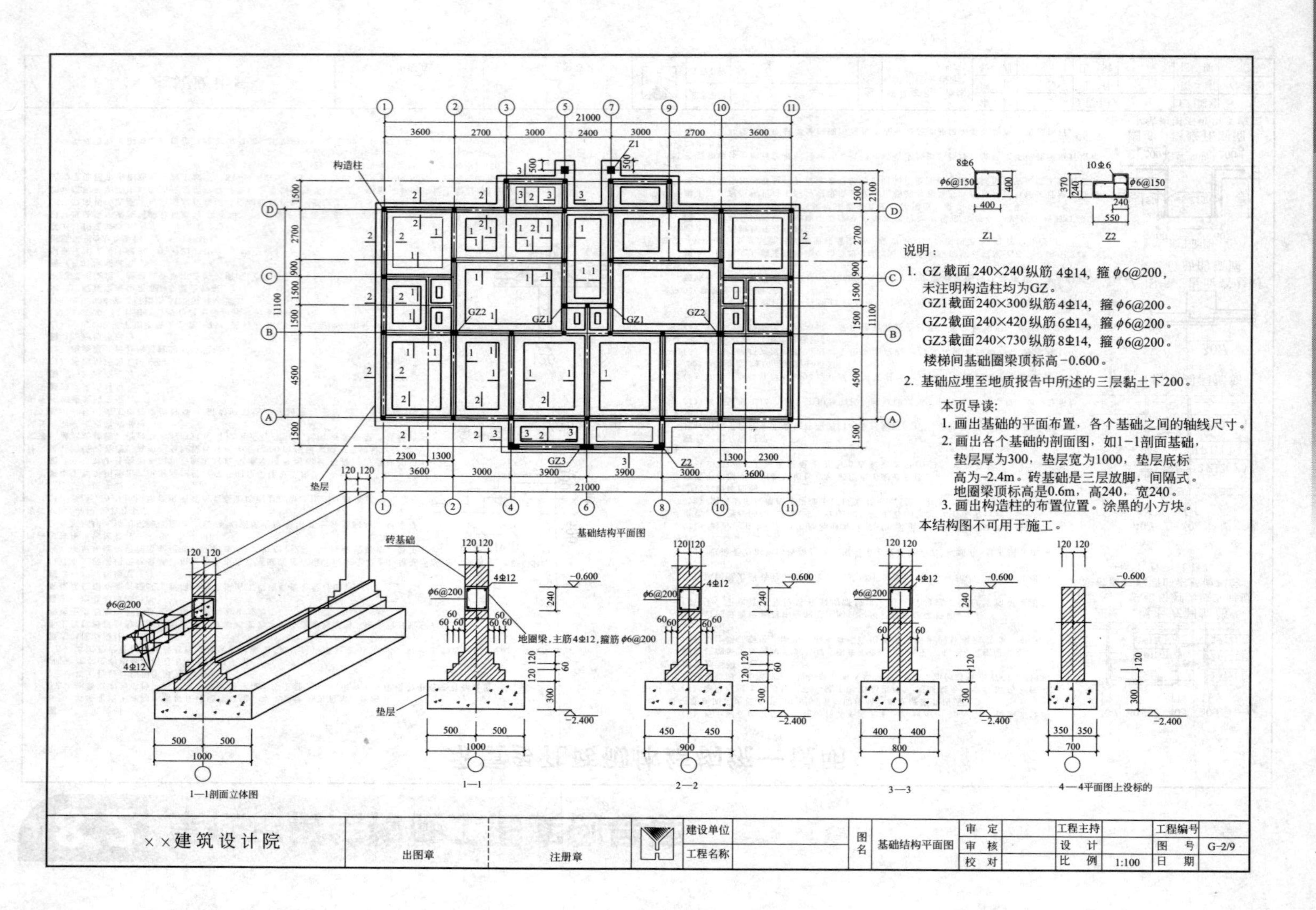
说明：
1. GZ截面240×240纵筋4Φ14，箍φ6@200，
未注明构造柱均为GZ。
GZ1截面240×300纵筋4Φ14，箍φ6@200。
GZ2截面240×420纵筋6Φ14，箍φ6@200。
GZ3截面240×730纵筋8Φ14，箍φ6@200。
楼梯间基础圈梁顶标高−0.600。
2. 基础应埋至地质报告中所述的三层黏土下200。
本页导读：
1. 画出基础的平面布置，各个基础之间的轴线尺寸。
2. 画出各个基础的剖面图，如1−1剖面基础，
垫层厚为300，垫层宽为1000，垫层底标
高为−2.4m。砖基础是三层放脚，间隔式。
地圈梁顶标高是0.6m，高240，宽240。
3. 画出构造柱的布置位置。涂黑的小方块。
本结构图不可用于施工。
Z1
Z2
基础结构平面图
构造柱
垫层
砖基础
地圈梁，主筋4Φ12，箍筋φ6@200
1—1剖面立体图
1—1
2—2
3—3
4—4平面图上没标的
××建筑设计院
出图章
注册章
建设单位
工程名称
图名
基础结构平面图
审定
审核
校对
工程主持
设计
比例
1:100
工程编号
图号
G-2/9
日期

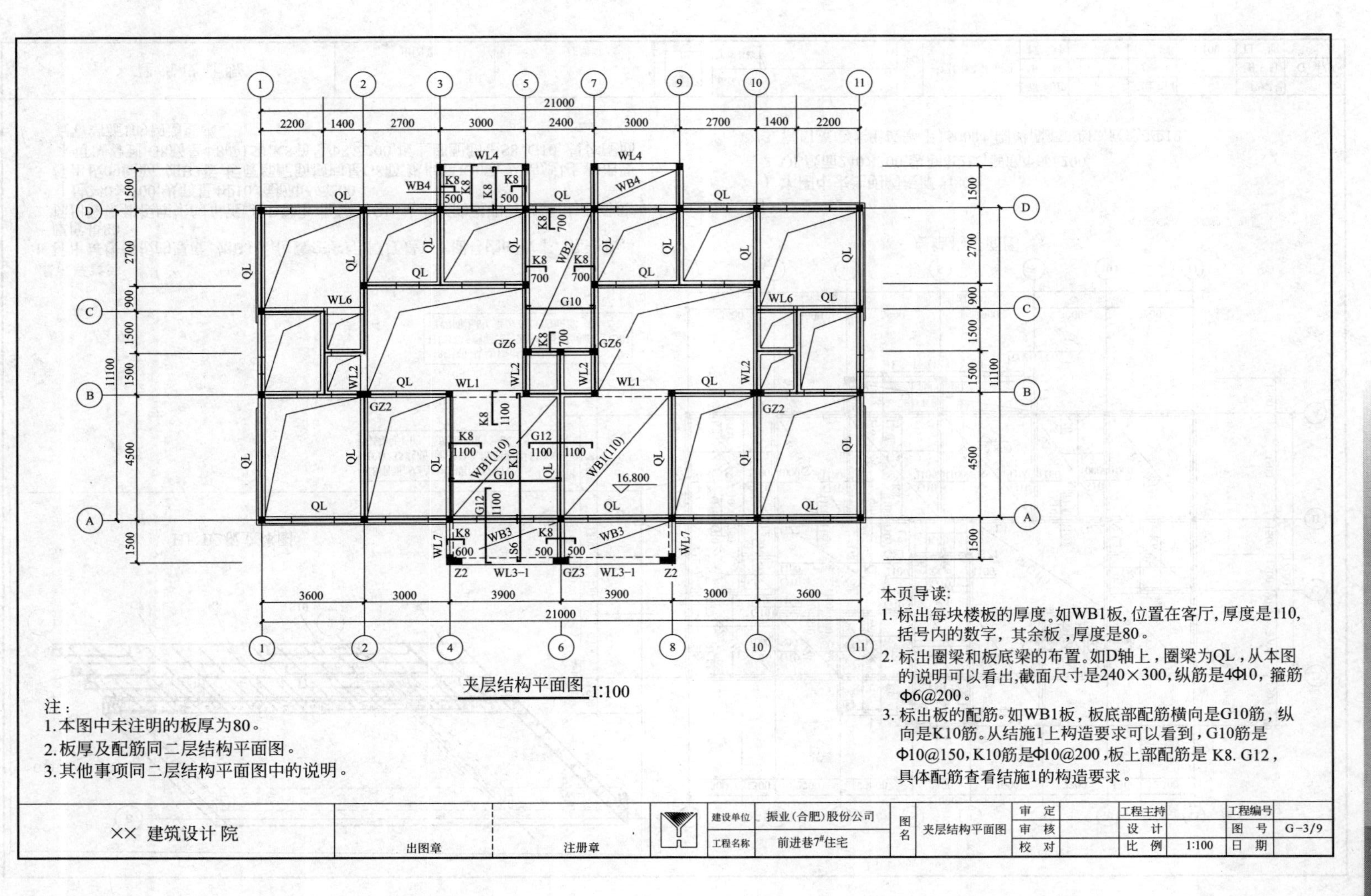

夹层结构平面图 1:100

注：
1. 本图中未注明的板厚为80。
2. 板厚及配筋同二层结构平面图。
3. 其他事项同二层结构平面图中的说明。

本页导读：
1. 标出每块楼板的厚度。如WB1板，位置在客厅，厚度是110，括号内的数字，其余板，厚度是80。
2. 标出圈梁和板底梁的布置。如D轴上，圈梁为QL，从本图的说明可以看出，截面尺寸是240×300，纵筋是4Φ10，箍筋Φ6@200。
3. 标出板的配筋。如WB1板，板底部配筋横向是G10筋，纵向是K10筋。从结施1上构造要求可以看到，G10筋是Φ10@150，K10筋是Φ10@200，板上部配筋是 K8. G12，具体配筋查看结施1的构造要求。

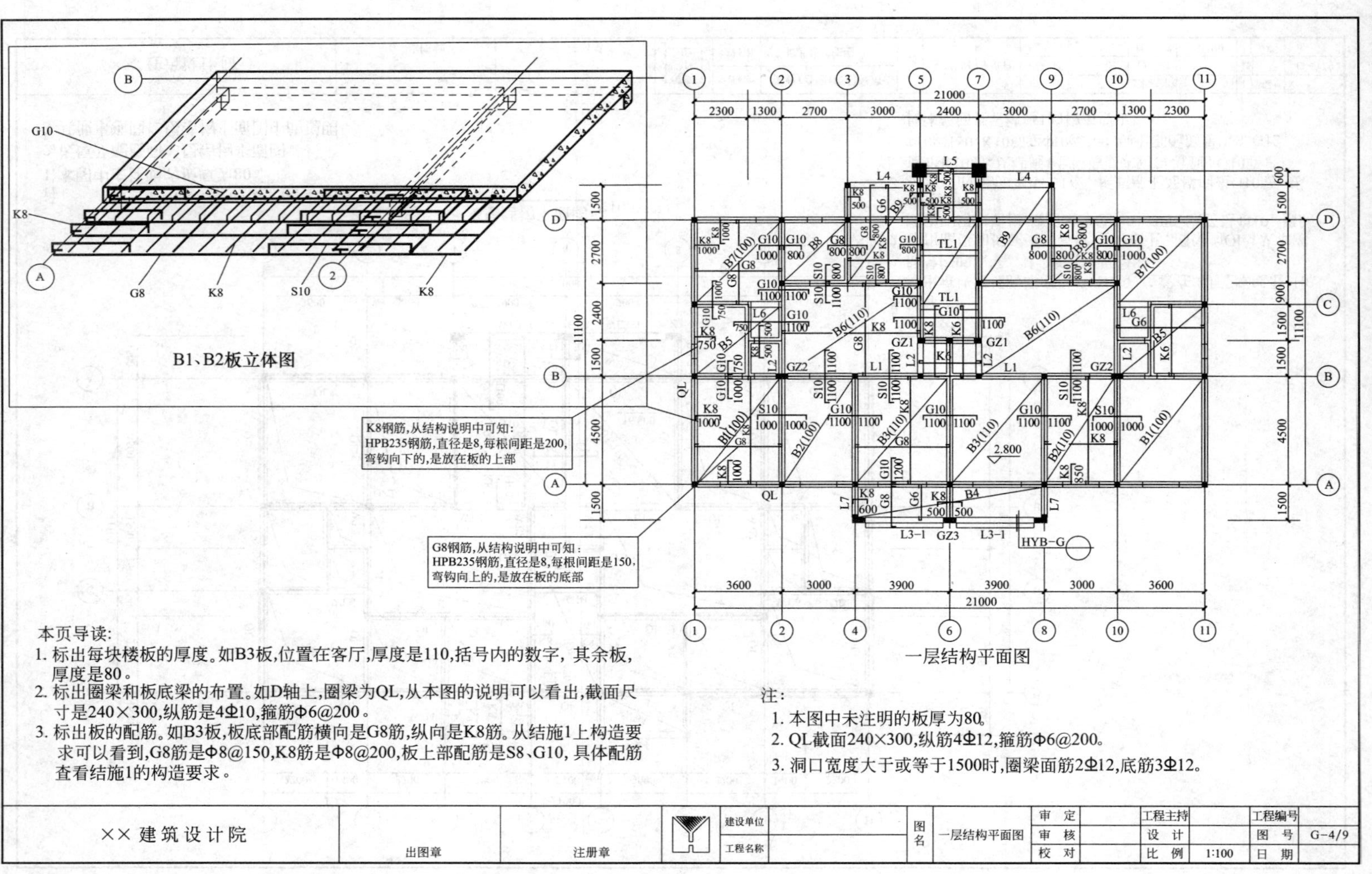

本页导读：

1. 标出每块楼板的厚度。如B3板，位置在客厅，厚度是110，括号内的数字，其余板，厚度是80。
2. 标出圈梁和板底梁的布置。如D轴上，圈梁为QL，从本图的说明可以看出，截面尺寸是240×300，纵筋是4Φ10，箍筋Φ6@200。
3. 标出板的配筋。如B3板，板底部配筋横向是G8筋，纵向是K8筋。从结施1上构造要求可以看到，G8筋是Φ8@150，K8筋是Φ8@200，板上部配筋是S8、G10，具体配筋查看结施1的构造要求。

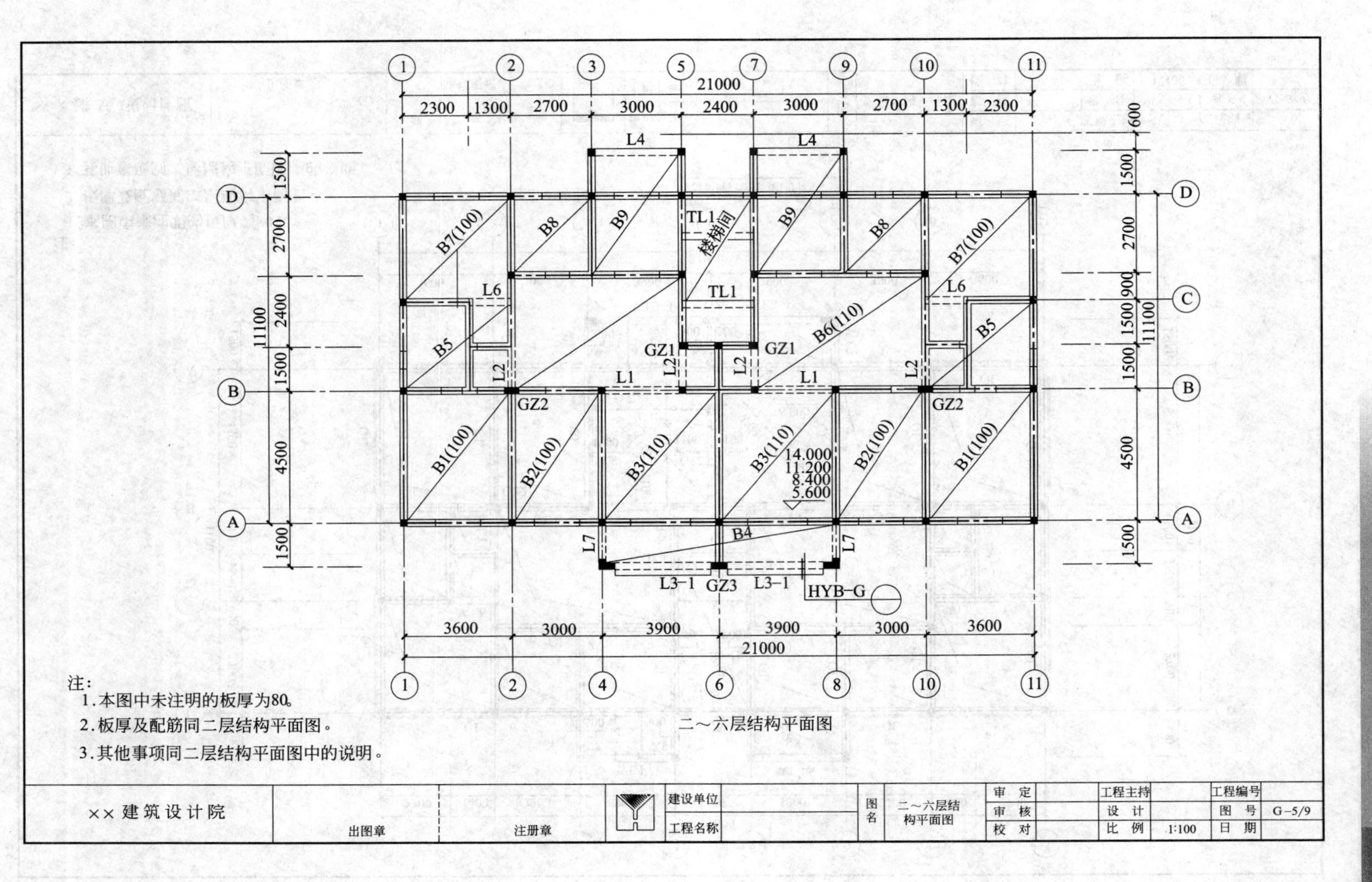
B1(100)
B2(100)
B3(110)
B4
B5
B6(110)
B7(100)
B8
B9
L1
L2
L3-1
L4
L6
L7
GZ1
GZ2
GZ3
TL1
楼梯间
HYB-G
14.000
11.200
8.400
5.600
21000
11100
注：
1.本图中未注明的板厚为80。
2.板厚及配筋同二层结构平面图。
3.其他事项同二层结构平面图中的说明。
二～六层结构平面图
××建筑设计院
出图章
注册章
建设单位
工程名称
图名 二～六层结构平面图
审定
审核
校对
工程主持
设计
比例 1:100
工程编号
图号 G-5/9
日期

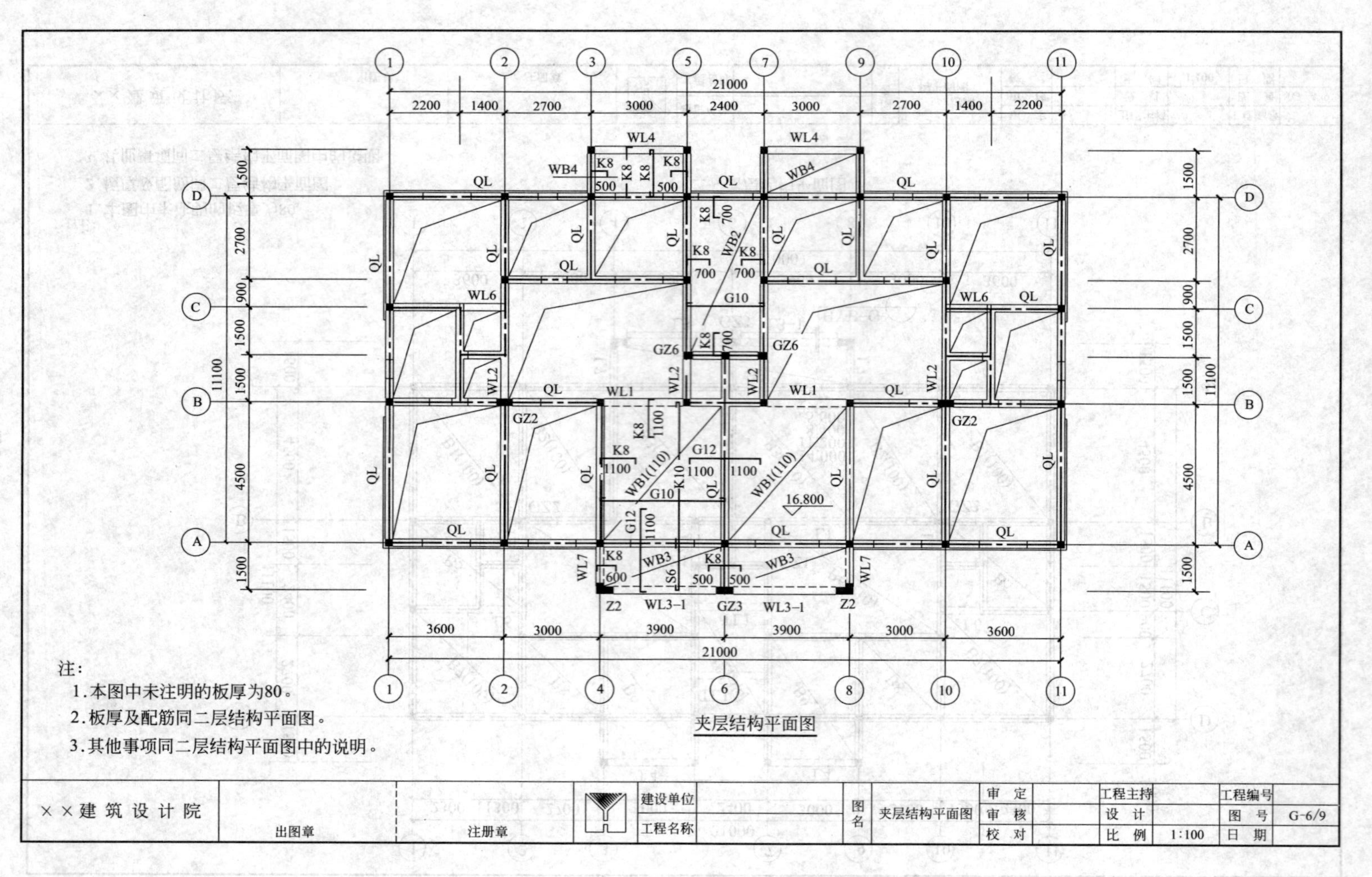
夹层结构平面图
注：
1.本图中未注明的板厚为80。
2.板厚及配筋同二层结构平面图。
3.其他事项同二层结构平面图中的说明。
××建筑设计院
出图章
注册章
建设单位
工程名称
图名 夹层结构平面图
审定
审核
校对
工程主持
设计
比例 1:100
工程编号
图号 G-6/9
日期

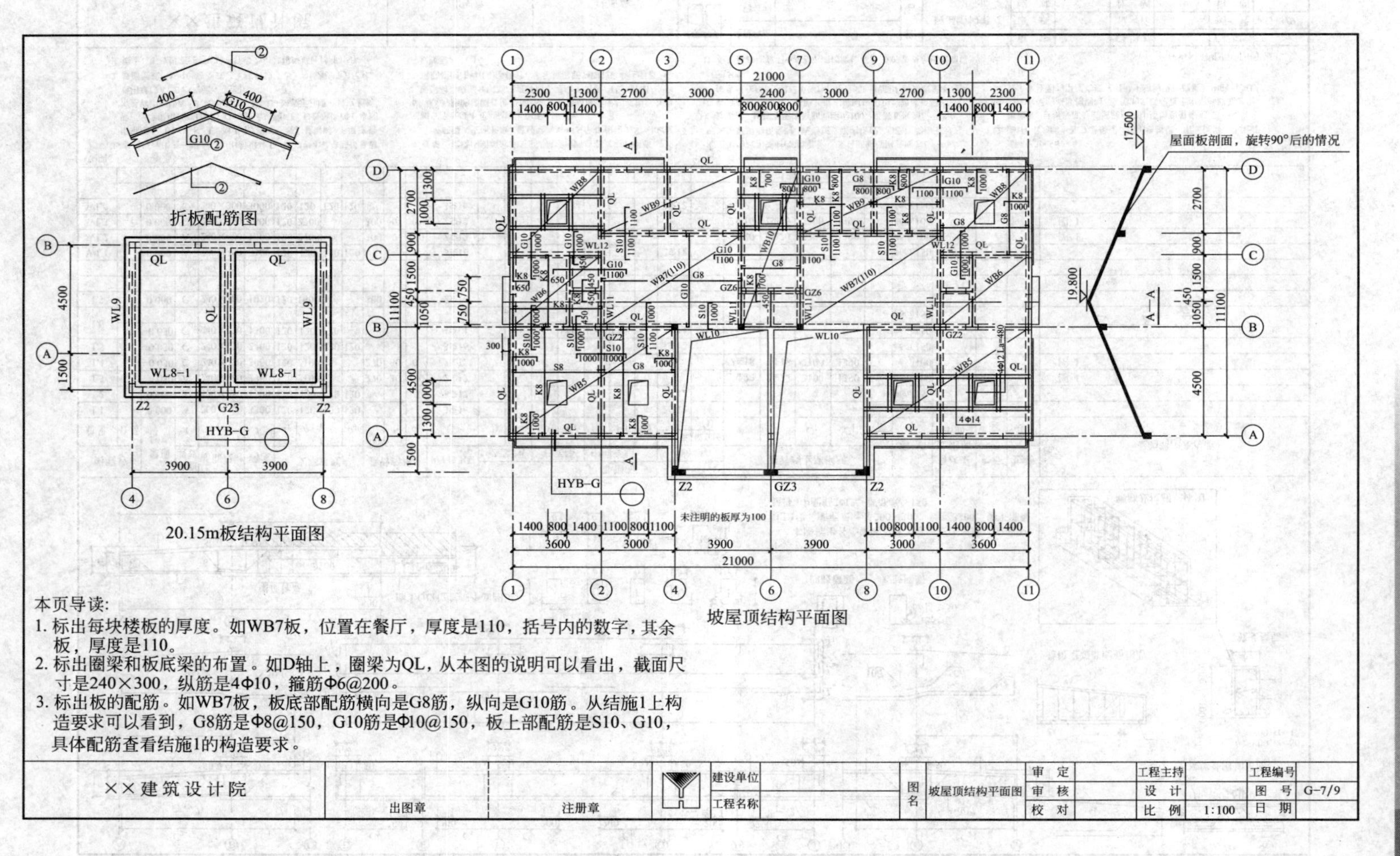

本页导读:

1. 标出每块楼板的厚度。如WB7板，位置在餐厅，厚度是110，括号内的数字，其余板，厚度是110。
2. 标出圈梁和板底梁的布置。如D轴上，圈梁为QL，从本图的说明可以看出，截面尺寸是240×300，纵筋是4Φ10，箍筋Φ6@200。
3. 标出板的配筋。如WB7板，板底部配筋横向是G8筋，纵向是G10筋。从结施1上构造要求可以看到，G8筋是Φ8@150，G10筋是Φ10@150，板上部配筋是S10、G10，具体配筋查看结施1的构造要求。

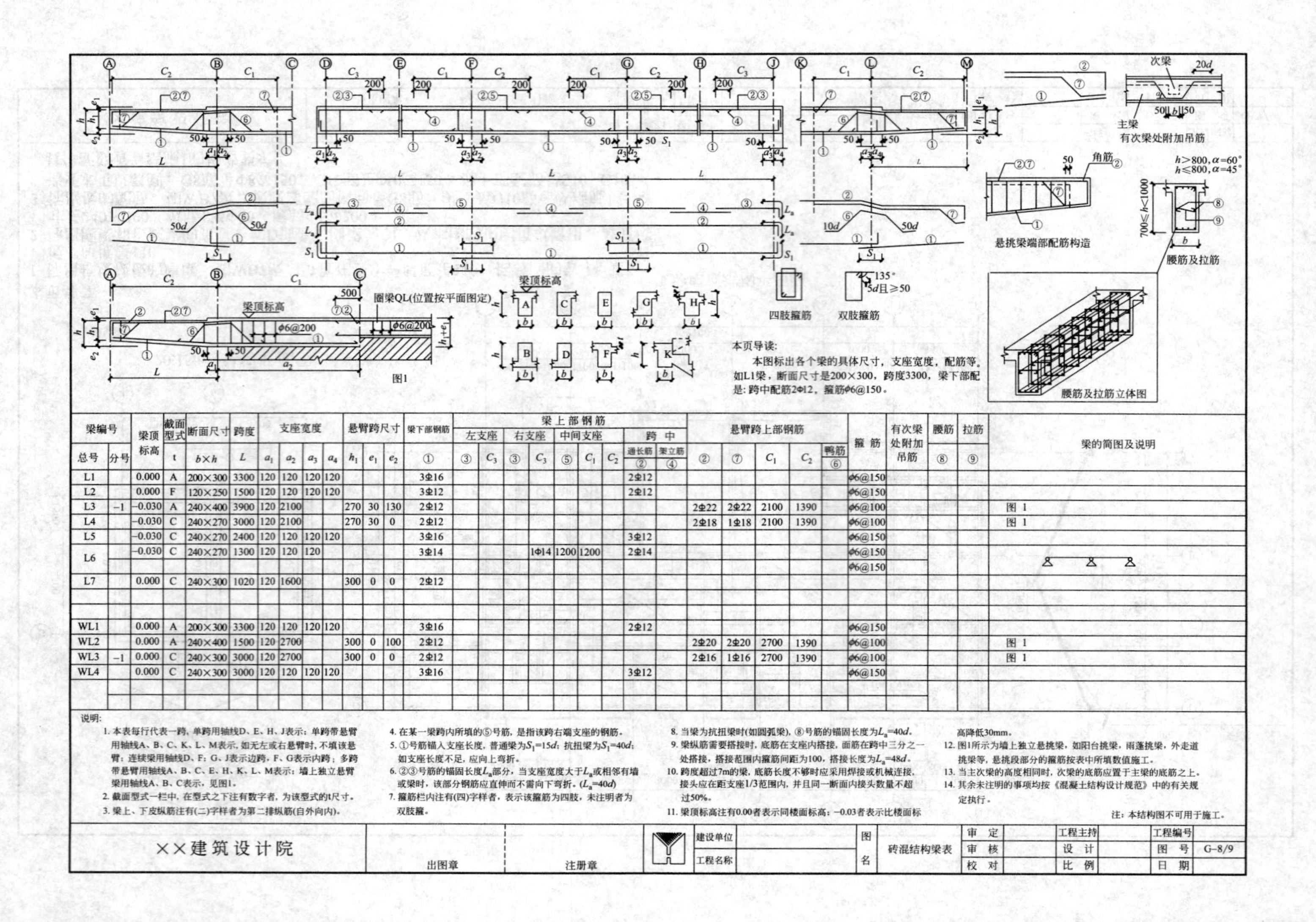

本页导读：

本图标出各个梁的具体尺寸，支座宽度，配筋等。如L1梁，断面尺寸是200×300，跨度3300，梁下部配是：跨中配筋2Φ12，箍筋Φ6@150。

梁编号		梁顶标高	截面型式	断面尺寸	跨度	支座宽度				悬臂跨尺寸			梁下部钢筋	梁上部钢筋									悬臂跨上部钢筋					箍筋	有次梁处附加吊筋	腰筋	拉筋	梁的简图及说明
														左支座		右支座		中间支座			跨中											
总号	分号		t	$b\times h$	L	a_1	a_2	a_3	a_4	h_1	e_1	e_2	①	③	C_3	③	C_3	⑤	C_1	C_2	通长筋 ②	架立筋 ④	②	⑦	C_1	C_2	鸭筋 ⑥			⑧	⑨	
L1		0.000	A	200×300	3300	120	120	120	120				3Φ16								2Φ12							Φ6@150				
L2		0.000	F	120×250	1500	120	120	120	120				3Φ12								2Φ12							Φ6@150				
L3	−1	−0.030	A	240×400	3900	120	2100			270	30	130	2Φ12										2Φ22	2Φ22	2100	1390		Φ6@100				图1
L4		−0.030	C	240×270	3000	120	2100			270	30	0	2Φ12										2Φ18	1Φ18	2100	1390		Φ6@100				图1
L5		−0.030	C	240×270	2400	120	120	120	120				3Φ16								3Φ12							Φ6@150				
L6		−0.030	C	240×270	1300	120	120	120					3Φ14				1Φ14	1200	1200		2Φ14							Φ6@150				
																												Φ6@150				
L7		0.000	C	240×300	1020	120	1600			300	0	0	2Φ12																			
WL1		0.000	A	200×300	3300	120	120	120	120				3Φ16								2Φ12							Φ6@150				
WL2		0.000	A	240×400	1500	120	2700			300	0	100	2Φ12										2Φ20	2Φ20	2700	1390		Φ6@100				图1
WL3	−1	0.000	C	240×300	3000	120	2700			300	0	0	2Φ12										2Φ16	1Φ16	2700	1390		Φ6@100				图1
WL4		0.000	C	240×300	3000	120	120	120	120				3Φ16								3Φ12							Φ6@150				

说明：

1. 本表每行代表一跨，单跨用轴线D、E、H、J表示；单跨带悬臂用轴线A、B、C、K、L、M表示，如无左或右悬臂时，不填该悬臂；连续梁用轴线D、F；G、J表示边跨，F、G表示内跨；多跨带悬臂用轴线A、B、C、E、H、K、L、M表示；墙上独立悬臂梁用轴线A、B、C表示，见图1。
2. 截面型式一栏中，在型式之下注有数字者，为该型式的t尺寸。
3. 梁上、下皮纵筋注有(二)字样者为第二排纵筋(自外向内)。
4. 在某一梁跨内所填的⑤号筋，是指该跨右端支座的钢筋。
5. ①号筋锚入支座长度，普通梁为S_1=15d；抗扭梁为S_1=40d；如支座长度不足，应向上弯折。
6. ②③号筋的锚固长度L_a部分，当支座宽度大于L_a或相邻有墙或梁时，该部分钢筋应直伸而不需向下弯折。(L_a=40d)
7. 箍筋栏内注有(四)字样者，表示该箍筋为四肢，未注明者为双肢箍。
8. 当梁为抗扭梁时(如圆弧梁)，⑧号筋的锚固长度为L_a=40d。
9. 梁纵筋需要搭接时，底筋在支座内搭接，面筋在跨中三分之一处搭接，搭接范围内箍筋间距为100，搭接长度为L_a=48d。
10. 跨度超过7m的梁，底筋长度不够时应采用焊接或机械连接，接头应在距支座1/3范围内，并且同一断面内接头数量不超过50%。
11. 梁顶标高注有0.00者表示同楼面标高；−0.03者表示比楼面标高降低30mm。
12. 图1所示为墙上独立悬挑梁，如阳台挑梁，雨蓬挑梁，外走道挑梁等，悬挑段部分的箍筋按表中所填数值施工。
13. 当主次梁的高度相同时，次梁的底筋应置于主梁的底筋之上。
14. 其余未注明的事项均按《混凝土结构设计规范》中的有关规定执行。

注：本结构图不可用于施工。

××建筑设计院	出图章	注册章	建设单位		图名	砖混结构梁表	审定		工程主持		工程编号	
			工程名称				审核		设计		图号	G-8/9
							校对		比例		日期	

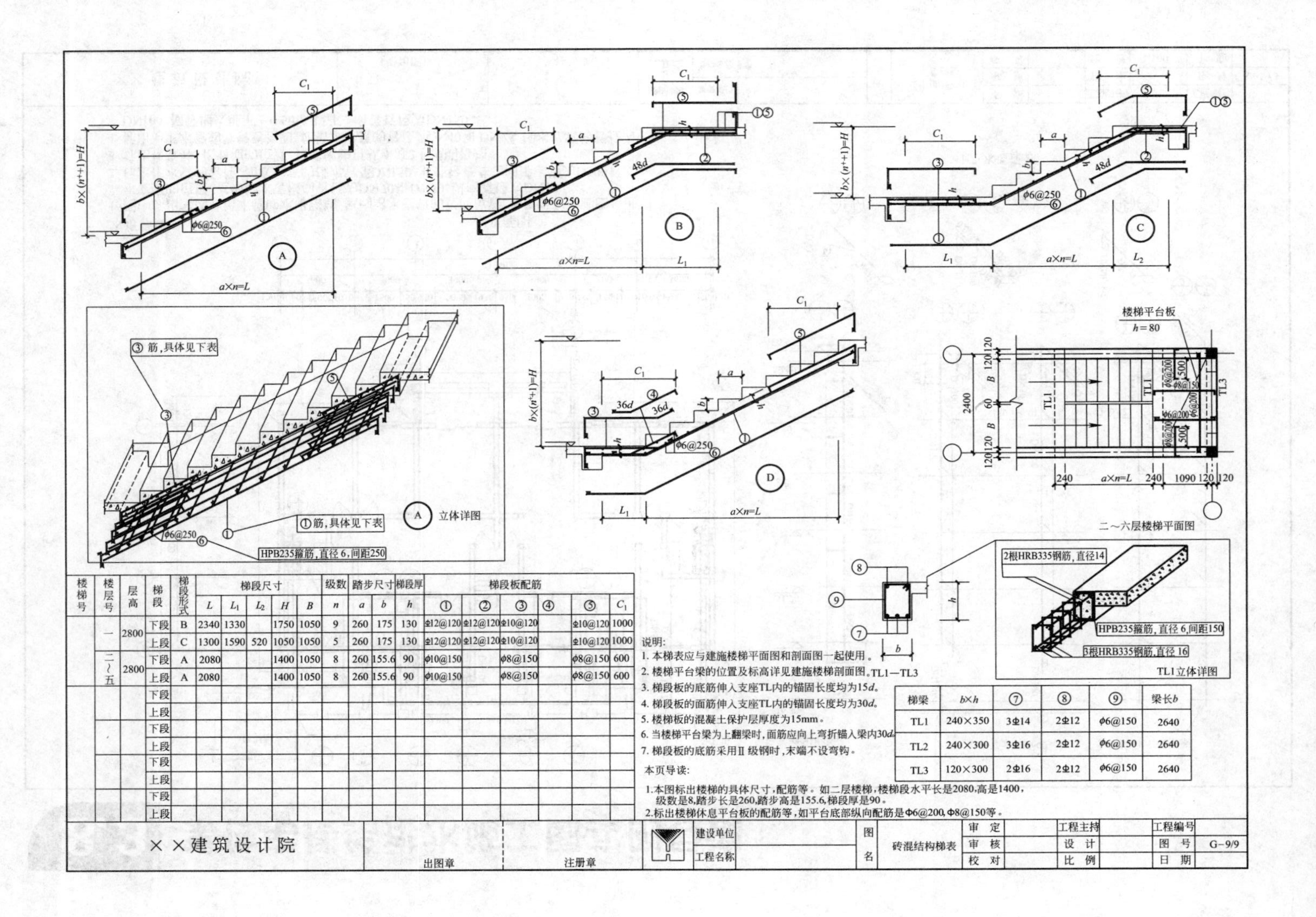

楼梯号	楼层号	层高	梯段	梯段形式	梯段尺寸					级数	踏步尺寸		梯段厚	梯段板配筋					
					L	L_1	L_2	H	B	n	a	b	h	①	②	③	④	⑤	C_1
	一	2800	下段	B	2340	1330		1750	1050	9	260	175	130	⌀12@120	⌀12@120	⌀10@120		⌀10@120	1000
			上段	C	1300	1590	520	1050	1050	5	260	175	130	⌀12@120	⌀12@120	⌀10@120		⌀10@120	1000
	二～五	2800	下段	A	2080			1400	1050	8	260	155.6	90	φ10@150		φ8@150		φ8@150	600
			上段	A	2080			1400	1050	8	260	155.6	90	φ10@150		φ8@150		φ8@150	600
			下段																
			上段																
			下段																
			上段																
			下段																
			上段																
			下段																
			上段																

说明：

1. 本梯表应与建施楼梯平面图和剖面图一起使用。
2. 楼梯平台梁的位置及标高详见建施楼梯剖面图。TL1—TL3
3. 梯段板的底筋伸入支座TL内的锚固长度均为15d。
4. 梯段板的面筋伸入支座TL内的锚固长度均为30d。
5. 楼梯板的混凝土保护层厚度为15mm。
6. 当楼梯平台梁为上翻梁时，面筋应向上弯折锚入梁内30d。
7. 梯段板的底筋采用Ⅱ级钢时，末端不设弯钩。

梯梁	b×h	⑦	⑧	⑨	梁长b
TL1	240×350	3⌀14	2⌀12	φ6@150	2640
TL2	240×300	3⌀16	2⌀12	φ6@150	2640
TL3	120×300	2⌀16	2⌀12	φ6@150	2640

本页导读：

1. 本图标出楼梯的具体尺寸，配筋等。如二层楼梯，楼梯段水平长是2080，高是1400，级数是8，踏步长是260，踏步高是155.6，梯段厚是90。
2. 标出楼梯休息平台板的配筋等，如平台底部纵向配筋是Φ6@200，Φ8@150等。

××建筑设计院	出图章	注册章	建设单位 / 工程名称	图名	砖混结构梯表	审定 / 审核 / 校对	工程主持 / 设计 / 比例	工程编号 / 图号 / 日期	G-9/9

8.3 某住宅楼给排水施工图实例导读

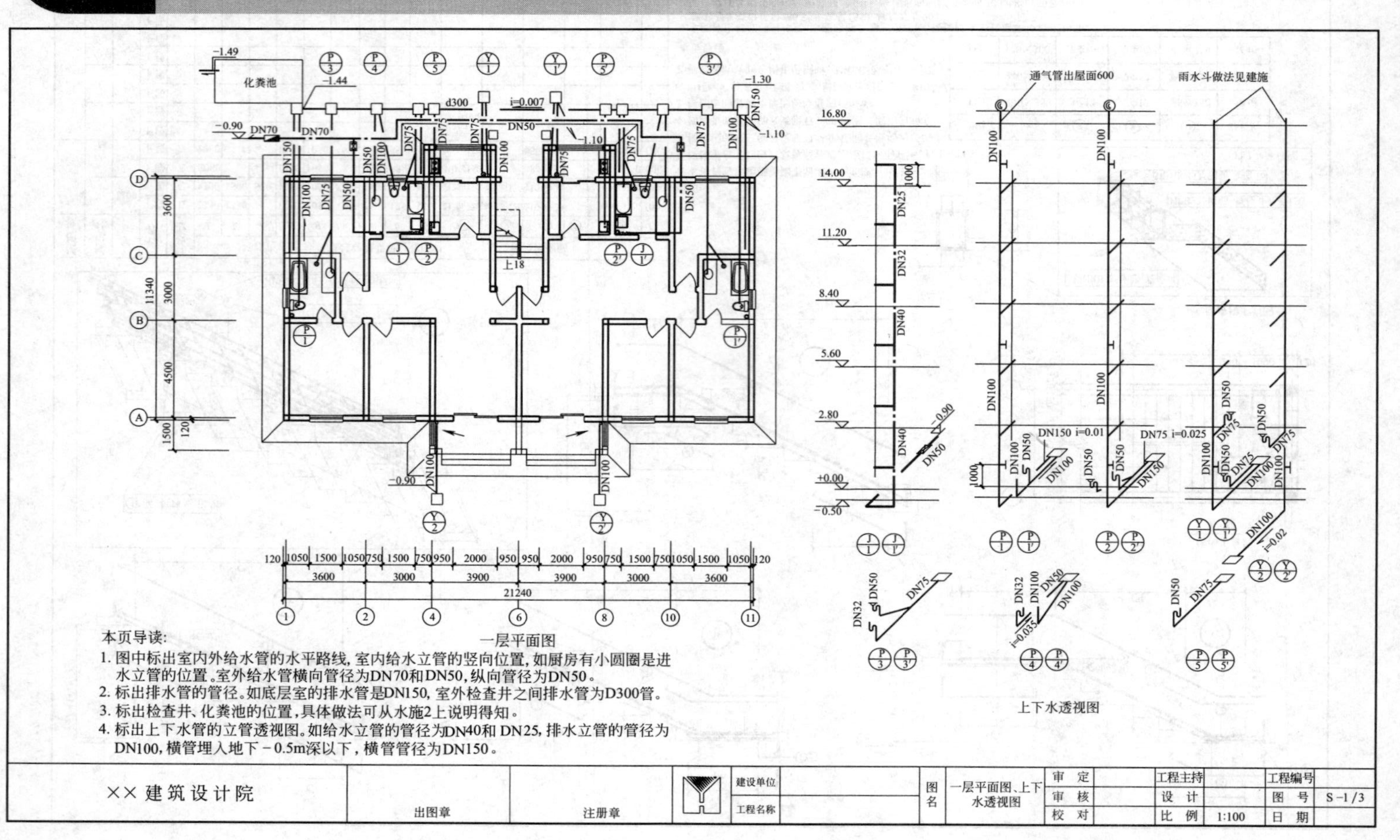

本页导读：

1. 图中标出室内外给水管的水平路线，室内给水立管的竖向位置，如厨房有小圆圈是进水立管的位置。室外给水管横向管径为DN70和DN50，纵向管径为DN50。
2. 标出排水管的管径。如底层室的排水管是DN150，室外检查井之间排水管为D300管。
3. 标出检查井、化粪池的位置，具体做法可从水施2上说明得知。
4. 标出上下水管的立管透视图。如给水立管的管径为DN40和DN25，排水立管的管径为DN100，横管埋入地下－0.5m深以下，横管管径为DN150。

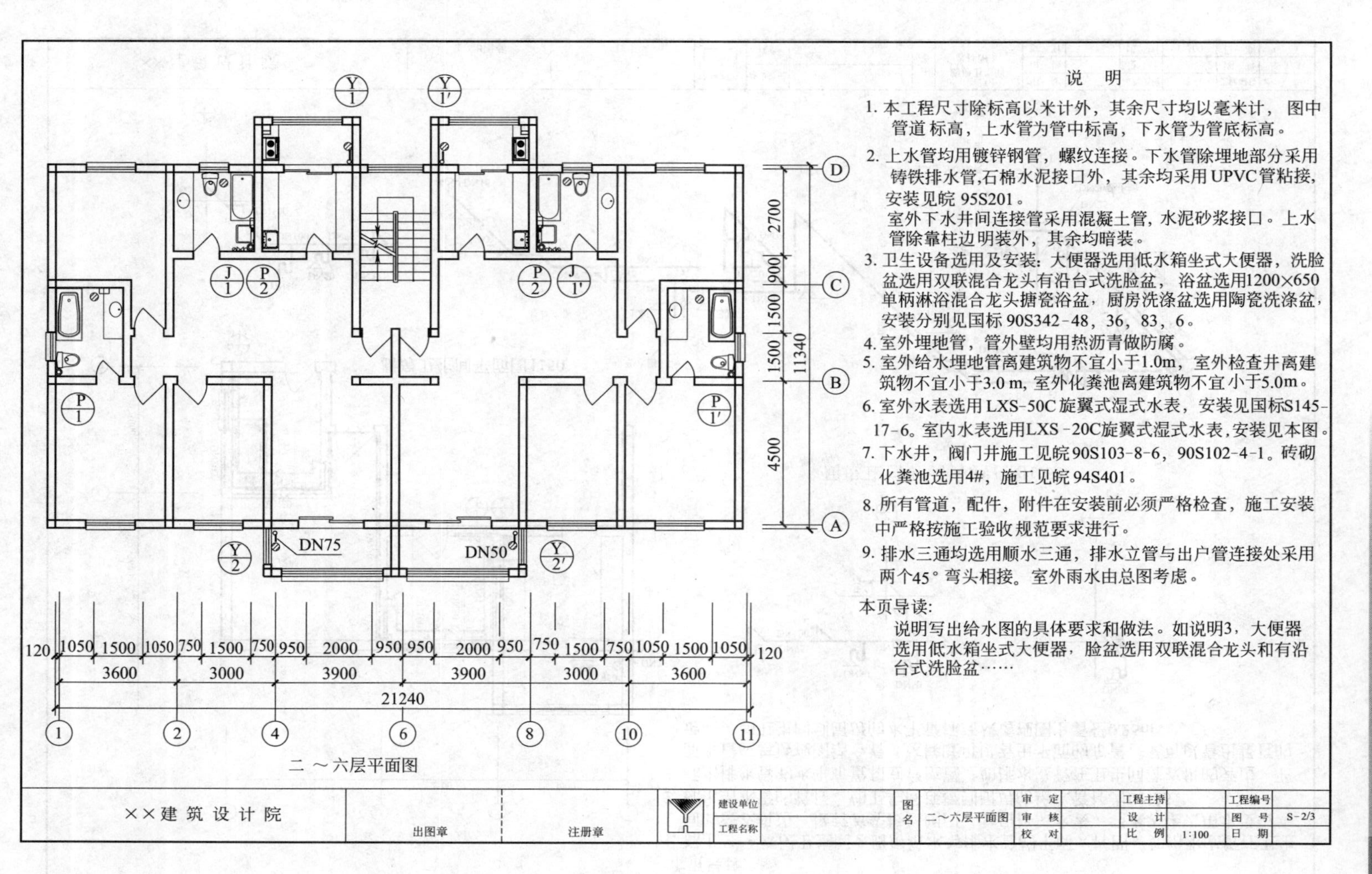

说　明

1. 本工程尺寸除标高以米计外，其余尺寸均以毫米计，图中管道标高，上水管为管中标高，下水管为管底标高。
2. 上水管均用镀锌钢管，螺纹连接。下水管除埋地部分采用铸铁排水管,石棉水泥接口外，其余均采用UPVC管粘接，安装见皖95S201。
   室外下水井间连接管采用混凝土管，水泥砂浆接口。上水管除靠柱边明装外，其余均暗装。
3. 卫生设备选用及安装：大便器选用低水箱坐式大便器，洗脸盆选用双联混合龙头有沿台式洗脸盆，浴盆选用1200×650单柄淋浴混合龙头搪瓷浴盆，厨房洗涤盆选用陶瓷洗涤盆，安装分别见国标90S342-48，36，83，6。
4. 室外埋地管，管外壁均用热沥青做防腐。
5. 室外给水埋地管离建筑物不宜小于1.0m，室外检查井离建筑物不宜小于3.0 m，室外化粪池离建筑物不宜小于5.0m。
6. 室外水表选用LXS-50C旋翼式湿式水表，安装见国标S145-17-6。室内水表选用LXS-20C旋翼式湿式水表，安装见本图。
7. 下水井，阀门井施工见皖90S103-8-6，90S102-4-1。砖砌化粪池选用4#，施工见皖94S401。
8. 所有管道，配件，附件在安装前必须严格检查，施工安装中严格按施工验收规范要求进行。
9. 排水三通均选用顺水三通，排水立管与出户管连接处采用两个45°弯头相接。室外雨水由总图考虑。

本页导读：

说明写出给水图的具体要求和做法。如说明3，大便器选用低水箱坐式大便器，脸盆选用双联混合龙头和有沿台式洗脸盆……

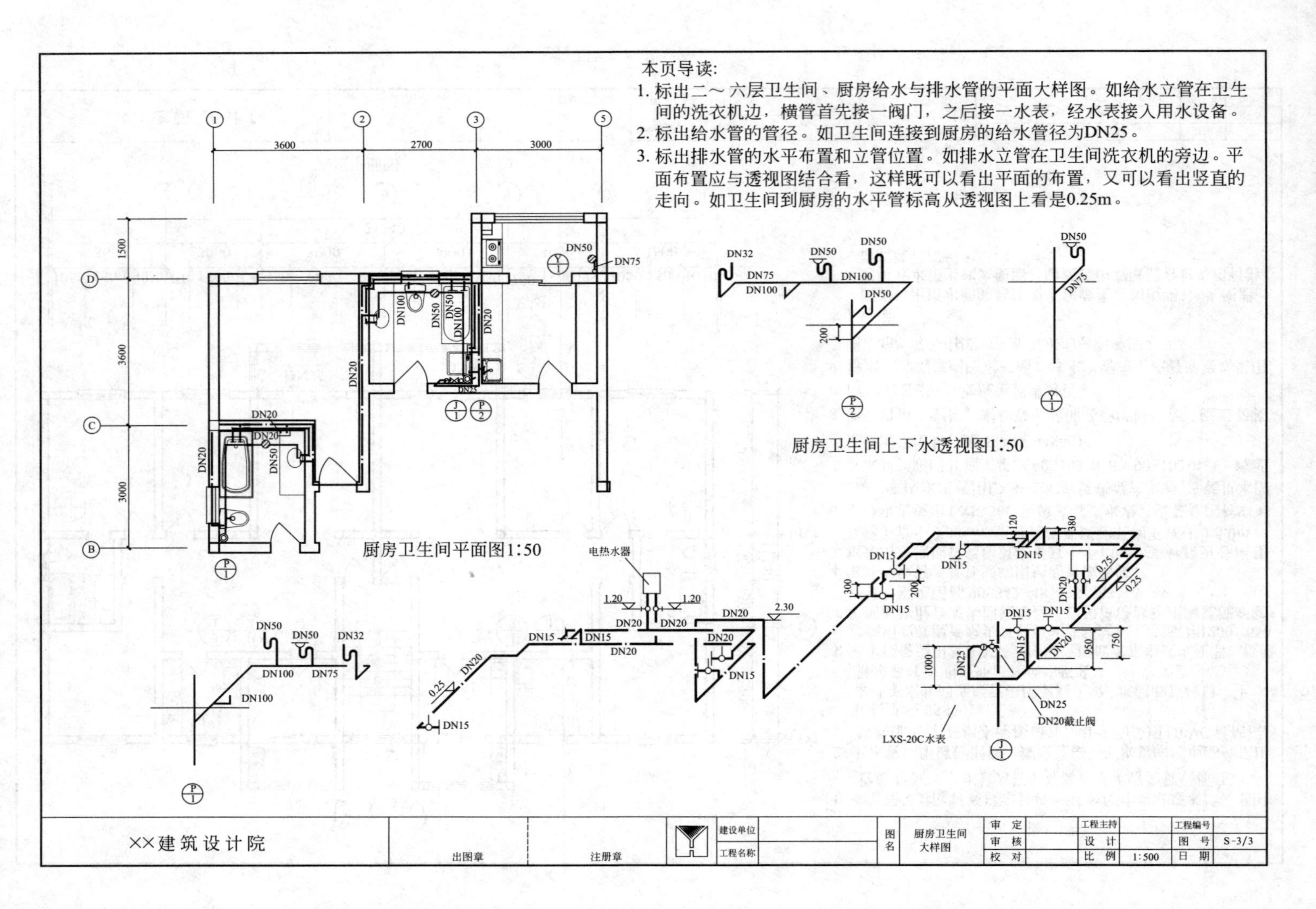

本页导读:

1. 标出二～六层卫生间、厨房给水与排水管的平面大样图。如给水立管在卫生间的洗衣机边，横管首先接一阀门，之后接一水表，经水表接入用水设备。
2. 标出给水管的管径。如卫生间连接到厨房的给水管径为DN25。
3. 标出排水管的水平布置和立管位置。如排水立管在卫生间洗衣机的旁边。平面布置应与透视图结合看，这样既可以看出平面的布置，又可以看出竖直的走向。如卫生间到厨房的水平管标高从透视图上看是0.25m。

厨房卫生间平面图1:50

厨房卫生间上下水透视图1:50

8.4 某住宅楼建筑电气施工图实例导读

说　明

1. 电源：单元进线，电缆埋地(埋深＞800)引入，三相四线制，电压380V/220V。
2. 保护：采用TN-C-S系统，电源进户处重复接地，从进户电表箱起设专用接地线，配电箱铁外壳，钢管，电缆金属外皮，专用接地线都必须焊接成电的良导体并与接地装置可靠焊接，配电箱内应设接地端子。

   电源进户处保护线干线，配电箱总接地端子，金属管道，采暖管，单元防盗门，建筑物金属构件等作设总等电位联接。

   卫生间内作辅助等电位联接，等电位系统包括插座PE线，金属管道，金属浴缸，金属门窗等所有能同时触及的可导电物体，辅助等电位联接线为BV-2.5。
3. 防雷：采用避雷带保护，在屋面设不大于20×20的镀锌圆钢网格，利用柱内主筋作为引下线。
4. 接地：本工程在室外敷设接地体，联合接地装置实测接地电阻不大于4Ω，防雷单独接地装置实测接地电阻不大于30Ω。

   电话，电视进线箱及钢管用ϕ10镀锌圆钢跨接引至联合接地装置。
5. 配管线：室内支线均采用BV-500铜芯绝缘导线穿无增塑刚性阻燃SGM管沿墙，楼板暗敷。

   穿管管径如下：

   BV-2.5根数　2　3～4

   SGM管管径　ϕ16　ϕ20
6. 弱电：电话电缆埋地进线，每户两对线，至每一出线插座也为两对线，由用户自定并机方式。

   电视由市有线电视网引来，架空进线。
7. 施工时凡需预留孔及预埋件处须与结构等工种配合。
8. 施工参考图集《建筑电气安装工程图集》。

图　例

图例	型号与规格	安装方式
	电度表箱	嵌墙暗装，下沿距地1300
	照明配电箱 XADP-R1	嵌墙暗装，下沿距地1600
	软线吊裸灯头	
	吸顶裸灯头E426/10US型双联二极及三极插座	厨房，卫生间内装高1400，其余装高300
	E426/10S型三极插座	嵌墙暗装，下沿距地1400
1	E426/10S型三极插座	嵌墙暗装，下沿距地2000
	E426U型二极插座	嵌墙暗装，下沿距地2000(排气扇用)
	E426/10S+E223V型三极插座(带防溅面板)	嵌墙暗装，下沿距地1400
	E15/10S型三极带开关插座	嵌墙暗装，下沿距地300(空调用)
1	E15/16S型三极插座	嵌墙暗装，下沿距地2000(空调用)
	E31/1/2A型单联开关	嵌墙暗装，下沿距地1400
	E32/1/2A型双联开关	嵌墙暗装，下沿距地1400
	吊风扇开关	嵌墙暗装，下沿距地1400
	吊风扇，用户自理	预留吊钩，管线到位
	E31ET1.5电子式延时开关	嵌墙暗装，下沿距地1400，30s延时
	电话分线箱	嵌墙暗装，下沿距地1800
	电话分线盒	嵌墙暗装，下沿距地1800
	电视分配箱	嵌墙暗装，下沿距地1800
	对讲门铃电源箱	嵌墙暗装，下沿距地1800
	对讲门铃分线盒	嵌墙暗装，下沿距地1800
	ET01型电话插座	嵌墙暗装，卫生间内距地1400，其余距地300
	电视插座	嵌墙暗装，下沿距地300
	对讲机插座	嵌墙暗装，下沿距地300

××建筑设计院	出图章	注册章	建设单位		图名	说明图例	审　定		工程主持		工程编号	
			工程名称				审　核		设　计		图　号	D-1/7
							校　对		比　例	1:100	日　期	

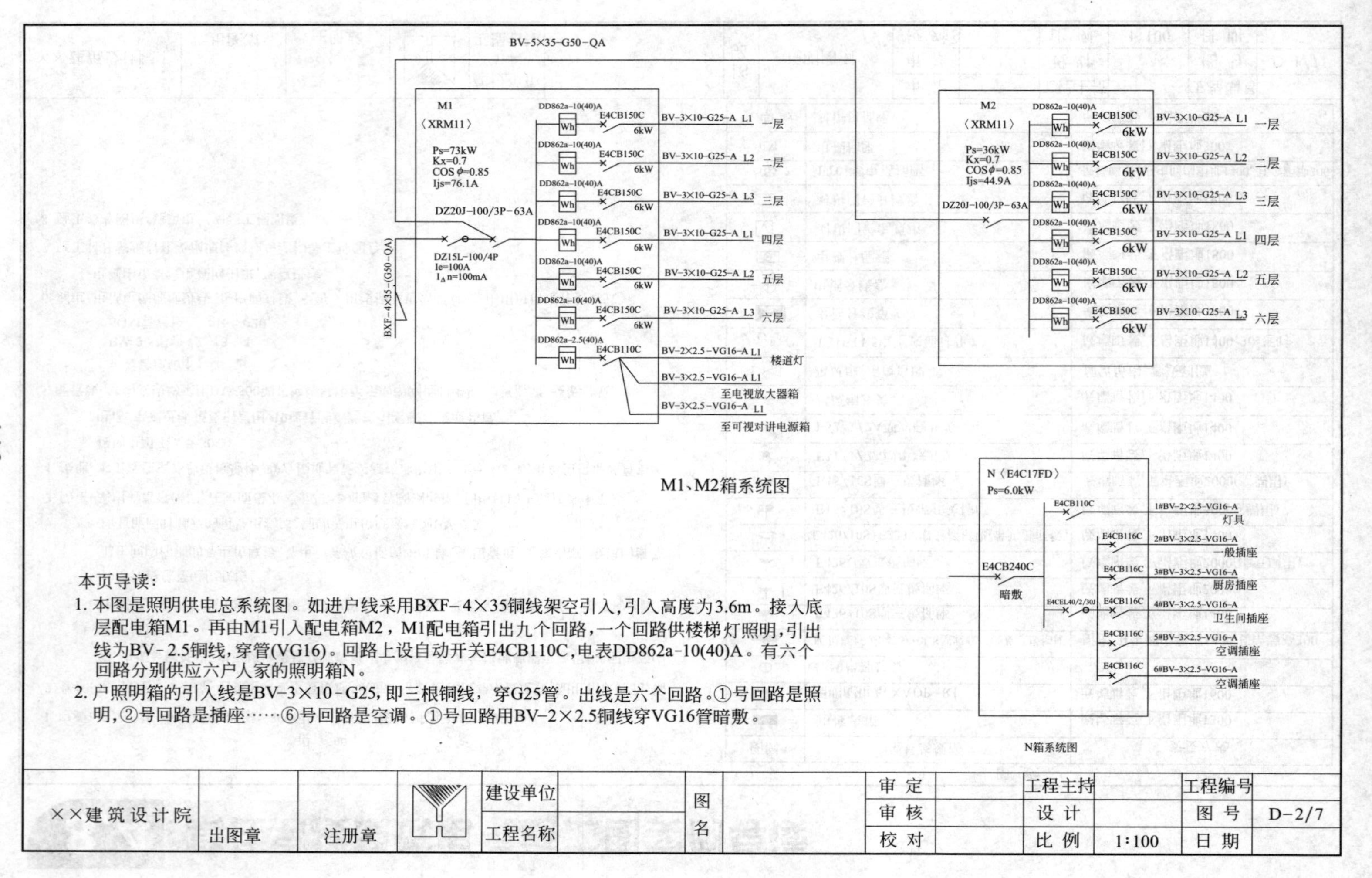

本页导读：

1. 本图是照明供电总系统图。如进户线采用BXF-4×35铜线架空引入，引入高度为3.6m。接入底层配电箱M1。再由M1引入配电箱M2，M1配电箱引出九个回路，一个回路供楼梯灯照明，引出线为BV-2.5铜线，穿管(VG16)。回路上设自动开关E4CB110C，电表DD862a-10(40)A。有六个回路分别供应六户人家的照明箱N。
2. 户照明箱的引入线是BV-3×10-G25，即三根铜线，穿G25管。出线是六个回路。①号回路是照明，②号回路是插座……⑥号回路是空调。①号回路用BV-2×2.5铜线穿VG16管暗敷。

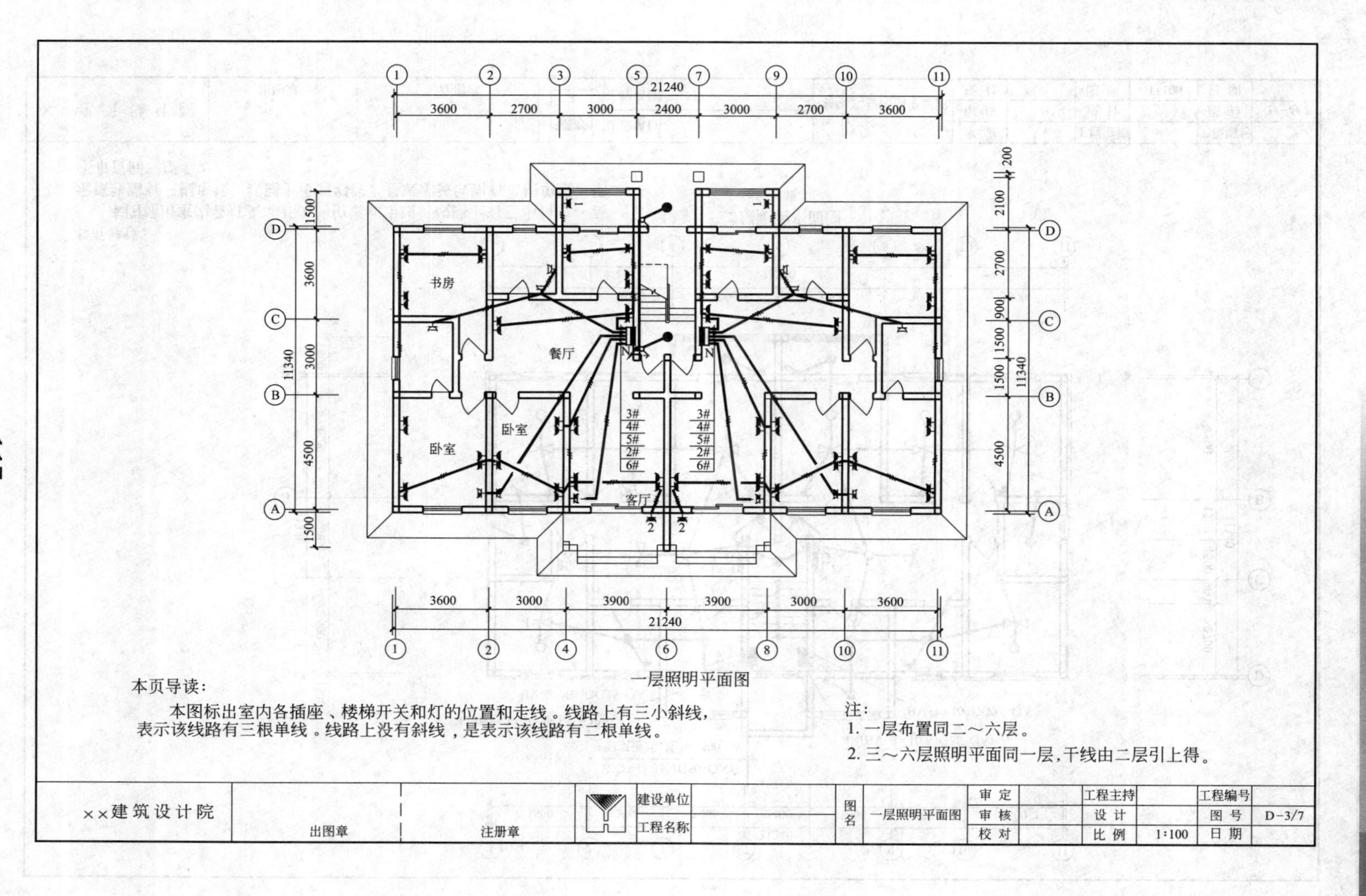

一层照明平面图

本页导读：

本图标出室内各插座、楼梯开关和灯的位置和走线。线路上有三小斜线，表示该线路有三根单线。线路上没有斜线，是表示该线路有二根单线。

注：
1. 一层布置同二～六层。
2. 三～六层照明平面同一层，干线由二层引上得。

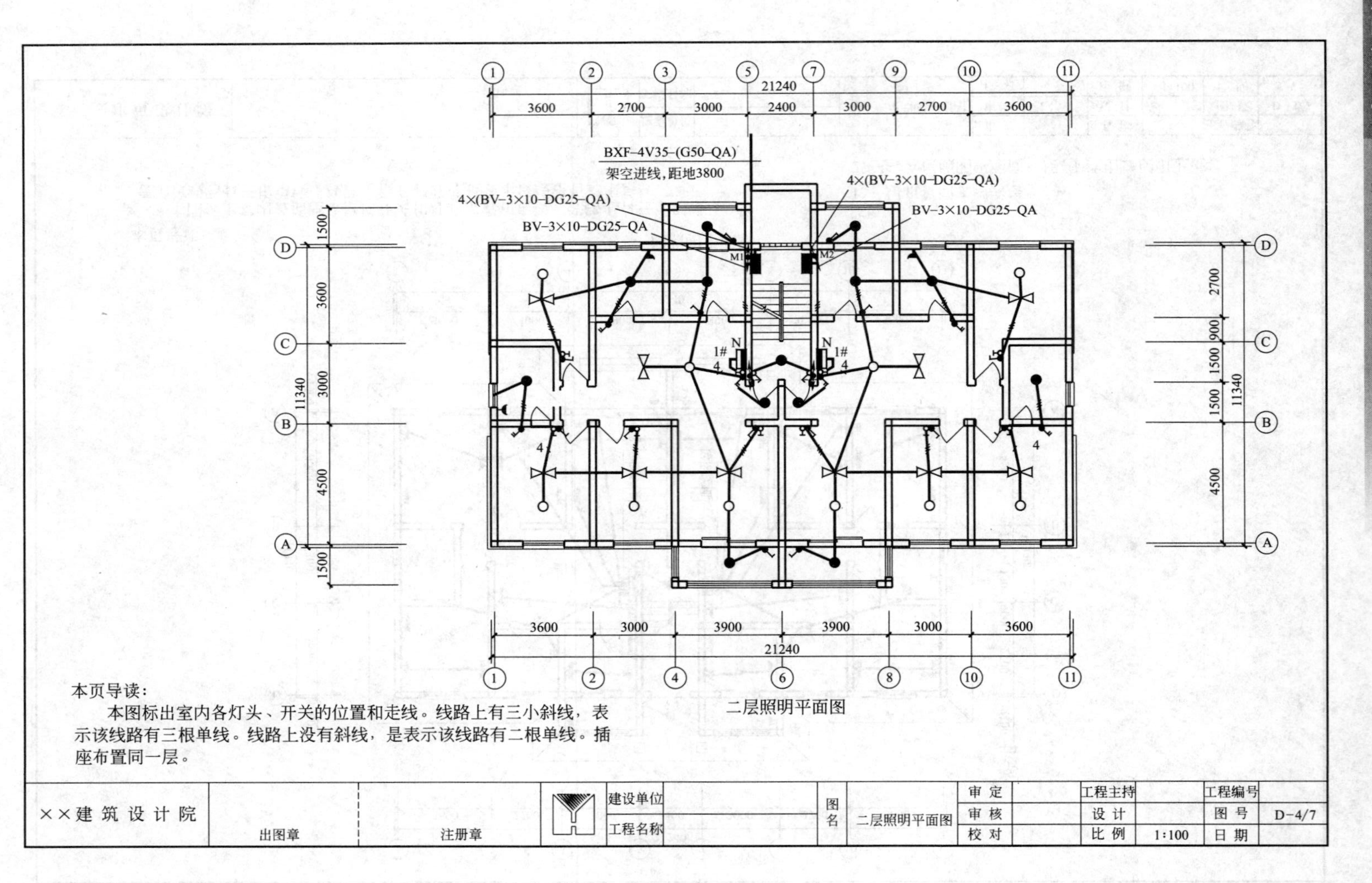

21240
3600
2700
3000
2400
3000
2700
3600
BXF-4V35-(G50-QA)
架空进线，距地3800
4×(BV-3×10-DG25-QA)
BV-3×10-DG25-QA
4×(BV-3×10-DG25-QA)
BV-3×10-DG25-QA
M1
M2
1#
N
11340
1500
4500
900
3900
二层照明平面图
本页导读：
本图标出室内各灯头、开关的位置和走线。线路上有三小斜线，表示该线路有三根单线。线路上没有斜线，是表示该线路有二根单线。插座布置同一层。
××建 筑 设 计 院
出图章
注册章
建设单位
工程名称
图名
二层照明平面图
审定
审核
校对
工程主持
设计
比例
1:100
工程编号
图号
D-4/7
日期

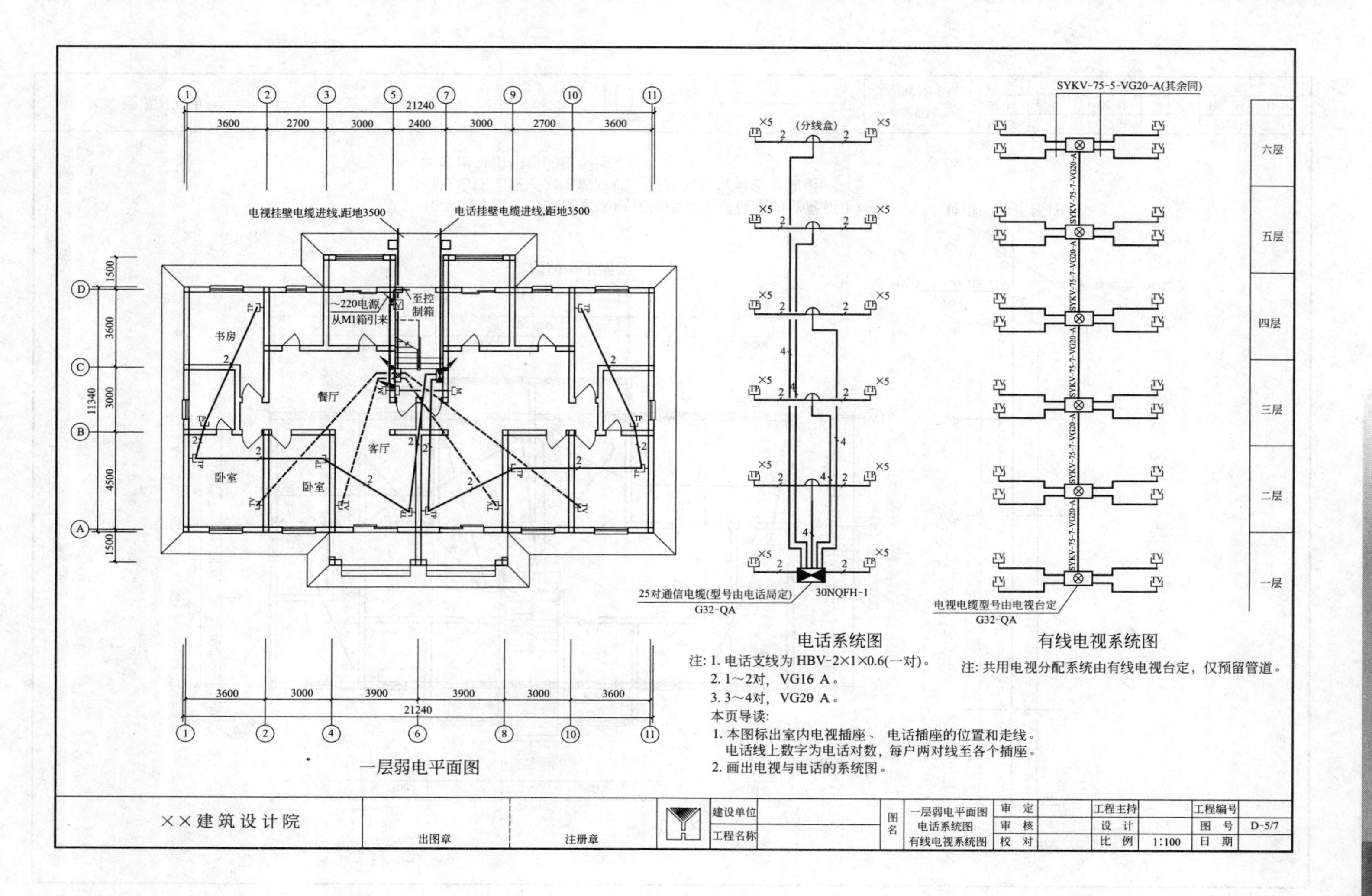

一层弱电平面图
电视挂壁电缆进线,距地3500
电话挂壁电缆进线,距地3500
~220电源从M1箱引来
至控制箱
书房
卧室
餐厅
客厅
卧室
21240
11340
电话系统图
25对通信电缆(型号由电话局定)
G32-QA
30NQFH-1
(分线盒)
注：1. 电话支线为HBV-2×1×0.6(一对)。
2. 1～2对，VG16 A。
3. 3～4对，VG20 A。
本页导读：
1. 本图标出室内电视插座、电话插座的位置和走线。电话线上数字为电话对数，每户两对线至各个插座。
2. 画出电视与电话的系统图。
有线电视系统图
电视电缆型号由电视台定
G32-QA
SYKV-75-5-VG20-A(其余同)
SYKV-75-7-VG20-A
六层
五层
四层
三层
二层
一层
注：共用电视分配系统由有线电视台定，仅预留管道。
××建筑设计院
出图章
注册章
建设单位
工程名称
图名
一层弱电平面图
电话系统图
有线电视系统图
审定
审核
校对
工程主持
设计
比例
1:100
工程编号
图号
D-5/7
日期

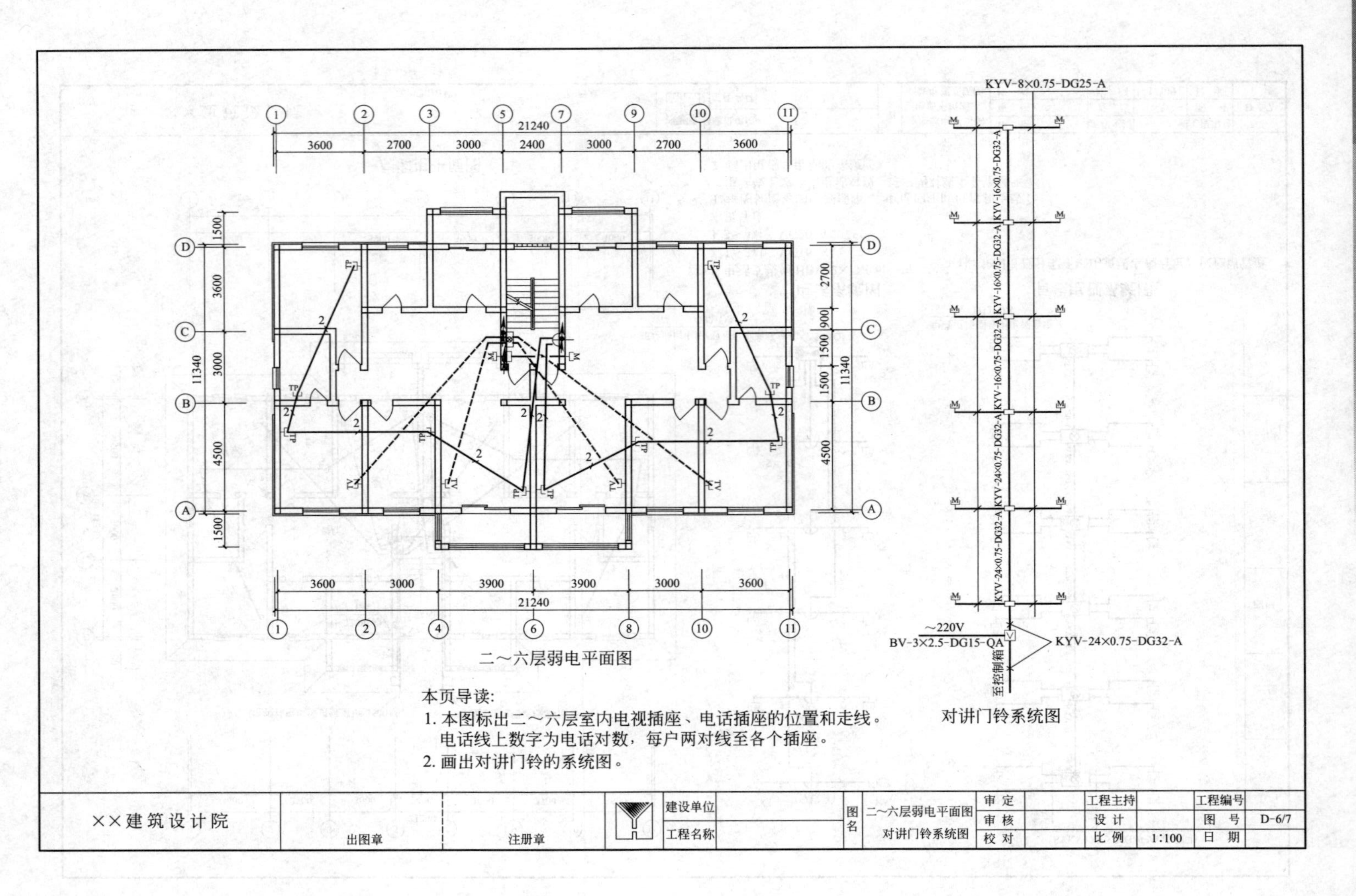

二～六层弱电平面图

对讲门铃系统图

本页导读:

1. 本图标出二～六层室内电视插座、电话插座的位置和走线。电话线上数字为电话对数，每户两对线至各个插座。
2. 画出对讲门铃的系统图。

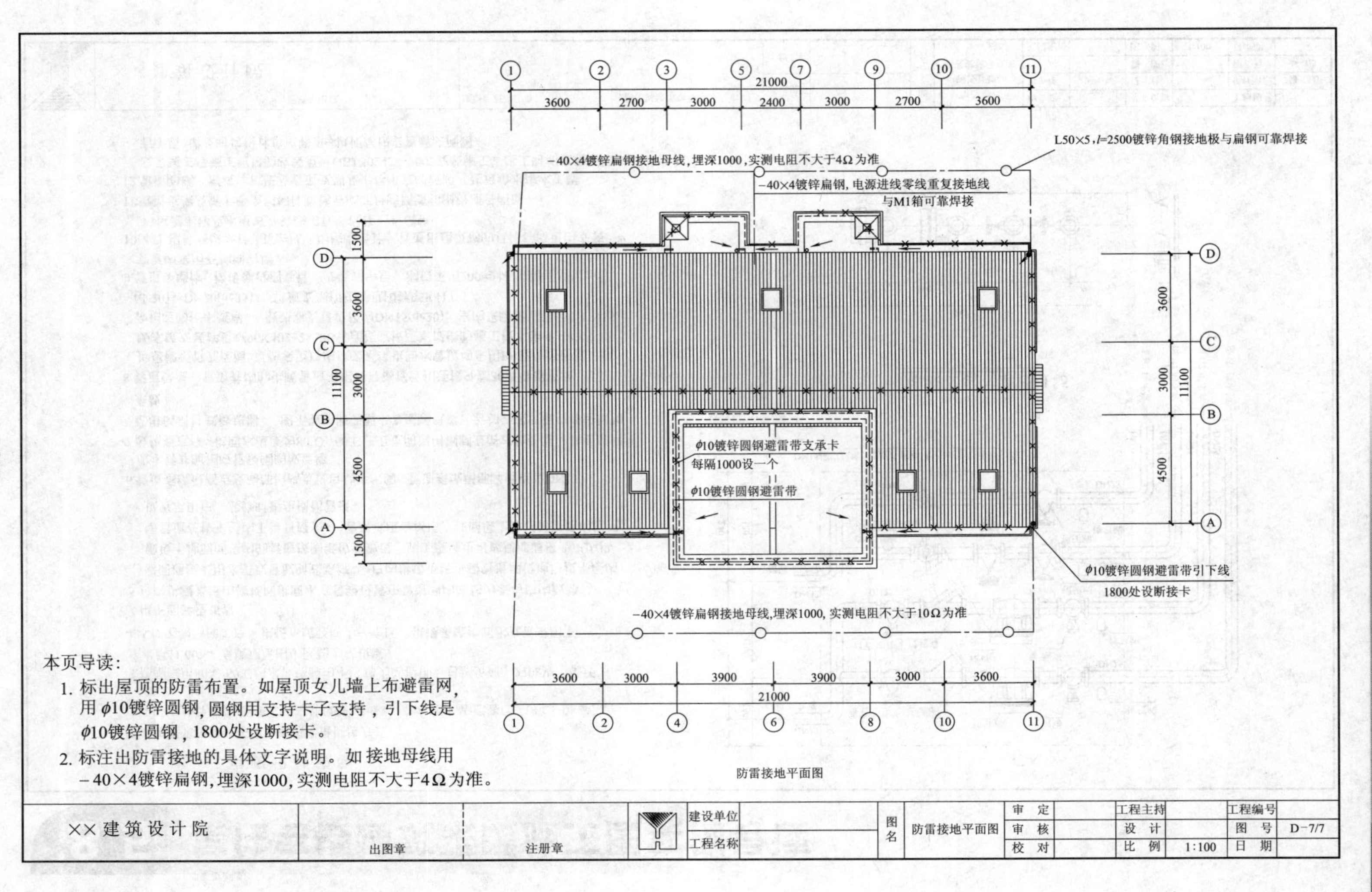

本页导读：

1. 标出屋顶的防雷布置。如屋顶女儿墙上布避雷网，用 ϕ10镀锌圆钢，圆钢用支持卡子支持，引下线是 ϕ10镀锌圆钢，1800处设断接卡。
2. 标注出防雷接地的具体文字说明。如接地母线用 -40×4镀锌扁钢，埋深1000，实测电阻不大于4Ω为准。

8.5 某住宅楼建筑采暖施工图实例导读

供暖设计说明

1.本工程采暖系统采用分户热计量供热方式。
2.采暖室外计算温度-3℃，室外风速2.5m/s。室内设计温度:客厅，18℃；卧室，20℃；卫生间，23℃。
3.热源采用80℃/60℃热水，热源由小区热力站提供。总热负荷：270kW，循环水量11.6t/h。系统定压由小区热力站设置。
4.本住宅为一梯二户。供暖系统竖向为一个区，供暖系统供回水立管采用下供下回异程布置。
5.户内供暖系统由楼梯间供回水立管经设置在管道间内的热力表与户内散热器间连接采用水平双管放射式系统。户内供暖系统供暖管道埋设地坪找平层内。敷设于地面面层内的管道按图纸位置敷设，施工现场也可做局部调整，户内供暖管道在找平层内不得有接头。管道试压合格后，在面层上做好管道走向标记，以警示用户，装修时避免损伤管道。
6.管道系统最高点及局部抬高点设自动排气阀；管道系统局部降低点设DN15泄水管并配相应管径闸阀或丝堵。
7.散热器选择：供回水温度为80℃ /60℃，卫生间选用钢制卫浴式散热器，其他房间选用钢制柱式散热器。图示散热器选型未考虑暖气罩，若加装暖气罩应考虑增加系数。
8.管道保温：管道井内的供暖管道采用镀锌钢管丝扣连接外加30厚带铝箔保护层橡塑管壳保温。热表至户内供暖系统供回水管道均采用PB管热熔连接。供暖系统安装详见皖96K402-2。PB管连接应按厂家提供的施工技术手册并应符合相应的技术规程。散热器支管管径为DN15(de20)；室内采暖管道管径为DN15(de20)、DN20(de25)。管道支架作法详见国标95R417-1。
9.管道穿墙体，楼板须设钢套管。安装完毕后，洞口采用200#细石混凝土填实；套管内采用石棉绳封堵。
10.本工程标高以米计，其余尺寸均按毫米计。管道出建筑物的具体标高可由安装单位据土建及水电室外管线工程情况作适当调整。
11.管道支架及管卡等金属构件除锈后刷红丹防锈漆和银粉漆各两道。
12.管道除锈、清洗、试压及管道支架及未尽事宜应按照《建筑给水排水工程及采暖工程施工质量验收规范》GBJ 50242—2002安装施工。施工时如发现图纸有矛盾，请及时与设计单位联系，以便尽快妥善解决问题。

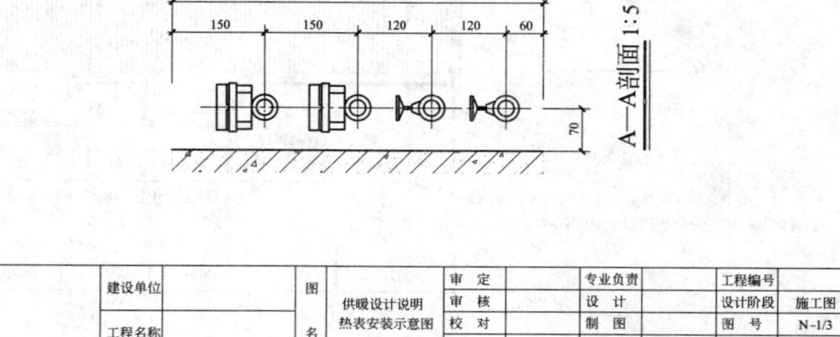

热表安装示意图 1:5

600
150
150
120
120
60
70

A—A剖面 1:5

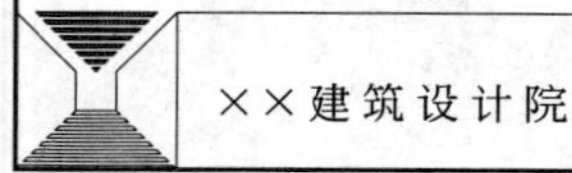

××建筑设计院	资质专用章	注册建筑师印章	注册工程师印章	建设单位		图名	供暖设计说明 热表安装示意图	审定		专业负责		工程编号	
								审核		设计		设计阶段	施工图
				工程名称				校对		制图		图号	N-1/3
								工程主持		比例	1:100	日期	

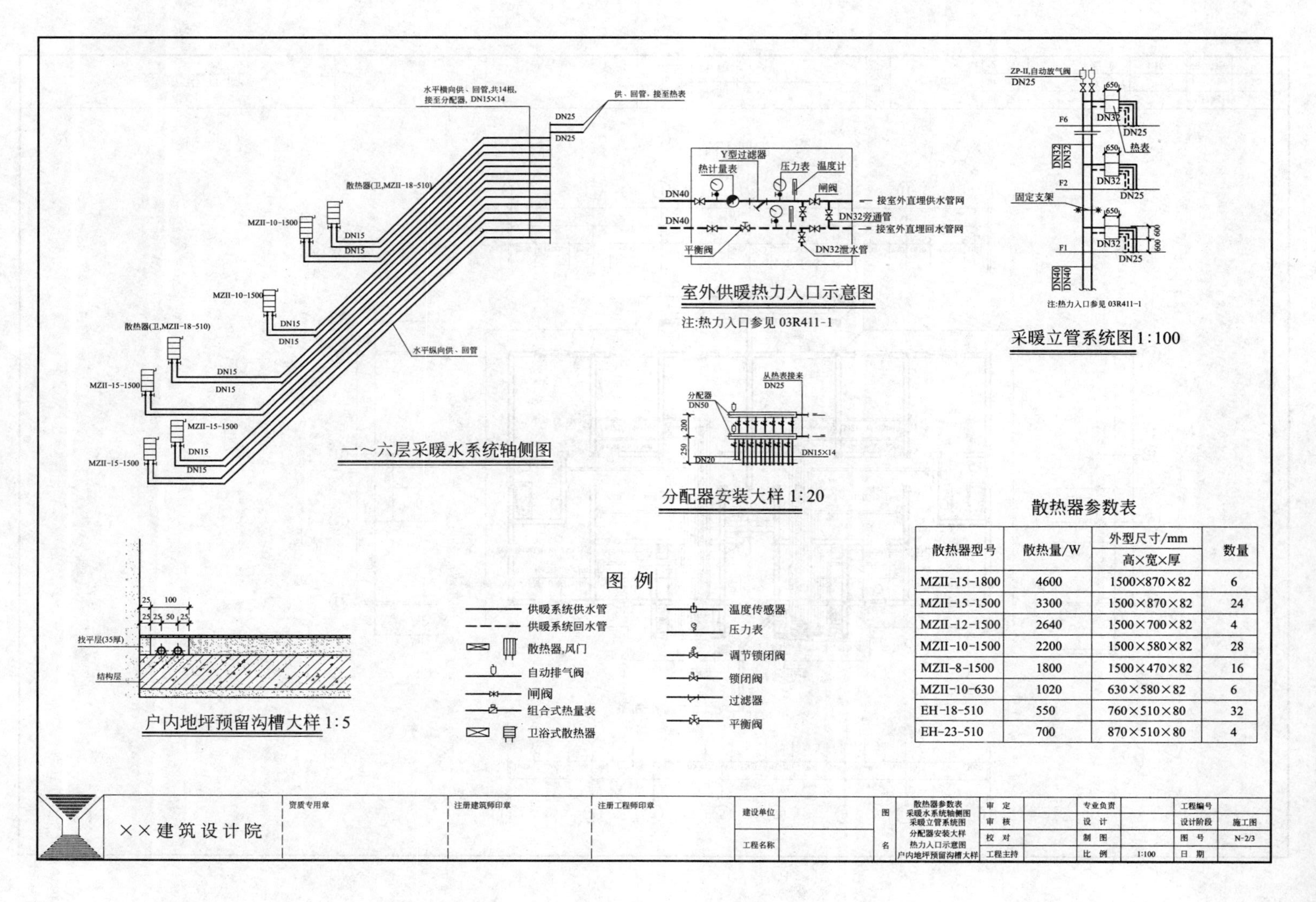

散热器参数表

散热器型号	散热量/W	外型尺寸/mm 高×宽×厚	数量
MZII-15-1800	4600	1500×870×82	6
MZII-15-1500	3300	1500×870×82	24
MZII-12-1500	2640	1500×700×82	4
MZII-10-1500	2200	1500×580×82	28
MZII-8-1500	1800	1500×470×82	16
MZII-10-630	1020	630×580×82	6
EH-18-510	550	760×510×80	32
EH-23-510	700	870×510×80	4

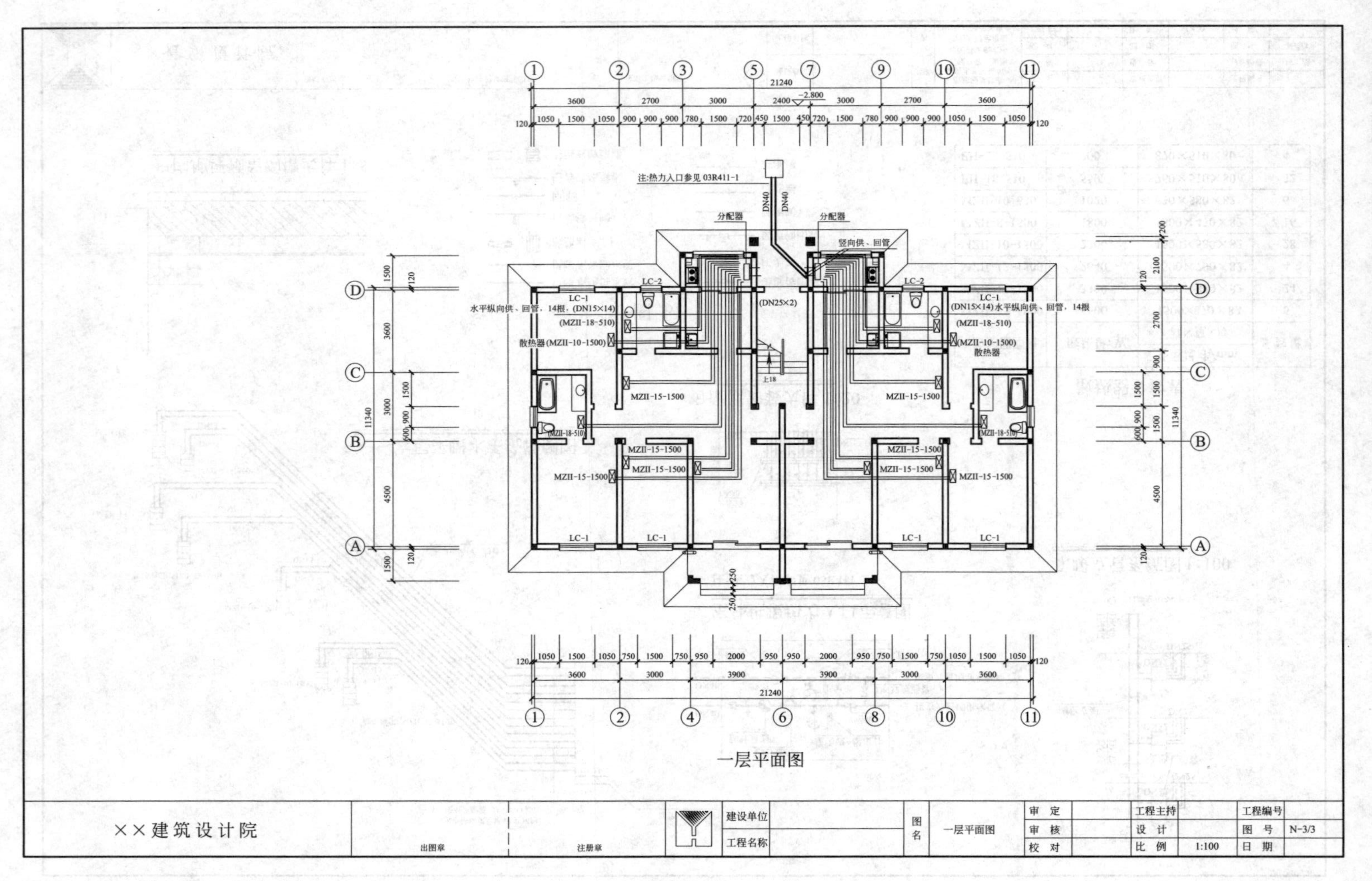

注:热力入口参见 03R411-1
DN40
分配器
竖向供、回管
(DN25×2)
水平纵向供、回管,14根,(DN15×14)
(MZII-18-510)
散热器(MZII-10-1500)
MZII-15-1500
LC-1
LC-2
一层平面图
××建筑设计院
出图章
注册章
建设单位
工程名称
图名
一层平面图
审定
审核
校对
工程主持
设计
比例
1:100
工程编号
图号
N-3/3
日期

中篇

建筑工程造价基本知识

9 工程量清单

9.1 工程量清单概述

(1) 工程量清单的含义

工程量清单在招标活动的不同阶段下的含义如下。

① 在招标时，招标人按照招标要求和施工设计图纸要求，将拟建招标工程的全部项目和内容依据统一的工程量计算规则和子目分项要求，计算分部分项工程实物量，列出清单，作为招标文件的组成部分，供投标单位逐项填写单价用于投标报价。

② 中标人确定后，在承包合同中，工程量清单是把招标文件中规定的准备实施的全部工程项目和内容，按工程部位、性质以及它们的数量、单价、合价等列表表示出来，作为计算工程价款的依据，工程量清单是承包合同的重要组成部分。

工程量清单的内容一般不单是实物工程量，还包括措施清单等非实物工程量。

(2) 工程量清单的作用

① 为投标者提供一个公开、公平、公正的竞争环境。工程量清单是由招标人提供的，统一的工程量避免了由于计算不准确、项目不一致等人为因素造成的造价不准确，其投标者站在同一起跑线上，创造了一个公平的竞争环境。

② 是计价和询标、评标的基础。工程量清单由招标人提供，无论是标底的编制还是企业投标报价，都必须依靠清单。同样也为今后的询标、评标奠定的基础。当然，如果发现清单有计算错误或是漏项，也可按招标文件的有关要求在中标后进行修正。

③ 为施工过程中支付工程进度款提供依据。与合同结合，工程量清单为施工过程中的进度款支付提供了依据。

④ 为办理工程结算、竣工结算及工程索赔提供了重要依据。

⑤ 设有标底价格的招标工程，工程量清单编制标底价格，供评标时参考。

(3) 工程量清单的编制内容

工程量清单是招标文件的组成部分，其内容有分部分项工程量清单、措施项目清单、其他项目清单。

① 分部分项工程量清单为不可调整的闭口清单，投标人对招标文件提供的分部分项工程量清单必须逐一计价，对清单所列内容不允许作任何更改变动。投标人如果认为清单内容有不妥或遗漏，只能通过质疑的方式由清单编制人作统一的修改更正，并将修正后的工程量清单发往所有投标人。

② 措施项目清单为可调整清单，投标人对招标文件中所列项目，可根据企业自身特点作适当的变更增减。投标人要对拟建工程可能发生的措施项目和措施费用作通盘考虑。清单一经报出，即被认为是包括了所有应该发生的措施项目的全部费用。如果报出的清单中没有列项，且施工中又必须发生的项目，业主有权认为，其已经综合在分部分项工程量清单的综合单价中。将来措施项目发生时，投标人不得以任何借口提出索赔与调整。

③ 其他项目清单由招标人部分和投标人部分等两部分组成。招标人填写的内容随招标文件发至投标人或标底编制人，其项目、数量、金额等投标人或标底编制人不得随意改动。由投标人填写部分的零星工作项目表中，招标人填写的项目与数量，投标人不得随意更改，且必须进行报价。如果不报价，招标人有权认为投标人就未报价内容无偿为自己服务。当投标人认识招标人列项不全时，投标人可自行增加列项并确定本项目的工程数量及计价。

9.2 工程量清单格式的组成内容

封面——填表须知——总说明——分部分项工程量清单——措施项目清单——其他项目清单——零星工作项目表——主要材料价格表，具体见本书下篇造价实例。

工程量清单计价

10.1 工程量清单计价有关规定

《建设工程工程量清单计价规范》（GB 50500—2013）中关于工程量清单计价的条文共10条，具体如下。

（1）实行工程量清单计价招标投标的建设工程，其招标标底、投标报价的编制、合同价款确定调整、工程结算应按本规范执行。

（2）工程量清单计价应包括按招标文件规定，完成工程量清单所列项目的全部费用，包括分部分项工程费、措施项目费、其他项目费和规费、税金。《建设工程工程量清单计价规范》规定工程量清单计价价款的部分有：①分部分项工程费、措施项目费、其他项目费和规费、税金；②完成每分项工程所含全部工程内容的费用；③完成每项工程内容所需的全部费用（规费、税金除外）；④工程量清单项目中没有体现的，施工中又必须发生的工程内容所需的费用；⑤考虑风险因素而增加的费用。

（3）工程量清单应采用综合单价计价。综合单价计价内容有完成规定计量单位、合格产品所需的全部费用，而除规费、税金以外的全部费用。

（4）分部分项工程量清单的综合单价，应根据《建设工程工程量清单计价规范》规定的综合单价组成，按设计文件或参照规范中“工程内容”确定。

（5）措施项目清单的金额，应根据拟建工程的施工方案或施工组织设计，参照《建设工程工程量清单计价规范》规定的综合单价组成确定。

（6）其他项目清单的金额应按下列规定确定：

① 招标人部分的金额可按估算金额确定。

② 投标人部分的总承包服务费应根据招标人提出要求所发生的费用确定，零星工作项目费应根据“零星工作项目计价表”确定。

③ 零星工作项目的综合单位应参照本规范的综合单价组成填写。

（7）招标工程如设标底，标底应根据招标文件中的工程量清单和有关要求、施工现场实际情况、合理的施工方法以及按照省、自治区、直辖市建设行政主管部门制定的有关工程造价计价办法进行编制。

（8）投标报价应根据招标文件中的工程量清单和有关要求、施工现场实际情况及拟定的施工方案或施工组织设计，依据企业定额和市场价格信息，或参照建设行政主管部门发布的社会平均消耗量定额进行编制。

（9）合同中综合单价因工程量变更需调整时，除合同另有约定外，应按照下列办法确定：

① 工程量清单漏项或设计变更引起新的工程量清单项目，其相应综合单价由承包人提出，经发包人确认后作为结算的依据。

② 由于工程量清单的工程数量有误或设计变更引起工程量增减，属合同幅度以内的，应执行原有的综合单价；属合同约定幅度以外的，其增国部分的工程量或减少后剩余部分的工程量的综合单价由承包人提出，经发包人确定后，作为结算的依据。

（10）由于工程量的变更，且实际发生了除以上第 9 条所述情况以外的费用损失，承包人可提出索赔要求，与发包人协商确认后，给予补偿。合同履行过程中，引起索赔的原因很多，工程量清单计价规范强调了上述第 9 条的索赔情况，同时也不否认其他原因发生的索赔或工程发包人可能提出的索赔。

10.2 工程量清单计价格式

工程量清单计价应采用统一格式。工程量清单计价格式应随招标文件发至投标人，且由投标人填写，工程量清单计价格式内容具体见本书下篇造价实例。

11 建设工程清单计价费用组成

11.1 建设工程清单计价工程造价构成

建设工程造价由直接费、间接费、利润和税金组成见表11-1。

表11-1 建设工程造价构成表

<table>
<tr><td rowspan="24">建设工程造价</td><td rowspan="24">直接费</td><td colspan="2" rowspan="3">直接工程费</td><td>1. 人工费</td></tr>
<tr><td>2. 材料费</td></tr>
<tr><td>3. 施工机械使用费</td></tr>
<tr><td rowspan="21">措施费</td><td rowspan="9">施工技术措施费</td><td>1. 大型机械进出场及安拆费</td></tr>
<tr><td>2. 混凝土、钢筋混凝土模板及支架费</td></tr>
<tr><td>3. 脚手架费</td></tr>
<tr><td>4. 已完工程及设备保护费</td></tr>
<tr><td>5. 施工排水、降水费</td></tr>
<tr><td>6. 垂直运输机械及超高增加费</td></tr>
<tr><td>7. 构件运输及安装费</td></tr>
<tr><td>8. 其他施工技术措施费</td></tr>
<tr><td>9. 总承包服务费</td></tr>
<tr><td rowspan="12">施工组织措施费</td><td>10. 环境保护费</td></tr>
<tr><td>11. 文明施工费</td></tr>
<tr><td>12. 安全施工费</td></tr>
<tr><td>13. 临时设施费</td></tr>
<tr><td>14. 夜间施工费</td></tr>
<tr><td>15. 二次搬运费</td></tr>
<tr><td>16. 冬雨季施工增加费</td></tr>
<tr><td>17. 工程定位复测、工程交点、场地清理费</td></tr>
<tr><td>18. 室内环境污染物检测费</td></tr>
<tr><td>19. 缩短工期措施费</td></tr>
<tr><td>20. 生产工具用具使用费</td></tr>
<tr><td>21. 其他施工组织措施费</td></tr>
</table>

续表

<table>
<tr><td rowspan="19">建
设
工
程
造
价</td><td rowspan="17">间
接
费</td><td rowspan="12">企业管理费</td><td>1. 管理人员工资</td></tr>
<tr><td>2. 办公费</td></tr>
<tr><td>3. 差旅交通费</td></tr>
<tr><td>4. 固定资产使用费</td></tr>
<tr><td>5. 工具用具使用费</td></tr>
<tr><td>6. 劳动保险费</td></tr>
<tr><td>7. 工会经费</td></tr>
<tr><td>8. 职工教育经费</td></tr>
<tr><td>9. 财产保险费</td></tr>
<tr><td>10. 财务费</td></tr>
<tr><td>11. 税金</td></tr>
<tr><td>12. 其他</td></tr>
<tr><td rowspan="5">规费</td><td>1. 工程排污费</td></tr>
<tr><td>2. 工程定额测定费</td></tr>
<tr><td>3. 社会保障费(1、养老保险费 2、失业保险费 3、医疗保险费)</td></tr>
<tr><td>4. 住房公积金</td></tr>
<tr><td>5. 危险作业意外伤害保险</td></tr>
<tr><td colspan="3">利　润</td></tr>
<tr><td colspan="3">税　金</td></tr>
</table>

注：表中措施费仅列通用项目，各专业工程的措施项目可根据拟建工程的具体情况确定。

11.2 建设工程清单计价工程造价计算程序

11.2.1 分部分项工程量清单项目、施工技术措施清单项目综合单价计算程序

(1) 基本单位的分项工程综合单价计算程序

分项综合单价是指组成某个清单项目的各个分项工程内容的综合单价，计算程序见表 11-2。

表 11-2 基本单位的分项工程综合单价计算程序表

<table>
<tr><td>序号</td><td colspan="2">费用项目</td><td>计算公式</td></tr>
<tr><td>一</td><td colspan="2">直接工程费</td><td>人工费 ＋ 材料费 ＋ 机械费</td></tr>
<tr><td rowspan="2"></td><td rowspan="2">其中</td><td>1. 人工费</td><td></td></tr>
<tr><td>2. 机械费</td><td></td></tr>
<tr><td>二</td><td colspan="2">企业管理费</td><td>(1 ＋ 2)×相应企业管理费费率</td></tr>
<tr><td>三</td><td colspan="2">利　润</td><td>(1 ＋ 2)×相应利润率</td></tr>
<tr><td>四</td><td colspan="2">综合单价</td><td>一＋二＋三</td></tr>
</table>

(2) 分项施工技术措施项目综合单价计算程序

分项施工技术措施项目综合单价计算程序见表 11-3。

(3) 分项工程清单项目、施工技术措施清单项目综合单价计算程序

① 分部分项工程量清单项目综合单价是指给定的清单项目的综合单价，即基

表 11-3　分项施工技术措施项目综合单价计算程序表

序号	费用项目		计算公式
一	分项施工技术措施费		人工费 ＋ 材料费 ＋ 机械费
	其中	1. 人工费	
		2. 机械费	
二	企业管理费		(1 ＋ 2)×相应企业管理费费率
三	利　　润		(1 ＋ 2)×相应利润率
四	综合单价		一 ＋ 二 ＋ 三

本单位的清单项目所包括的各个分项工程内容的工程量分别乘以相应综合单价的小计。

分部分项工程量清单项目综合单价＝∑(清单项目所含分项工程内容的综合单价×其工程量)÷清单项目工程量。

清单项目所含分项工程内容的综合单价可参照“安徽省建设工程消耗量定额综合单价”(建筑、装饰装修、安装、市政、园林绿化及仿古建筑工程等)。

② 施工技术措施清单项目综合单价计算如下：

施工技术措施清单项目综合单价＝∑(分项施工技术措施项目综合单价×其工程量)÷清单项目工程量。

11.2.2　施工组织措施项目清单费计算

施工组织措施项目清单费一般按照直接工程费和施工技术措施项目费中的“人工费＋机械费”为取费基数乘以相应的费率计算。

11.2.3　单位工程造价计算程序

建设工程中各单位工程的取费基数为人工费与机械费之和，其中工程造价计算程序见表 11-4。

表 11-4　建设工程造价计算程序表

序号	费用项目		计算公式
一	分部分项工程量清单项目费		∑(分部分项工程量×综合单价)
	其中	1. 人工费	
		2. 机械费	
二	措施项目清单费		(一)＋(二)
	(一)施工技术措施项目清单费		∑(施工技术措施项目清单)×综合单价
	其中	3. 人工费	
		4. 机械费	
	(二)施工组织措施项目清单费		∑(1 ＋ 2 ＋ 3 ＋ 4)×费率
三	其他项目清单费		按清单计价要求计算
四	规费	规费(一)	(1 ＋ 3)×规定的相应费率
		规费(二)	(一 ＋ 二 ＋ 三)×规定的相应费率
五	税　　金		(一＋二＋三 ＋ 四)×规定的相应费率
六	建设工程造价		一 ＋ 二 ＋ 三 ＋ 四 ＋ 五

注：规费（一）是指工程排污费、社会保障费、住房公积金、危险作业意外伤害保险费。
规费（二）是指工程定额测定费。

常用工程量计算规则解释

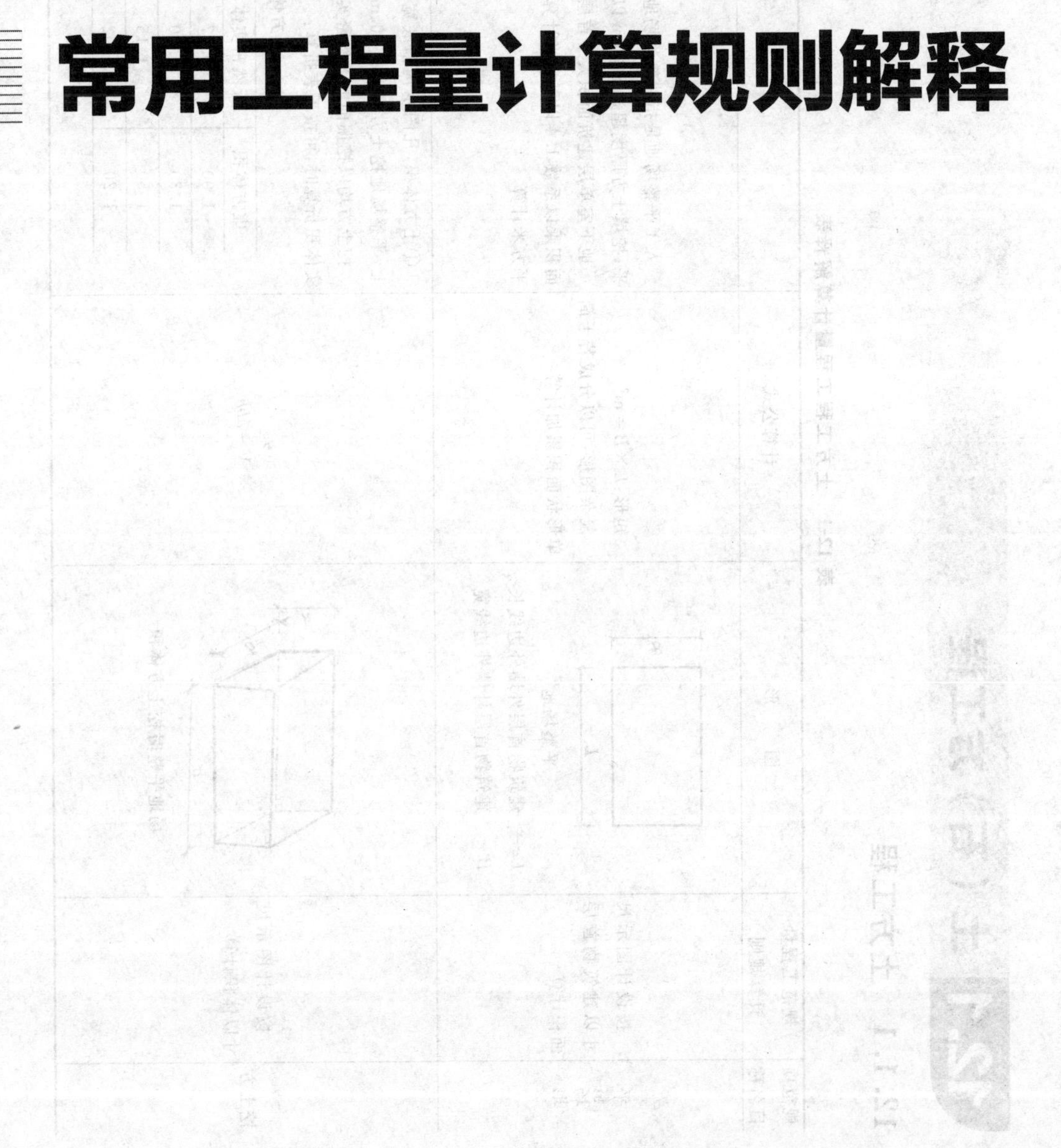

12.1 土（石）方工程

12.1.1 土方工程

表 12-1 土方工程工程量计算解释表

<table>
<tr><th>规范项目名称</th><th>规范工程量计算规则</th><th>图 形</th><th>计算公式</th><th>文 字 解 释</th></tr>
<tr><td>平整场地</td><td>按设计图示尺寸以建筑物首层面积计算</td><td>B
L
平整场地
L——建筑物首层外墙外边线长
B——建筑物首层外墙外边线宽</td><td>矩形：$L \times B = m^2$
复杂图形：可以分成若干简单形状面积累加计算</td><td>人工平整场地是指建筑物场地，挖、填土方厚度在±30cm 以内及找平；挖填土方厚度超过±30cm 以外时，按挖土方计算
地下室单层建筑面积大于首层建筑面积时，按地下室最大单层建筑面积乘以系数 1.4 以平方米计算；构筑物按基础底面积乘以系数 2 以平方米计算</td></tr>
<tr><td>挖土方</td><td>按设计图示尺寸以体积计算</td><td>h
b
a
场地平整时挖土方体积</td><td>$V = abh$</td><td>①土方体积，凡图示沟槽底宽在 3m 以上，基坑底面积在 20m² 以上，平整场地挖土方厚度在 30cm 以上均按挖土方计算
挖土方均以挖掘前的天然密实体积为准计算，如遇有必须以天然密实体积折算时，可按下表折算：
土方体积折算表
<table><tr><th>虚方体积</th><th>天然密实体积</th><th>夯实后体积</th><th>松填体积</th></tr><tr><td>1.00</td><td>0.77</td><td>0.67</td><td>0.83</td></tr><tr><td>1.30</td><td>1.00</td><td>0.87</td><td>1.08</td></tr><tr><td>1.50</td><td>1.15</td><td>1.00</td><td>1.25</td></tr><tr><td>1.20</td><td>0.92</td><td>0.80</td><td>1.00</td></tr></table></td></tr>
</table>

续表

<table>
<tr><th>规范项目名称</th><th>规范工程量计算规则</th><th>图形</th><th>计算公式</th><th>文字解释</th></tr>
<tr><td rowspan="2">挖土方</td><td rowspan="2">按设计图示尺寸以体积计算</td><td>四方棱柱体
（场地不平时挖方体积）</td><td>$V=\frac{a^2}{4}(h_1+h_2+h_3+h_4)$</td><td rowspan="2">②挖土一律以设计室外地坪标高为准计算
③按不同的土壤类别，挖土深度，干、湿土分别以体积计算
④场地不平时土方一般计算步骤
a. 将具有等高线的建筑场地地形图，根据现场地形和要求的精度，划分为10～50m正方格；
b. 当精度要求不太高或地形较平坦时，用插入法在地形图上求出各方格各角点上的地面标高，否则应将方格的各角点测设于地面上，再测出各角点的地面标高，标注在各角点上；
c. 确定各方格角点的挖填高度，即设计标与地面标高之差；
d. 确定零线，即挖填方分界线；
e. 计算各方格内挖填方数量；
f. 分别求挖填方总和</td></tr>
<tr><td colspan="2">①式中 a 为方格边长；
② h_1、h_2、h_3、h_4 等分别为方格各角点的施工高度</td></tr>
<tr><td>挖基础土方</td><td>按设计图示尺寸以基础垫层底面积乘以挖土深度计算</td><td>不留工作面、不放坡地槽</td><td>$V=ahl$</td><td>①沟槽、基坑划分：凡图示沟槽底宽在3m以内，且沟槽长大于槽底宽3倍以上的为沟槽；凡图示基坑底面积在20m^{2}以内的为基坑；
②沟槽工程量：按沟槽长度乘沟槽截面（m^2）计算，沟槽长度：外墙按图示中心线长度计算，内墙按图示基础之间净长线长度计算。沟槽宽：不放坡的按图示垫层或基础宽度计算；放坡的加放坡宽度计算；支模板以增加工作面计算，突出墙面的附墙烟囱，垛等体积并入沟槽工程量内计算</td></tr>
</table>

续表

<table>
<tr><th>规范项目名称</th><th>规范工程量计算规则</th><th>图形</th><th>计算公式</th><th>文字解释</th></tr>
<tr><td rowspan="3">挖基础土方</td><td rowspan="3">按设计图示尺寸以基础垫层底面积乘以挖土深度计算</td><td>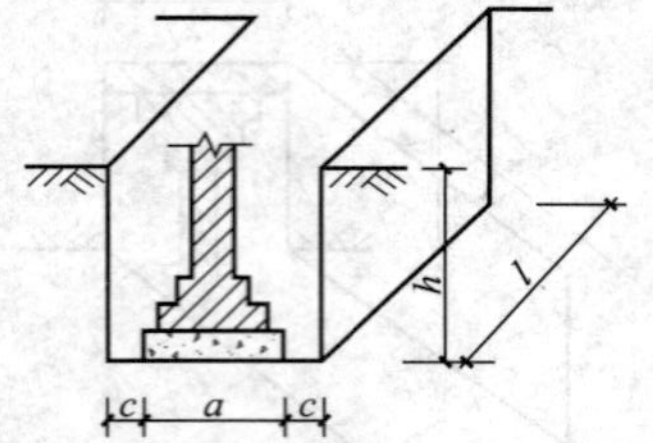
不放坡不支挡土板地槽</td><td>$V=(a+2c)hl$
式中 c——增加工作面</td><td rowspan="3">③挖沟槽、基坑、土方须放坡时，以《施工组织设计》规定计算，《施工组织设计》无明显规定时，放坡系数按下表规定计算；
放坡系数表<table><tr><th rowspan="2">土壤类别</th><th rowspan="2">放坡起点/m</th><th rowspan="2">人工挖土</th><th colspan="2">机械挖土</th></tr><tr><th>坑内作业</th><th>坑上作业</th></tr><tr><td>一、二类土</td><td>1.20</td><td>1∶0.5</td><td>1∶0.33</td><td>1∶0.75</td></tr><tr><td>三类土</td><td>1.50</td><td>1∶0.33</td><td>1∶0.25</td><td>1∶0.67</td></tr><tr><td>四类土</td><td>2.00</td><td>1∶0.25</td><td>1∶0.10</td><td>1∶0.33</td></tr></table>注：计算放坡时，在交接处的重复工作量不予扣除，原槽、坑有基础垫层时，放坡自垫层上表面开始计算
④沟槽、基坑需支挡土板时，其宽度按图示底宽单面加 100mm，双面加 200mm 计算。挡土板面积按槽、坑垂直支撑面积计算。支挡土板后，不得再计放坡；
⑤基础施工所需工作面，按下表规定计算
基础施工所需工作面宽度计算表<table><tr><th>基础材料</th><th>每边各增加工作面宽度/mm</th></tr><tr><td>砖基础</td><td>200</td></tr><tr><td>浆砌毛石、条石基础</td><td>150</td></tr><tr><td>混凝土基础垫层支模板</td><td>300</td></tr><tr><td>混凝土基础支模板</td><td>300</td></tr><tr><td>基础垂直面做防水层</td><td>800(防水层面)</td></tr></table></td></tr>
<tr><td>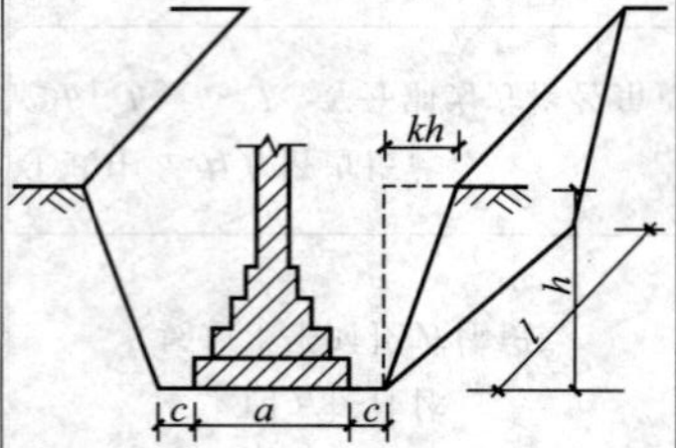
放坡地槽</td><td>$V=(a+2c+kh)hl$
式中 c——增加工作面(见下页)，单位为 m^2
h——放坡系数(见下页)</td></tr>
<tr><td>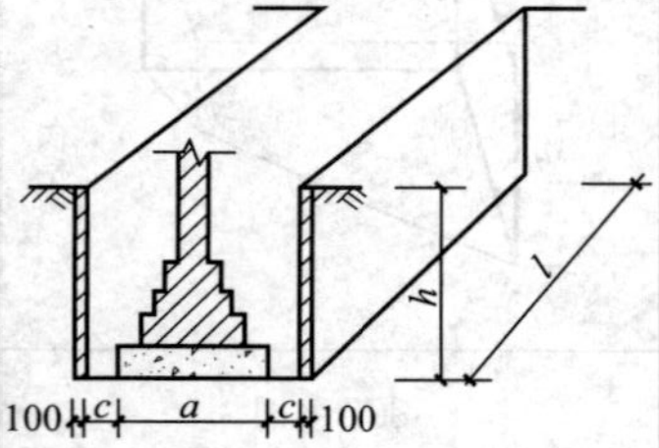
支挡土板地槽</td><td>$V=(a+2c+2\times 0.1)hl$
式中 c——增加工作面</td></tr>
</table>

续表

<table>
<tr><th>规范项目名称</th><th>规范工程量计算规则</th><th>图形</th><th>计算公式</th><th>文字解释</th></tr>
<tr><td rowspan="3">挖基础土方</td><td rowspan="3">按设计图示尺寸以基础垫层底面积乘以挖土深度计算</td><td>a b h
方形不放坡地坑</td><td>$V=abh$</td><td rowspan="3">⑥管道沟槽按图示中心线长度计算，沟底宽度设计有规定的按设计规定，设计未规定的按下表宽度计算：

管道地沟底宽计算表
<table>
<tr><th>管径/mm</th><th>铸铁管、钢管、石棉水泥管/mm</th><th>混凝土、钢筋混凝土、预应力混凝土管/mm</th><th>陶土管/mm</th></tr>
<tr><td>50～70</td><td>600</td><td>800</td><td>700</td></tr>
<tr><td>100～200</td><td>700</td><td>900</td><td>800</td></tr>
<tr><td>250～350</td><td>800</td><td>1000</td><td>900</td></tr>
<tr><td>400～450</td><td>1000</td><td>1300</td><td>1100</td></tr>
<tr><td>500～600</td><td>1300</td><td>1500</td><td>1400</td></tr>
<tr><td>700～800</td><td>1600</td><td>1800</td><td></td></tr>
<tr><td>900～1000</td><td>1800</td><td>2000</td><td></td></tr>
<tr><td>1100～1200</td><td>2000</td><td>2300</td><td></td></tr>
<tr><td>1300～1400</td><td>2200</td><td>2600</td><td></td></tr>
</table>
注：1. 按上表计算管道沟土方工程量时，各种井类及管道（不含铸铁给排水管）接口等处需加宽增加的土方量不另行计算，底面积大于 $20m^2$ 的井类，其增加工程量并入管沟土方内计算；
2. 铺设铸铁给排水管道时，其接口等处，土方增加量，可按铸铁给排水管道、地沟土方总量的 25%计算。

⑦沟槽（管道地沟）、基坑深度，按图示沟、槽、坑底面至室外地坪深度计算</td></tr>
<tr><td>kh a kh h b kh
方形放坡地坑
注：此表中 V—体积　h—高度
a—宽度　c—工作面　l—长度</td><td>$V=(a+kh)(b+kh)h+\frac{1}{3}kh^3$</td></tr>
<tr><td>r h
圆形不放坡地坑</td><td>$V=\pi r^2 h$</td></tr>
</table>

12.1.2 土石方回填

表 12-2 土石方回填工程量计算规则公式与解释表

<table>
<tr><th>规范项目名称</th><th>规范工程量计算规则</th><th>图 形</th><th>计算公式</th><th>文 字 解 释</th></tr>
<tr><td rowspan="3">土石方回填</td><td rowspan="3">按设计图示以体积计算</td><td>场地回填土(图形略)</td><td>回填面积乘以平均回填厚度</td><td rowspan="3">①就地回填土区分夯填，松填以立方米计算；
②管径在 500mm 以内的不扣除管道所占体积，管径在 500mm 以上的按下表扣除管道所占体积；
管道扣除土方体积表　单位：m^3/m
<table>
<tr><th rowspan="2">管道名称</th><th colspan="6">管 道 直 径/mm</th></tr>
<tr><th>501～600</th><th>600～800</th><th>801～1200</th><th>1001～1200</th><th>1201～1400</th><th>1401～1600</th></tr>
<tr><td>钢管</td><td>0.21</td><td>0.44</td><td>0.71</td><td></td><td></td><td></td></tr>
<tr><td>铸铁管</td><td>0.24</td><td>0.49</td><td>0.77</td><td></td><td></td><td></td></tr>
<tr><td>混凝土管</td><td>0.33</td><td>0.60</td><td>0.92</td><td>1.15</td><td>1.35</td><td>1.55</td></tr>
</table>
③回填土应保证涵管结构安全，外部防水层及保护层不受破坏；涵管两侧应同时回填，两侧填土高差不得大于 30cm；填土应自涵管两端起均匀的分层填筑，每层填土虚铺厚度不得大于 25cm</td></tr>
<tr><td>室内回填土(图形略)</td><td>主墙间净面积乘以回填厚度</td></tr>
<tr><td>室外地坪　室内地坪　面层　垫层　室内回填土厚度　槽坑回填土
沟槽、基坑回填土</td><td>沟槽、基坑回填土体积＝挖土体积－(设计室外地坪以下垫层＋基础＋管、沟外形体积)</td></tr>
<tr><td>余土外运缺土内运</td><td>挖土工程量减回填土工程量</td><td>(图形略)</td><td>运土体积＝挖土工程量－(基础回填土工程量＋室内地坪回填土工程量)
其中：室内地坪回填土工程量＝地坪回填土厚×地坪净面积(室内、阳台等)</td><td>①计算结果为正值时为余土外运，负值时为缺土内运；
②运土回填如浮土，不能另计挖土人工，但遇到已经压实的浮土，可另加Ⅰ、Ⅱ类挖土用工，其工程量同填土量，如挖自然土用作填土时，可另列挖土子目，凡运土回填的均不重套就地回填子目</td></tr>
</table>

12.1.3 土石方实例解释

表 12-3 土石方例题解释表

题目	文字解释
某建筑物基础平面图、剖面图如下，其中室外地坪以下砖基础体积为 $13.21m^3$，求出此建筑物平整场地、基础挖方、基础回填土、室内回填土等工程量 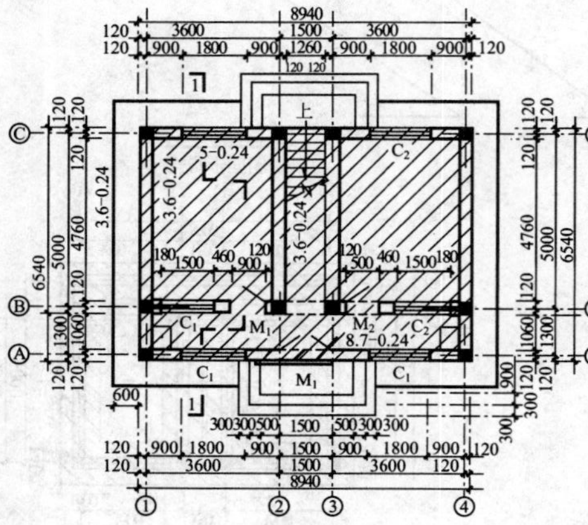 底层平面图1:100	①平整场地 按设计图示尺寸以建筑物首层面积计算。 平整场地面积＝8.94×6.54＝58.48(m^2)

续表

题　　目	文 字 解 释
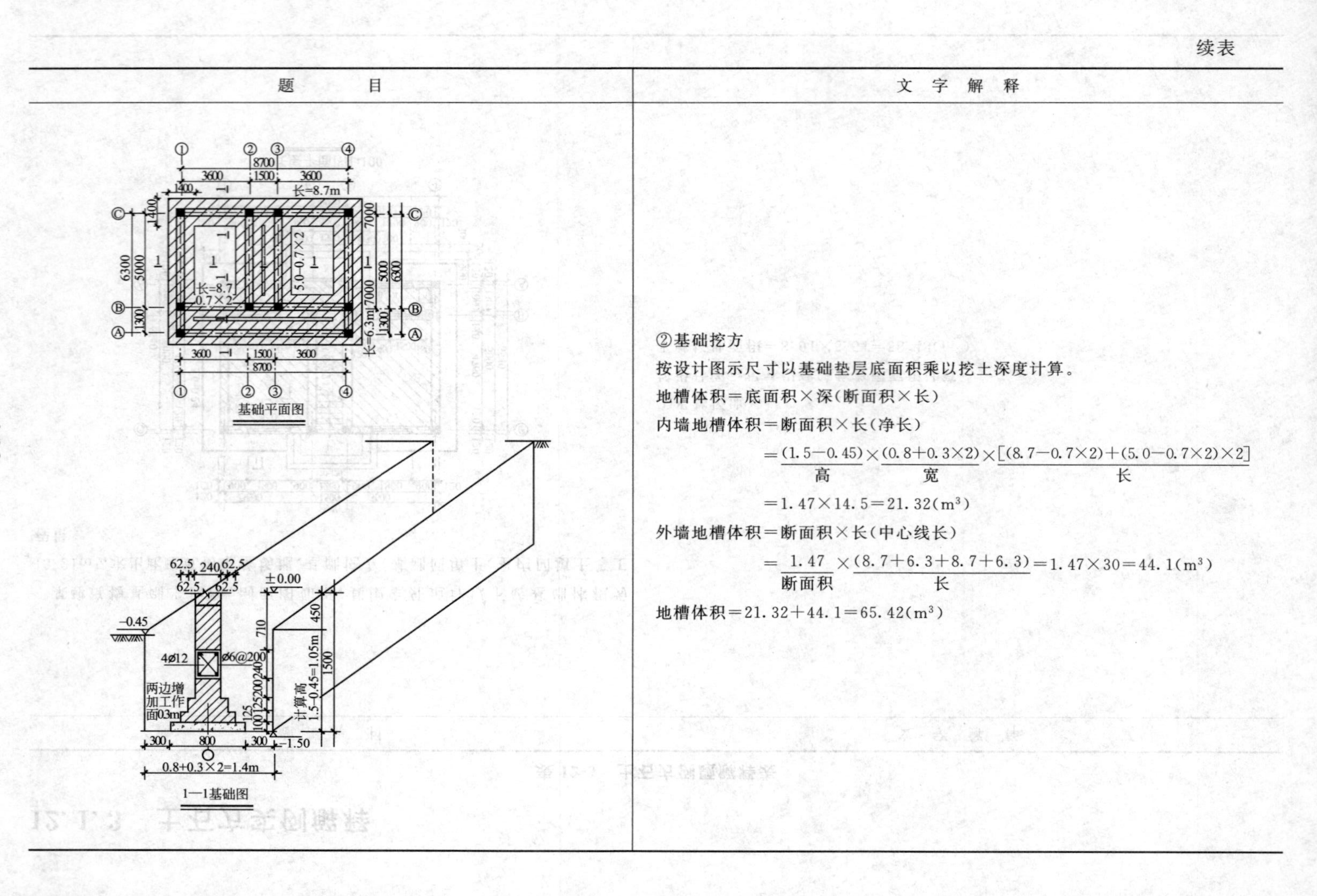	②基础挖方 按设计图示尺寸以基础垫层底面积乘以挖土深度计算。 地槽体积＝底面积×深(断面积×长) 内墙地槽体积＝断面积×长(净长) $=\underbrace{(1.5-0.45)}_{\text{高}}\times\underbrace{(0.8+0.3\times2)}_{\text{宽}}\times\underbrace{[(8.7-0.7\times2)+(5.0-0.7\times2)\times2]}_{\text{长}}$ $=1.47\times14.5=21.32(\text{m}^3)$ 外墙地槽体积＝断面积×长(中心线长) $=\underbrace{1.47}_{\text{断面积}}\times\underbrace{(8.7+6.3+8.7+6.3)}_{\text{长}}=1.47\times30=44.1(\text{m}^3)$ 地槽体积＝21.32＋44.1＝65.42(m^3)

续表

题目	文字解释
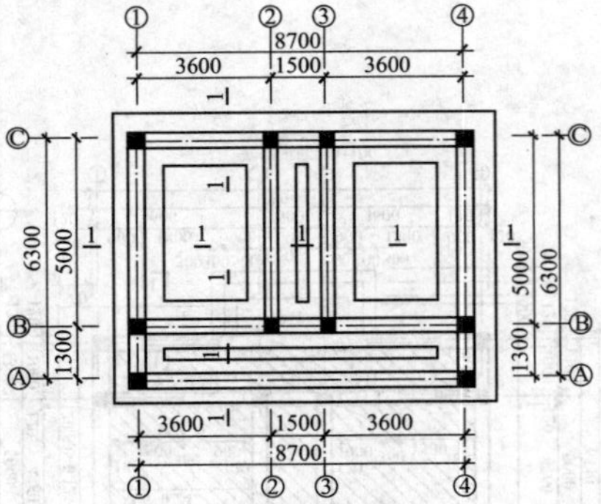 基础平面图1:100 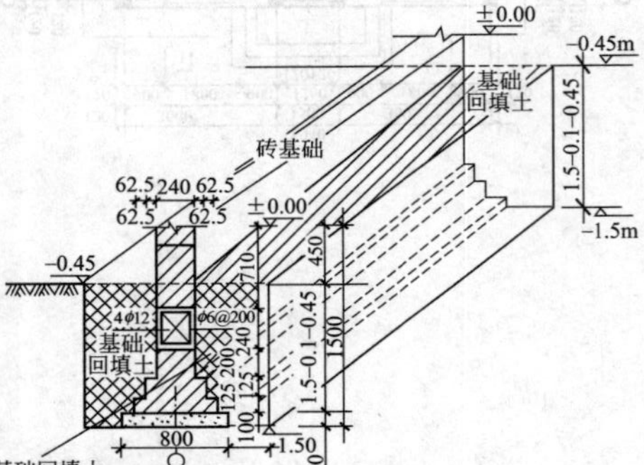 1—1基础图1:20	③基础回填土 挖方体积减去设计室外地坪以下埋没的基础体积(包括基础垫层及其他构筑物) 即:基础回填土体积=地槽体积－(混凝土垫层体积＋室外地坪以下砖基础体积) 混凝土垫层体积=断面积×长(外垫层长＋内垫层长) $=\underbrace{0.1\times0.8}_{断面积}\times[\underbrace{30}_{外长}+\underbrace{(8.7-0.4\times2)+(5.0-0.4\times2)}_{内长}]$ $=3.37(m^3)$ 室外地坪以下砖基础体积=断面积×长(外长＋内长) 断面积=高×宽＋增加面积(增加面积指放脚部分的面积,查表得0.0473m^2,高从砖基础的底面到要计算的顶面的高度=1.5－0.1－0.45=0.95m,宽是砖基础上的墙宽0.24m) 室外地坪以下砖基础体积$=\underbrace{(0.95\times0.24+0.0473)}_{断面积}\times[\underbrace{30}_{外长}+\underbrace{(8.7-0.12\times2)}_{横内长}+\underbrace{(5-0.12\times2)\times2}_{纵内长}]=13.21(m^3)$ 基础回填土体积=地槽体积－(混凝土垫层体积＋室外地坪以下砖基础体积)=65.42－(3.37＋13.21)=49.04(m^3)

续表

题　　目	文 字 解 释
8940 120 3600 1500 3600 120 900 1800 900 1260 900 1800 900 120 120120 1 上 Ⓒ 120 120 C₁ C₁ 120 120 Ⓒ 120 长=5.0-0.24 120 6450 5000 4760 5.0-0.12×2=4.76m 120 3.6-0.24 4760 5000 6540 180 360 120 120 360 180 1500 900 900 1500 120 120 120 Ⓑ Ⓑ 1300 1060 长=8.7-0.24 M_2 C_1 M_2 C_2 1060 1300 Ⓐ Ⓐ 120 120 C_1 M_1 C_1 900 120 120 600 1 300 北 300300500 1500 500300300 300 120 900 1800 900 1500 900 1800 900 120 120 3600 1500 3600 120 8940 ① ② ③ ④ 底层平面图1:100	④室内回填土 主墙间净面积乘以回填厚度 回填土体积=室内净面积×回填土厚 $=[\underbrace{(5-0.24)\times(3.6-0.24)\times 2}_{\text{室}}+\underbrace{1.26\times 4.76}_{\text{楼梯}}+\underbrace{(1.3-0.24)\times(8.7-0.24)}_{\text{走道}}]\times\underbrace{0.263}_{\text{土厚}}$ $=46.95\times 0.263=12.35(m^3)$

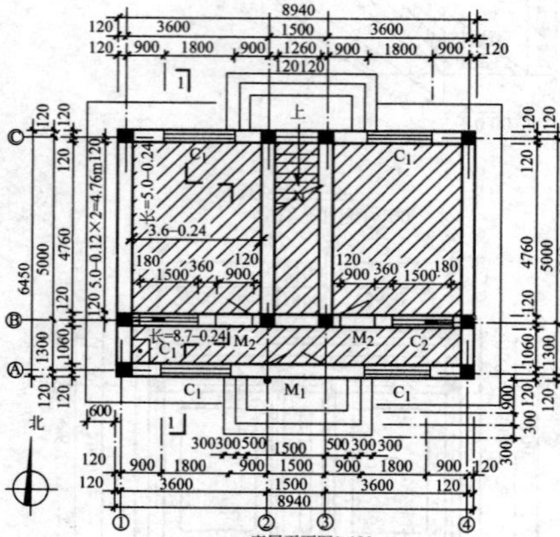

表 12-4　混凝土桩工程量计算解释表

规范项目名称	规范工程量计算规则	图形	计算公式	文字解释
混凝土灌注桩	按设计图示尺寸以桩长(包括桩尖)或根数计算	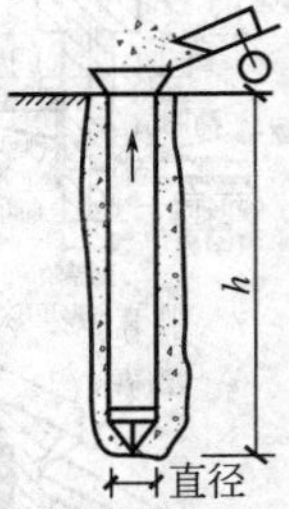 直径 h 沉管灌注桩	定额工程量计算： V＝单桩体积×(复打次数＋1) $=3.14R^2h\times$(复打次数＋1) R 是半径	①沉管灌注桩是利用锤击打桩设备或振动沉桩设备，将带有钢筋混凝土的桩尖(或钢板靴)或带有活瓣式桩靴的钢管沉入土中，形成桩孔，然后放入钢筋骨架并浇筑混凝土，随之拔出套管，利用拔管时的振动将混凝土捣实，便形成所需要的灌注桩 ②混凝土桩体积：按设计桩长(包括桩尖，不扣除桩尖虚体积)增加 250mm 乘以沉管外径截面面积以立方米计算。如采用预制钢筋混凝土桩尖者，其桩长按沉管底算至设计桩顶的长度增加 250mm 计算。桩尖以立方米计算。需要多次沉管灌注时，按一次体积乘以沉管次数计算
	按设计图示尺寸以桩长(包括桩尖)或根数计算	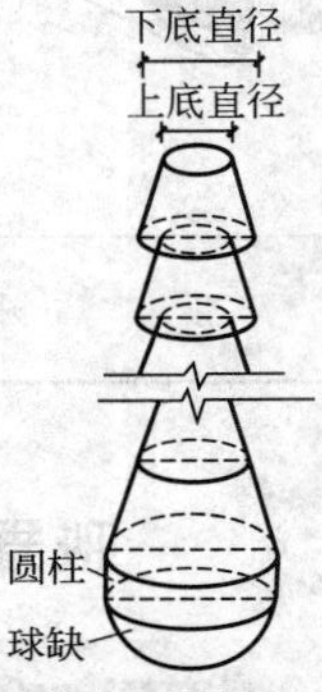 下底直径 上底直径 圆柱 球缺 人工挖孔桩	定额工程量计算： ①圆柱：$V=3.14R^2h$ R 是半径；h 是圆柱高 ②圆台：$V=(R^2+r^2+Rr)\times 3.14h/3$ R、r 是上下 2 个园底的半径 ③球冠：$V\approx hr^2\times 2\times 3.14/3$ r 是球半径	①人工挖孔桩，用人力挖土、现场浇筑的钢筋混凝土桩。人工挖孔桩一般直径较粗，最细的也在 800mm 以上，目前应用比较普遍。桩的上面设置承台，再用承台梁拉结、连系起来，使各个桩的受力均匀分布，用以支承整个建筑物 ②人工挖孔灌注桩工程量清单编单价的时候需有以下内容：人工挖孔桩土石方、桩芯混凝土、护壁、钢筋笼制作、钢筋笼安装、凿桩头、人工挖孔桩土石方运输

12.3 砌筑工程

12.3.1 条形砖基础

表 12-5 条形砖基础工程量计算规则公式与解释表

规范项目名称	规范工程量计算规则	图形	计算公式	文字解释
条形砖基础	①按设计图示尺寸以体积计算。包括附墙垛基础宽出部分体积，扣除地梁(圈梁)、构造柱所占体积，不扣除基础大放脚T形接头处的重叠部分及嵌入基础内的钢筋、铁件、管道、基础砂浆防潮层和单个面积 0.3m² 以内的孔洞所占体积，靠墙暖气沟的挑檐不增加 ②基础长度：外墙按中心线，内墙按净长线计算	条形砖基础 砖基础构造	砖基础净体积＝毛体积－扣除体积 其中： 砖基础毛体积＝断面积×长＝(基础高×基础墙厚＋大放脚增加面积)×长＝(基础高×基础墙厚＋大放脚折加高度×基础墙厚)×长 扣除体积＝地圈梁体积＋构造柱所占体积	①墙基与墙身的划分 a. 砖基础与墙身，以设计室内地面为界(有地下室者以地下室室内设计地面为界)；石基础与墙身的划分，外墙以设计室外地面为界，内墙以室内地面为界，以下为基础，以上为墙身。 b. 基础与墙身使用不同材料时，位于室内地面±30mm 以内时，以不同材料为分界线，超过±30mm 时，以设计室内地面为分界线。 c. 砖、石围墙，以设计室外地面为分界线，以下为基础，以上为墙身。 ②大放脚折加高度和大放脚增加面积可查下表求得

折加高度和增加面积数据表

放脚层数	折合增加高度/m												增加断面面积/m²	
	1/2 砖 (0.115)		1 砖 (0.24)		$1\frac{1}{2}$砖 (0.365)		2 砖 (0.49)		$2\frac{1}{2}$ (0.615)		3 砖 (0.74)			
	等高	不等高	等高	不等高	等高	不等高	等高	不等高	等高	不等高	等高	不等高	等高	不等高
一	0.137	0.137	0.066	0.066	0.043	0.043	0.032	0.032	0.026	0.026	0.021	0.021	0.01575	0.01575
二	0.411	0.342	0.197	0.164	0.129	0.103	0.096	0.020	0.077	0.064	0.046	0.053	0.04725	0.3938
三	0.822	0.685	0.394	0.328	0.259	0.216	0.193	0.161	0.154	0.128	0.128	0.106	0.0945	0.07875
四	1.370	1.096	0.656	0.525	0.432	0.345	0.321	0.257	0.256	0.205	0.213	0.170	0.1575	0.1260
五	2.054	1.645	0.984	0.788	0.647	0.518	0.482	0.386	0.384	0.307	0.319	0.255	0.2363	0.1890
六	2.876	2.260	1.378	1.083	0.906	0.712	0.675	0.530	0.538	0.419	0.447	0.351	0.3308	0.2599
七			1.838	1.444	1.208	0.949	0.900	0.707	0.717	0.563	0.596	0.468	0.4410	0.3465
八			2.363	1.838	1.553	1.208	1.157	0.900	0.922	0.717	0.766	0.596	0.5670	0.4410
九			2.953	2.297	1.942	1.510	1.447	1.125	1.153	0.896	0.958	0.745	0.7088	0.5513
十			3.610	2.789	2.373	1.834	1.768	1.366	1.409	0.038	1.717	0.905	0.8663	0.6694

12.3.2 砖砌体

表 12-6 实心砖墙工程量计算规则公式与解释表

<table>
<tr><th>规范项目名称</th><th>规范工程量计算规则</th><th>图形</th><th>计算公式</th><th>文字解释</th></tr>
<tr><td>实心砖墙</td><td>按设计图示尺寸以体积计算。扣除门窗洞口、过人洞、空圈、嵌入墙内的钢筋混凝土柱、梁、圈梁、挑梁、过梁及凹进墙内的壁龛、管槽、暖气槽、消火栓箱所占体积。不扣除梁头、板头、檩头、垫木、木楞头、沿缘木、木砖、门窗走头、砖墙内加固钢筋、木筋、铁件、钢管及单个面积 0.3m² 以内的孔洞所占体积。凸出墙面的腰线、挑檐、压顶、窗台线、虎头砖、门窗套的体积亦不增加。凸出墙面的砖垛并入墙体体积内计算</td><td>180 (a)
240 (b)
240 (c)
370 (d)
砖墙
(a)180 墙；(c)240 墙(一顺一顶)；
(b)梅花砌法 240 墙；(d)370 墙</td><td>砖墙净体积＝净面积×墙厚
其中：
净面积＝毛面积－扣除面积
毛面积＝长×高
扣除面积＝门窗洞口＋混凝土柱＋梁(圈梁)＋…</td><td>①墙长度：外墙按中心线，内墙按净长计算
②墙高度
a. 外墙：斜(坡)屋面无檐口天棚者算至屋面板底；有屋架且室内外均有天棚者算至屋架下弦底另加 200mm；无天棚者算至屋架下弦底另加 300mm，出檐宽度超过 600mm 时按实砌高度计算；平屋面算至钢筋混凝土板底
b. 内墙：位于屋架下弦者，算至屋架下弦底；无屋架者算至顶棚底另加 100mm；有钢筋混凝土楼板隔层者算至楼板顶；有框架梁时算至梁底
c. 女儿墙：从屋面板上表面算至女儿墙顶面(如有混凝土压顶时算至压顶下表面)
d. 内、外山墙：按其平均高度计算
e. 围墙：高度算至压顶上表面(如有混凝土压顶时算至压顶下表面)，围墙柱并入围墙体积内
③标准砖尺寸应为 240mm×115mm×53mm。标准砖墙厚度应按下表计算
标准墙计算厚度表
砖数(厚度)：1/4 ｜ 1/2 ｜ 3/4 ｜ 1 ｜ 1.5 ｜ 2 ｜ 2.5
计算厚度/mm：53 ｜ 115 ｜ 180 ｜ 240 ｜ 365 ｜ 490 ｜ 615
④实心砖墙和填充墙的区别：填充墙也可以是实心砖墙，也可以是非实心墙，只不过它是非承重墙</td></tr>
</table>

标准墙计算厚度表

砖数(厚度)	1/4	1/2	3/4	1	1.5	2	2.5
计算厚度/mm	53	115	180	240	365	490	615

表 12-7 砖砌体工程量计算规则解释表

规范项目名称	规范工程量计算规则	图形	计算公式	文字解释
零星砌体	①按设计图示尺寸以体积计算。扣除混凝土及钢筋混凝土梁垫、梁头、板头所占体积 ②以平方米计量 ③以米计量 ④以个计量	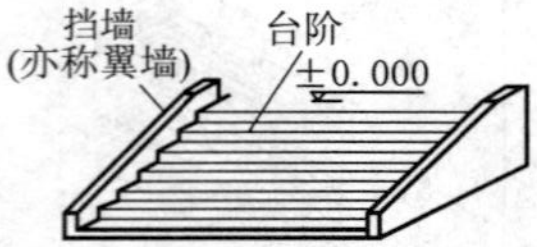 挡墙(亦称翼墙) 台阶 ±0.000 砖砌台阶及挡墙 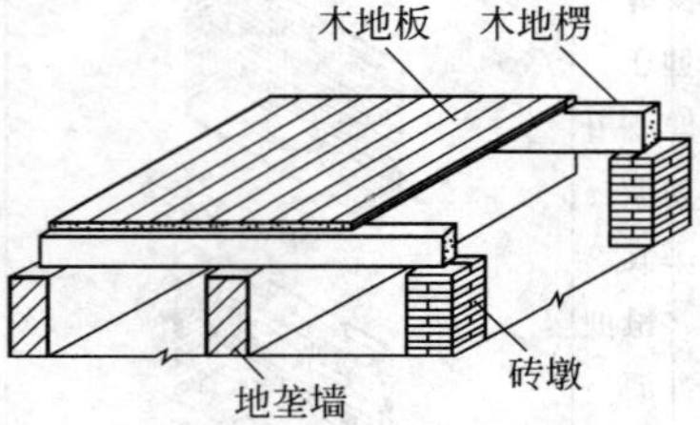 木地板 木地楞 地垄墙 砖墩 支承地楞的地垄墙、砖墩		①厕所蹲台、水槽脚、垃圾箱、台阶挡墙或牵边、花台、花池、地垄墙、支撑地楞的砖礅、房上烟囱、屋面隔热层砖墩等以立方米计算，套"零星砌体" ②砖砌台阶(不包括牵边)按水平投影面积以平方米计算
砖地沟、明沟	按设计图示以中心线长度计算，以米计量	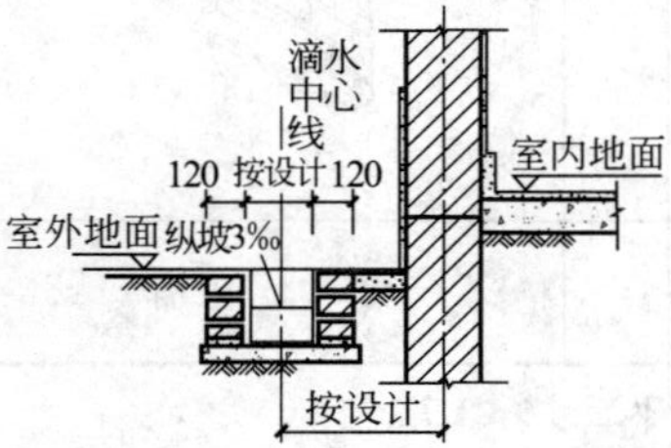 滴水中心线 120 按设计 120 室外地面 纵坡3‰ 室内地面 按设计 砖地沟、明沟		

12.3.3 砌筑工程实例解释

表 12-8 砌筑工程例题解释表

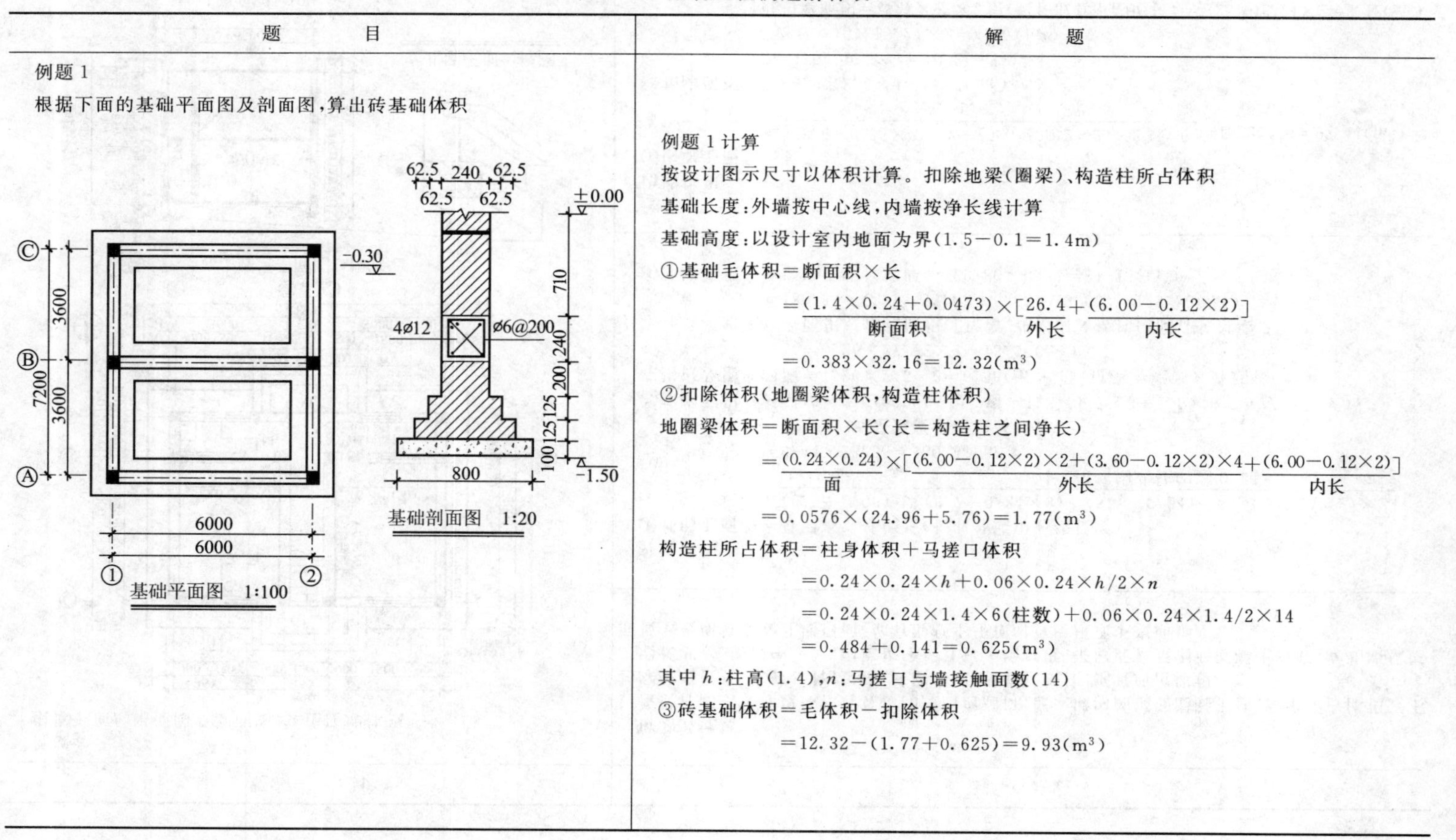

题目	解题
例题 1 根据下面的基础平面图及剖面图,算出砖基础体积	例题 1 计算 按设计图示尺寸以体积计算。扣除地梁(圈梁)、构造柱所占体积 基础长度:外墙按中心线,内墙按净长线计算 基础高度:以设计室内地面为界(1.5－0.1＝1.4m) ①基础毛体积＝断面积×长 $=\underbrace{(1.4\times0.24+0.0473)}_{\text{断面积}}\times[\underbrace{26.4}_{\text{外长}}+\underbrace{(6.00-0.12\times2)}_{\text{内长}}]$ $=0.383\times32.16=12.32(\mathrm{m}^3)$ ②扣除体积(地圈梁体积,构造柱体积) 地圈梁体积＝断面积×长(长＝构造柱之间净长) $=\underbrace{(0.24\times0.24)}_{\text{面}}\times[\underbrace{(6.00-0.12\times2)\times2+(3.60-0.12\times2)\times4}_{\text{外长}}+\underbrace{(6.00-0.12\times2)}_{\text{内长}}]$ $=0.0576\times(24.96+5.76)=1.77(\mathrm{m}^3)$ 构造柱所占体积＝柱身体积＋马搓口体积 $=0.24\times0.24\times h+0.06\times0.24\times h/2\times n$ $=0.24\times0.24\times1.4\times6$(柱数)$+0.06\times0.24\times1.4/2\times14$ $=0.484+0.141=0.625(\mathrm{m}^3)$ 其中 h:柱高(1.4),n:马搓口与墙接触面数(14) ③砖基础体积＝毛体积－扣除体积 $=12.32-(1.77+0.625)=9.93(\mathrm{m}^3)$

续表

题目	解题
例题 2 根据下面的平面图及剖面图，算出砖墙体积 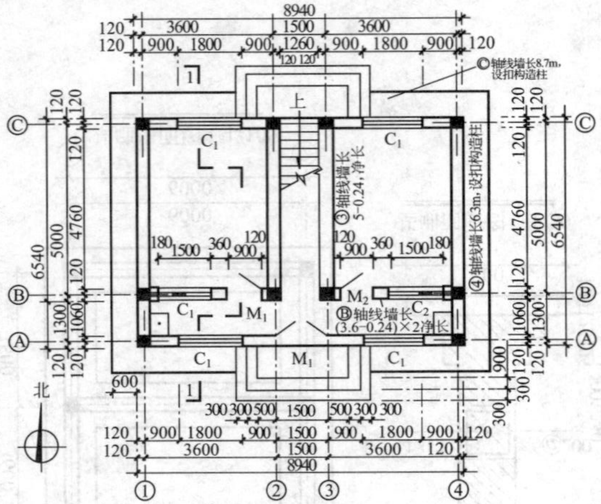 底层平面图1:100 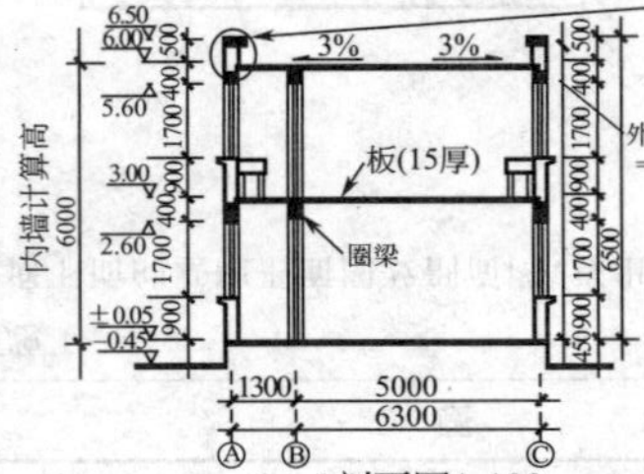 1—1剖面图1:100 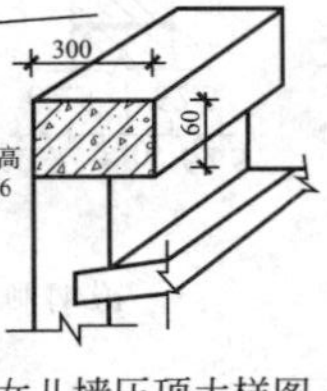 女儿墙压顶大样图	例题 2 计算 按设计图示尺寸以体积计算。扣除门窗洞口、嵌入墙内的钢筋混凝土柱、圈梁所占体积。不扣除外墙板头、木砖、门窗走头、砖墙内加固钢筋、铁件、钢管所占体积 墙长度：外墙按中心线，内墙按净长计算。墙高度：平屋面算至钢筋混凝土板底，女儿墙从屋面板上表面算至女儿墙顶面（如有混凝土压顶时算至压顶下表面）
	外墙体积 ①外墙毛面积＝外墙高×外墙长（长取外墙中心线长度） $=\underbrace{(6.5-0.06)}_{高}\times\underbrace{[(8.7-0.24\times3)+(8.7-0.24)+(6.3-0.24\times2)\times2]}_{长(扣除构造柱的宽 0.24)}$ ＝6.44×28.08＝180.84(m^2) 其中 0.06 是混凝土压顶高 ②扣除面积：门＝1.5×2.6＝3.9(m^2)；窗＝1.8×1.7×8＋1.5×1.7＝27.03(m^2)；花格窗及楼梯门洞＝1.26×2.6×2＝6.55(m^2)；圈、过梁＝梁高×外墙长 ＝0.25×27.12×2＝13.56(m^2) ③外墙净面积＝毛面积－扣除面积（门、窗、花格窗及楼梯门洞、圈、过梁） ＝180.84－(3.9＋27.03＋6.55＋13.56)＝129.80(m^2) ④外墙体积＝外墙净面积×墙厚＝129.80×0.24＝31.15(m^3)
	内墙体积 ①内墙毛面积＝长×高 $=\underbrace{[(3.6-0.12\times2)\times2+(5.0-0.12\times2)\times2]}_{长}\times\underbrace{6}_{高}=16.24\times6=97.44(m^2)$ ②扣除面积：门＝0.9×2.6×4＝9.36(m^2) 窗＝1.5×1.7×4＝10.2(m^2) 板头＝0.15×16.24×2＝4.87(m^2) 圈、过梁面积＝梁高×长×2 层（梁长取其下的墙长）＝0.25×16.24×2＝8.12(m^2) ③内墙净面积＝毛面积－扣除面积＝97.44－(9.36＋10.2＋4.87＋8.127)＝64.89(m^2) ④内墙体积＝净面积×墙厚＝64.89×0.24＝15.57(m^3)

12.4 混凝土及钢筋混凝土工程

12.4.1 现浇混凝土基础

表 12-9 现浇混凝土基础工程量计算规则公式与解释表

规范项目名称	规范工程量计算规则	图形	计算公式	文字解释
带形基础	按设计图示尺寸以体积计算。不扣除构件内钢筋、预埋铁件和伸入承台基础的桩头所占体积	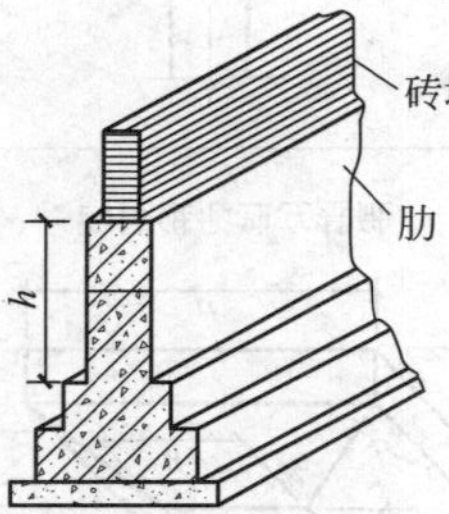 砖墙 肋 h 有肋带形基	体积＝断面积×长	①带形基础定义：从基础结构而言，凡墙下的长条形基础，或柱和柱间距离较近而连接起来的条形基础，都称为带形基础。但预算中的带形基础，是指需要支立模板的混凝土条形基础，才按带形基础项目套用。对于未使用模板而就槽形浇注的条形混凝土基础，则按混凝土垫层执行 ②条形基础与带形基础区别：条形基础是砖砌的，而带形基础是钢筋混凝土现浇的。在清单计价规则里，条形基础就是砖基础（项目编码：010301001），带形基础在清单计价规则里项目编码是 010401001 ③基础长度：外墙基础按中心线，内墙基础按净长线计算 ④带形基础分有肋带形基础与无肋带形基础，应分别编码（例项） ⑤肋高大于 5 倍肋厚时，肋应按墙计算
		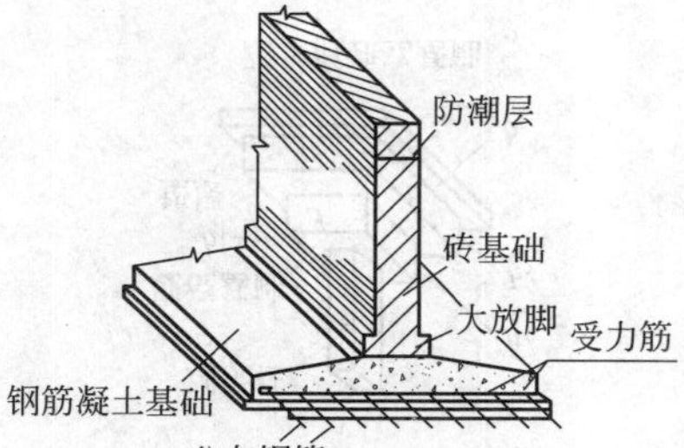 防潮层 砖基础 大放脚 受力筋 钢筋混凝土基础 分布钢筋 无肋带形基础	体积＝断面积×长	

续表

规范项目名称	规范工程量计算规则	图形	计算公式	文字解释
独立基础	按设计图示尺寸以体积计算。不扣除构件内钢筋、预埋铁件和伸入承台基础的桩头所占体积	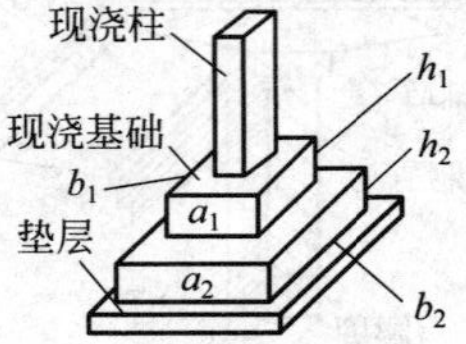 踏步形独立基础 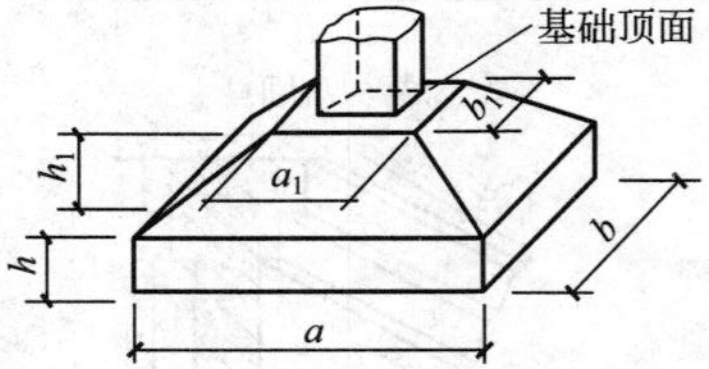 四棱锥形独立基础 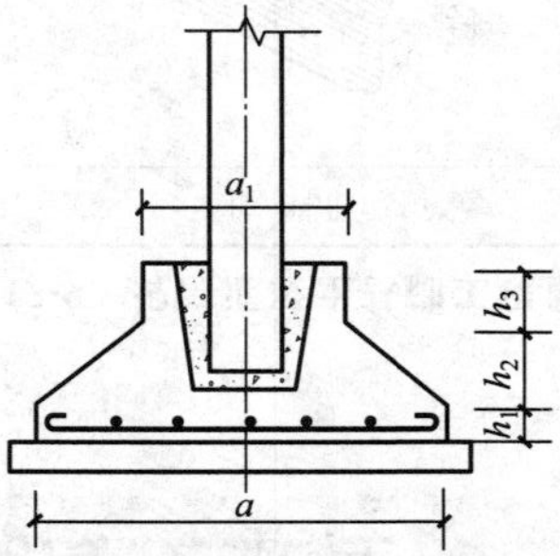 杯形独立基础	把基础分成类似形体，按类似形体体积公式计算	①独立基础定义：建筑物上部结构采用框架结构或单层排架结构承重时，基础常采用方行、圆柱形和多边形等形式的独立式基础，这类基础称为独立式基础，也称单独基础 ②独立基础分踏步形、四棱锥形、杯形等 ③杯形独立基础预留装配柱的孔洞，计算体积时应扣除

续表

规范项目名称	规范工程量计算规则	图　　形	计算公式	文　字　解　释
满堂基础	按设计图示尺寸以体积计算。不扣除构件内钢筋、预埋铁件和伸入承台基础的桩头所占体积	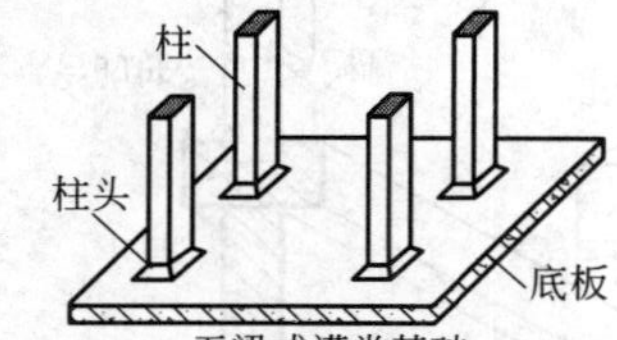 柱 柱头 底板 无梁式满堂基础	体积＝板面积×板厚	①满堂基础定义：用板梁墙柱组合浇筑而成的基础，称为满堂基础 ②满堂基础有板式（也叫无梁式）满堂基础、梁板式（也叫片筏式）满堂基础和箱形基础三种形式 ③板式满堂基础的板，梁板式满堂基础的梁和板等套用规范项目满堂基础，而其上的墙、柱则套用相应的墙柱项目 ④无梁式满堂基础工程量为基础底板的实际体积，当柱有扩大部分时，扩大部分并入基础工程量中计算 ⑤有梁式满堂基础其梁与板应分别编码例项 ⑥箱式满堂基础其柱、梁、墙、板应分别编码例项。箱形基础的底板套用满堂基础项目，隔板和顶板则套用相应的墙、板项目
		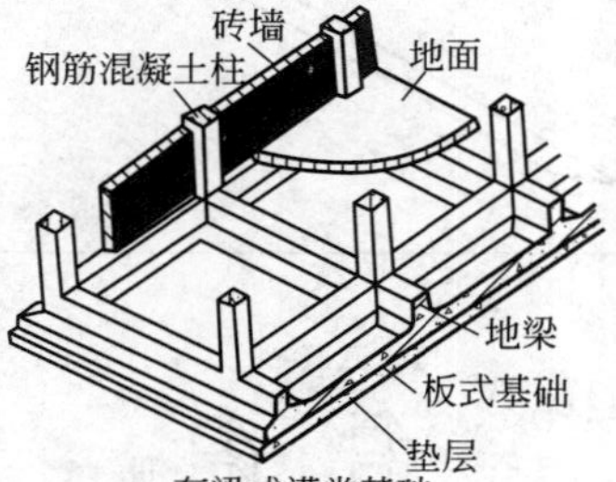 砖墙 钢筋混凝土柱 地面 地梁 板式基础 垫层 有梁式满堂基础	板体积＝板面积×板厚 梁体积＝断面积×长	
		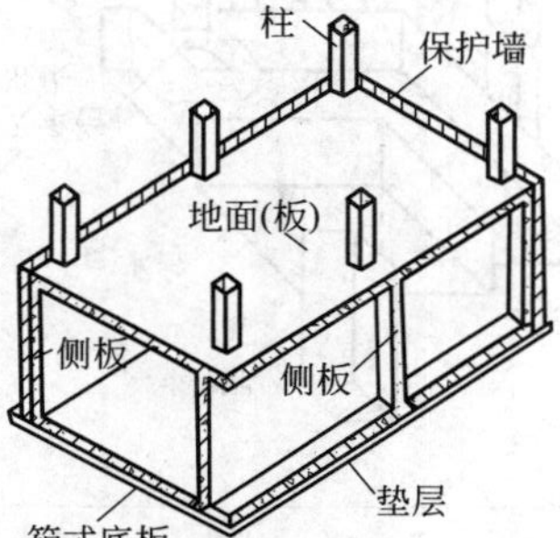 柱 保护墙 地面(板) 侧板 侧板 垫层 箱式底板 箱式满堂基础	柱体积＝柱断面积×高 墙体积＝墙板面积×墙板厚 梁体积＝梁断面积×长 板体积＝板面积×板厚	

续表

规范项目名称	规范工程量计算规则	图形	计算公式	文字解释
桩承台基础	按设计图示尺寸以体积计算。不扣除构件内钢筋、预埋铁件和伸入承台基础的桩头所占体积	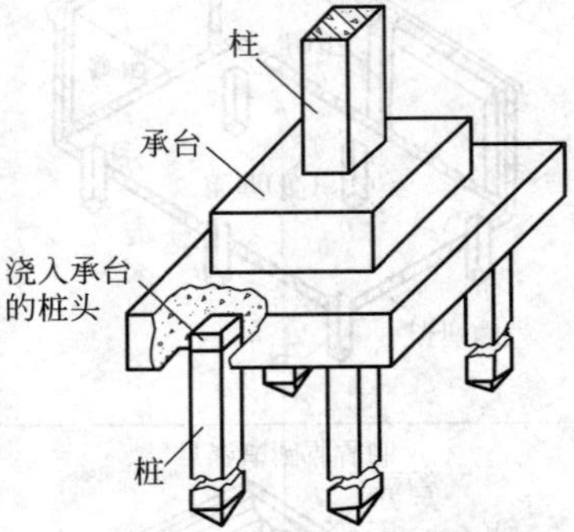 独立承台	分成数个长方体计算体积	①桩承台定义：建筑物采用桩基础时，在桩基础上将桩顶用钢筋混凝土平台或者平板连成整体基础，以承受其上荷载的结构。桩承台基础是由桩和连接桩顶的桩承台（简称承台）组成的深基础，简称桩基。桩基有承载力高、沉降量小而较均匀的特点 ②桩承台分独立承台与带形承台
		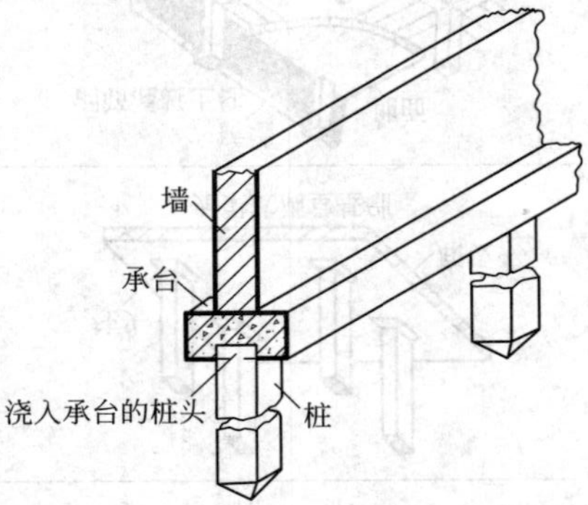 带形承台	按长方体体积计算	

12.4.2 现浇混凝土柱

表 12-10 现浇混凝土柱工程量计算规则公式与解释表

规范项目名称	规范工程量计算规则	图形	计算公式	文字解释
矩形柱	按设计图示尺寸以体积计算。不扣除构件内钢筋、预埋铁件所占体积。 ①柱高 a. 有梁板的柱高，应自柱基上表面（或楼板上表面）至上一层楼板上表面之间的高度计算 b. 无梁板的柱高，应自柱基上表面（或楼板上表面）至柱帽下表面之间的高度计算 c. 框架柱的柱高，应自柱基上表面至柱顶高度计算 d. 构造柱按全高计算，嵌接墙体部分并入柱身体积 ②依附柱上的牛腿，并入柱身体积计算	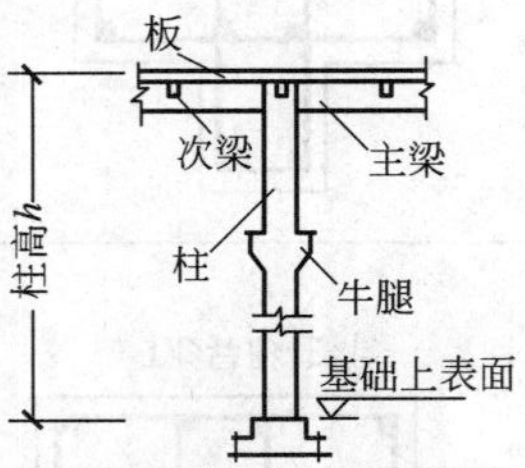 板、次梁、主梁、柱、牛腿、基础上表面、柱高h 有梁板的柱高计算示意图	柱体积＝柱断面积×高	混凝土墙中的暗柱、暗梁，并入相应墙体积内，不单独计算
		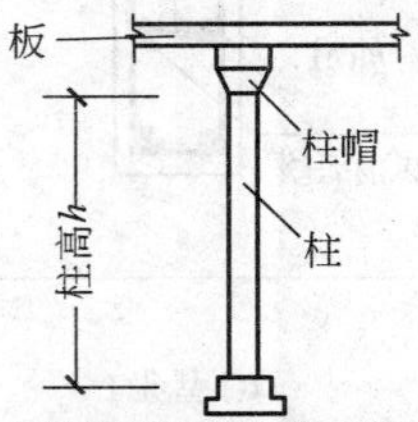 板、柱帽、柱、柱高h 无梁板的柱高计算示意图	柱体积＝柱断面积×高 柱帽体积并入板内	
		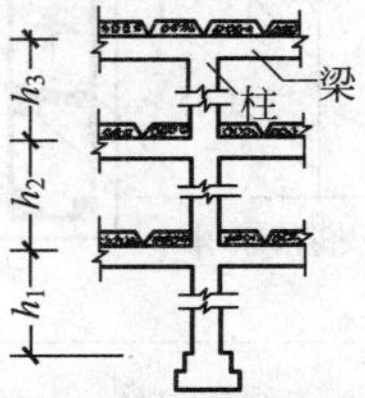 梁、柱、h_1、h_2、h_3 框架柱的柱高计算示意图	柱体积＝柱断面积×高	

续表

规范项目名称	规范工程量计算规则	图形	计算公式	文字解释
异形柱	按设计图示尺寸以体积计算。不扣除构件内钢筋、预埋铁件所占体积。 ①柱高 a. 有梁板的柱高，应自柱基上表面（或楼板上表面）至上一层楼板上表面之间的高度计算 b. 无梁板的柱高，应自柱基上表面（或楼板上表面）至柱帽下表面之间的高度计算 c. 框架柱的柱高，应自柱基上表面至柱顶高度计算 d. 构造柱按全高计算，嵌接墙体部分并入柱身体积 ②依附柱上的牛腿，并入柱身体积计算	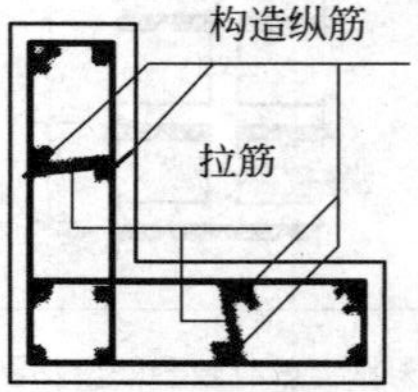 构造纵筋 拉筋 L形异形柱 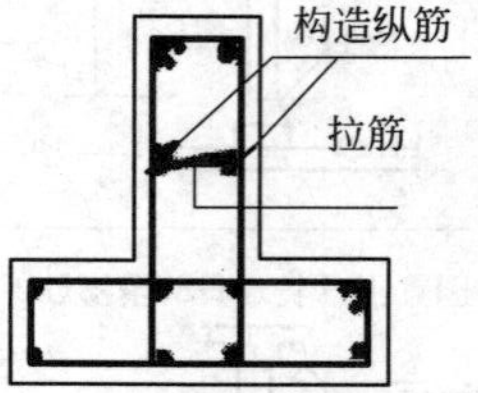 构造纵筋 拉筋 T形异形柱 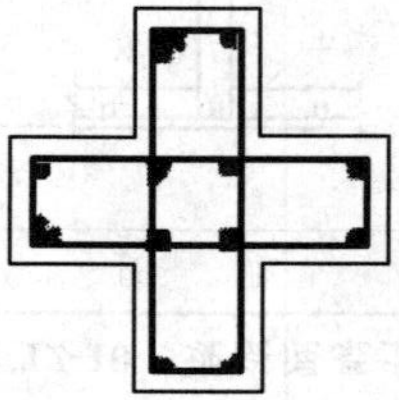 十字形异形柱	将柱分成若干长方形体计算，长度按矩形柱的长确定	异形柱的定义：截面几何形状为L形、T形和十字形，且截面各肢的肢高肢厚比不大于4的柱。异形柱是异形截面柱的简称。这里所谓“异形截面”，是指柱截面的几何形状与矩形截面相异而言

续表

规范项目名称	规范工程量计算规则	图形	计算公式	文字解释
构造柱	按设计图示尺寸以体积计算。构造柱按全高计算，嵌接墙体部分并入柱身体积	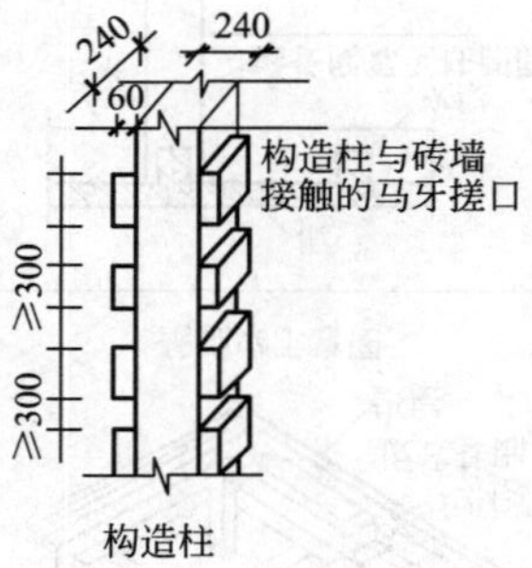 240 60 240 ≥300 ≥300 构造柱与砖墙接触的马牙搓口 构造柱	柱体积＝柱身体积＋嵌接墙体部分体积＝柱断面积×高＋马牙槎宽（0.06）×柱宽×柱高/2	①构造柱的定义：为提高多层建筑砌体结构的抗震性能，规范要求应在房屋的砌体内适宜部位设置钢筋混凝土柱并与圈梁连接，共同加强建筑物的稳定性。这种钢筋混凝土柱称为构造柱 ②马牙槎：与构造柱连接处的墙应砌成马牙槎，每一个马牙槎沿高度方向的尺寸不应超过300mm或5皮砖高，马牙槎从每层柱脚开始，应先退后进，进退相差1/4砖 ③例题：某1砖墙内构造柱（0.24m×0.24m），与墙体嵌接是两个柱面（如图形栏里的图），高是8m，算出构造柱体积。 计算： 柱体积＝柱身体积＋嵌接墙体部分体积 $=0.24\times0.24\times8+0.06\times0.24\times8/2\times2=0.576(m^2)$

12.4.3 现浇混凝土梁

表 12-11 现浇混凝土梁工程量计算规则公式与解释表

规范项目名称	规范工程量计算规则	图形	计算公式	文字解释
基础梁	按设计图示尺寸以体积计算。不扣除构件内钢筋、预埋铁件所占体积，伸入墙内的梁头、梁垫并入梁体积内 梁长： ①梁与柱连接时，梁长算至柱侧面 ②主梁与次梁连接时，次梁长算至主梁侧面	砖墙 钢筋混凝土柱 地面 地梁 板式基础 垫层 基础梁示意图	梁体积＝梁断面积×长	①基础梁是基础上的梁。基础梁一般用于框架结构、框架剪力墙结构，框架柱落于基础梁上或基础梁交叉点上，其作用是作为上部建筑的基础，将上部荷载传递到地基上 ②基础梁和地圈梁区别：基础梁作为基础，起到承重和抗弯功能，一般基础梁的截面较大。地圈梁一般用于砖混、砌体结构中，不起承重作用，对砌体有约束作用，有利于抗震。是设在正负零以下承重墙中，按构造要求设置连续闭合的梁，一般用在条形砖基础中 ③伸入墙内的梁头和现浇垫块，其体积并入梁的体积 ④梁高： a. 矩形梁高为梁底至梁顶的距离。 b. 梁与板连接时，内墙梁高算至板底面，外墙梁高算至板顶面。 ⑤基础与基础梁如何进行划分：从预算定额角度说，两者的差别只在模板支护综合量上。钢筋混凝土没有大区别。所以到底应该套哪个定额，就看现场模板与支护的型式，更接近于哪种定额 ⑥异形梁定义：梁按截面分为矩形和异形，一般来说，非矩形的都可归到异形梁，包括花篮梁、十字形梁、T形梁、L形梁
矩形梁		板 主梁 次梁 柱 主梁长度算至柱侧面 板 次梁 柱梁 次梁长度 主次梁计算长度示意图		
异形梁		略		

续表

规范项目名称	规范工程量计算规则	图　　形	计算公式	文　字　解　释
圈梁		构造柱与圈梁的连结		①圈梁定义：砌体结构房屋中，砌体内沿水平方向设置封闭的钢筋混凝土梁，在墙体上部，紧挨楼板的钢筋混凝土梁叫上圈梁。在房屋的基础上部的连续的钢筋混凝土梁叫基础圈梁。圈梁用以提高房屋空间刚度、增加建筑物的整体性、提高砖石砌体的抗剪、抗拉强度，防止由于地基不均匀沉降、地震或其他较大振动荷载对房屋的破坏 ②圈梁、过梁应分别计算，过梁长度按图示尺寸，图纸无明确表示时，按门窗洞口外围宽度共加 500mm 计算 ③现浇挑梁，悬挑部分按单梁计算；嵌入墙身部分按圈梁计算 ④圈、过梁高：梁与板连接时，内墙梁高算至板底面，外墙梁高算至板顶面 ⑤过梁，圈梁和矩形梁他们之间的区别：过梁，主要布置在门、窗等墙体上洞口的上方，用于承担洞口上方墙体的重量；圈梁，主要布置在每层墙体的顶部（上一层楼板的下部），用于抗震（类似于以前木桶的桶箍）；矩形梁，只要梁截面是矩形的都可以称为矩形梁 ⑥基础梁和地圈梁区别：地圈梁通常指的是沿建筑物外墙下面设置的，而基础梁一般指的是中间部分的地梁等 基础梁也可叫地梁或地基梁，指基础上的梁。基础梁一般用于框架结构、框架剪力墙结构，框架柱落于基础梁上或基础梁交叉点上，其主要作用是作为上部建筑的基础，将上部荷载传递到地基土上，基础梁作为基础，起到承重和抗弯功能。 地圈梁是设在正负零以下承重墙中，按构造要求设置连续闭合的梁，一般是用在条形基础上面。地圈梁的作用主要是调节可能发生的不均匀沉降，加强基础的整体性，对砌体有约束作用，有利于抗震。也使地基反力更均匀点，同时还具有圈梁的作用和防水防潮的作用，地圈梁不起承重作用
挑梁	按设计图示尺寸以体积计算。不扣除构件内钢筋、预埋铁件所占体积，伸入墙内的梁头、梁垫并入梁体积内 梁长：梁与柱连接时，梁长算至柱侧面	挑梁与圈梁连接示意图	梁体积＝梁断面积×长	
过梁		过梁长度计算示意图		

12.4.4 现浇混凝土板

表 12-12 现浇混凝土板工程量计算规则公式与解释表

规范项目名称	规范工程量计算规则	图形	计算公式	文字解释
有梁板	按设计图示尺寸以体积计算： ①不扣除构件内钢筋、预埋铁件及单个面积 0.3m^2 以内的孔洞所占体积。有梁板(包括主、次梁与板)按梁、板体积之和计算，无梁板按板和柱帽体积之和计算 ②各类板伸入墙内的板头并入板体积内计算 ③板与圈、过梁连接时，外墙算至梁内侧；内墙按板计算，圈、过梁算至板下 ④薄壳板的肋、基梁并入薄壳体积内计算	板 h H 梁 有梁板	有梁板＝板体积＋梁体积 板体积＝板面积×板厚 梁体积＝梁断面积×长	①有梁板定义：有梁板是指由梁和板连成一体的钢筋混凝土板 ②有梁板、无梁板、平板的区别： 有梁板的特征是，砖混结构中的板，梁下无墙，一般都按有梁板算。施工时梁下模板支撑体系与板是一体的。拆模的时候，一齐拆除 框架梁应该按框架梁计算，板按平板计算 无梁板的特征是，板下无梁，板是直接将荷载传给柱的 平板的特征是，如果是砖墙上平板，直接浇注在墙上或与圈梁浇注一起 ③各类板伸入墙内的板头并入板体积内计算，与圈、过梁连接时，外墙算至梁内侧；内墙按板计算，圈、过梁算至板下 ④预制板补缝宽度在 60mm 以上时，按现浇平板计算
无梁板		略		
平板		略		

续表

规范项目名称	规范工程量计算规则	图形	计算公式	文字解释
雨篷、阳台板	按设计图示尺寸以墙外部分体积计算	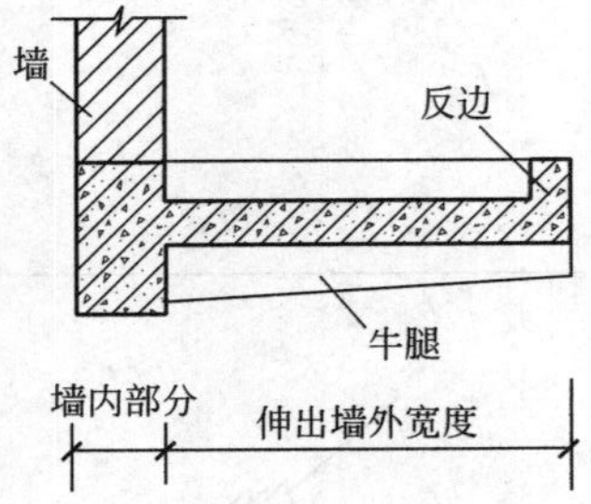 墙 反边 牛腿 墙内部分 伸出墙外宽度 雨篷示意图	板体积＝板面积×板厚	①现浇雨篷、阳台板与板(包括屋面板、楼板)连接时,以外墙为分界线,与圈梁(包括其他梁)连接时,以梁外边线为分界线。墙边线以外或梁外边线以外为雨篷、阳台板 ②包括伸出墙外的牛腿和雨篷反挑檐的体积 ③现浇雨篷、阳台如伸出墙外 1.5m 以上时,梁与板应分别例项计算 ④阳台周围弯起的栏板,套栏板项目 ⑤雨篷反挑檐高度超过 6cm 时,套栏板项目 ⑥遮阳板如伸出墙外 1.5m 以上时,梁与板应分别例项计算
天沟、挑檐板	按设计图示尺寸以体积计算	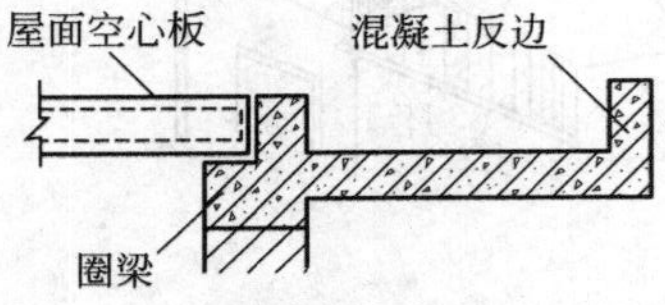 屋面空心板 混凝土反边 圈梁 挑檐示意图	板体积＝板面积×板厚	⑦天沟定义:天沟是用来排水的。天沟分内天沟和外天沟,内天沟是指在外墙以内的天沟,一般有女儿墙;外天沟是挑出外墙的天沟,一般没女儿墙 ⑧现浇挑檐天沟与板(包括屋面板、楼板)连接时,以外墙为分界线,与圈梁(包括其他梁)连接时,以梁外边线为分界线。墙边线以外或梁外边线以外为挑檐天沟

12.4.5 现浇混凝土楼梯

表 12-13 现浇混凝土楼梯工程量计算规则公式与解释表

规范项目名称	规范工程量计算规则	图 形	计算公式	文 字 解 释
直形楼梯	①按设计图示尺寸以水平投影面积计算，以平方米计量 ②以立方米计量，按设计图示尺寸以体积计算	扶手 栏杆 梯段 休息平台 楼层平台 平台梁	每层楼梯水平投影面积$=l\times b-$宽度大于500mm的楼梯井面积 式中： l——休息平台内墙面至楼梯与楼板相连接梁的外皮尺寸； b——楼梯间净宽	①楼梯包括休息平台、平台梁、斜梁及楼梯的连接梁，按水平投影面积计算，不扣除宽度小于500mm的楼梯井，伸入墙内部分不另增加。楼梯与楼板连接时，楼梯算至楼梯梁外侧面 ②一层楼梯只能计算一个休息平台。圆形楼梯按悬挑楼梯间水平投影面积计算(不包括中心柱) ③楼梯平台应该计算在板的工程量里面 ④楼梯基础、室外楼梯的柱以及与地坪相连接的混凝土踏步等，应套用相应项目另行计算。整体螺旋楼梯、柱式螺旋楼梯，按每一旋转层的水平投影面积计算，楼梯与走道板分界以楼梯梁外边缘为界，该楼梯梁包括在楼梯水平投影面积内
弧形楼梯		略	每层楼梯水平投影面积$=r\times r\times 3.14-$楼梯井面积 式中： r——弧形楼梯的外半径	

12.4.6 现浇混凝土其他构件

表 12-14 现浇混凝土其他构件工程量计算规则公式与解释表

规范项目名称	规范工程量计算规则	图形	计算公式	文字解释
其他构件	①按水平投影面积计算 ②按设计图示尺寸以体积计算	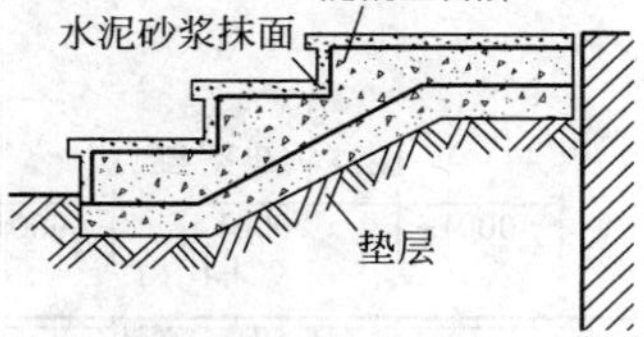 混凝土台阶 水泥砂浆抹面 垫层 台阶示意图	水平投影面积＝台阶长×台阶宽	①现浇混凝土小型池槽、压顶、扶手、垫块、台阶、门框等应按其他构件编码例项 ②其中扶手、压顶按延长米计算。按中心线确定长度 ③台阶桉水平投影面积计算。若台阶与地坪或平台连接时，其分界线以最上层踏步外边缘加 30mm 计算，台阶梯带或花台另行编码例项
坡道	按水平投影面积计算	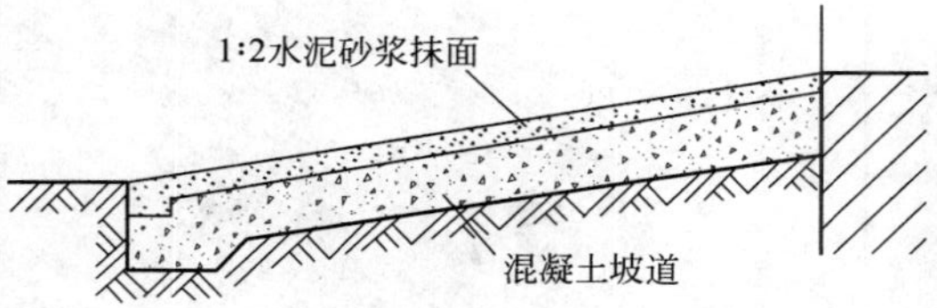 1:2水泥砂浆抹面 混凝土坡道 坡道示意图	水平投影面积＝坡道长×坡道宽	

12.4.7 后浇带

表 12-15 后浇带工程量计算规则公式与解释表

规范项目名称	规范工程量计算规则	图形	计算公式	文字解释
后浇带	按设计图示尺寸以体积计算	钢箍筋加密至100；梁；后浇带(C35混凝土)；上下各2Φ20，L=3000；1000 1000 1000；后浇带示意图	体积＝断面积×长	①后浇带定义：在楼板、基础底板、墙、梁相应位置留设临时施工缝，将结构划分为若干部分，经过构件内部收缩，之后再浇捣该施工缝混凝土，将结构连成整体。后浇带可用浇筑水泥或水泥中掺微量铝粉的混凝土，其强度等级应比构件强度高一级，防止新老混凝土之间出现裂缝，造成薄弱部位。后浇带按照设计或施工规范要求设置的 后浇带，也称施工后浇带。有三种：后浇沉降带、后浇收缩带、后浇温度带。分别用于解决高层主体与低层裙房的差异沉降，解决钢筋混凝土收缩变形，解决混凝土温度应力 ②后浇带共有四种形式：平直缝、阶梯缝、凸形缝和凹形缝。设计无明确要求时，采用形式应视具体情况而定。地下室外墙一般采用平直缝，并安装钢板止水带。地下室底板中后浇带内的施工缝应设置在底板厚度的中间，形状为"U"字形 ③后浇带宽度一般为700～1000mm，间距为20～30m，贯通整个结构的横截面，将结构划分为几个独立区段，但不一定直线通过一个开间，以避免钢筋100%有搭接接头。后浇带板墙的钢筋搭接长度为45d，梁的主筋可不断开，使其保持一定联系。后浇带的部位设置，应考虑有效降低温差和收缩应力的条件下，通过计算来决定其留置部位和距离

12.4.8 混凝土及钢筋混凝土工程实例解释

表 12-16 混凝土及钢筋混凝土工程例题解释表

题 目	解 题
例题： 某楼盖是板与圈梁现浇而成，其具体尺寸见下图，计算出楼板与圈梁的工程量 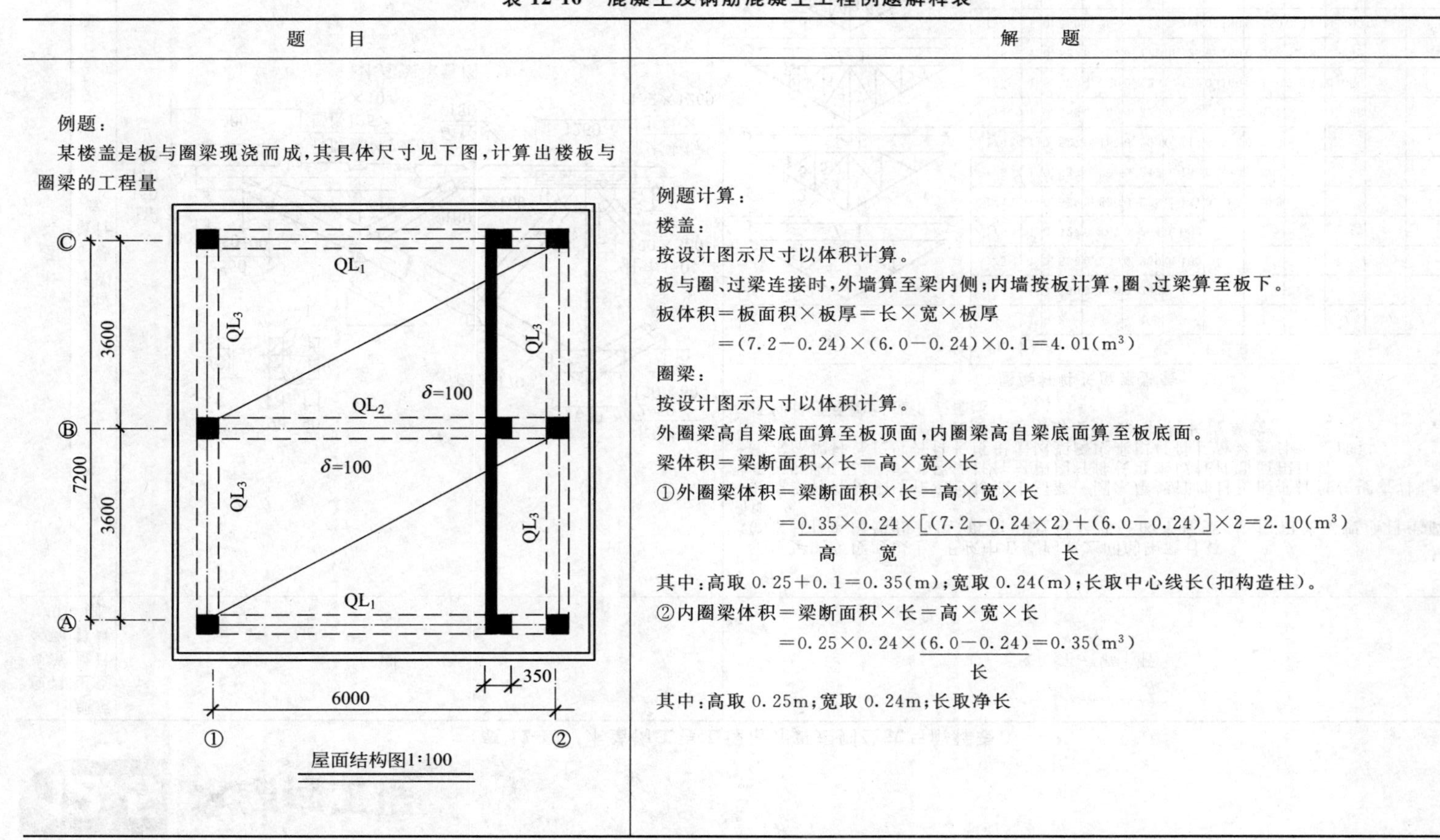 屋面结构图1:100	例题计算： 楼盖： 按设计图示尺寸以体积计算。 板与圈、过梁连接时，外墙算至梁内侧；内墙按板计算，圈、过梁算至板下。 板体积＝板面积×板厚＝长×宽×板厚 $=(7.2-0.24)\times(6.0-0.24)\times0.1=4.01(m^3)$ 圈梁： 按设计图示尺寸以体积计算。 外圈梁高自梁底面算至板顶面，内圈梁高自梁底面算至板底面。 梁体积＝梁断面积×长＝高×宽×长 ①外圈梁体积＝梁断面积×长＝高×宽×长 $=\underbrace{0.35}_{高}\times\underbrace{0.24}_{宽}\times\underbrace{[(7.2-0.24\times2)+(6.0-0.24)]}_{长}\times2=2.10(m^3)$ 其中：高取 0.25＋0.1＝0.35(m)；宽取 0.24(m)；长取中心线长(扣构造柱)。 ②内圈梁体积＝梁断面积×长＝高×宽×长 $=0.25\times0.24\times\underbrace{(6.0-0.24)}_{长}=0.35(m^3)$ 其中：高取 0.25m；宽取 0.24m；长取净长

12.5 木结构工程

表 12-17 木结构工程工程量计算规则公式与解释表

项目规范名称	规范工程量计算规则	图形	文字解释
木屋架	按设计图示数量计算	木屋架示意图	①屋架的跨度应以上、下弦中心线两点之间的距离计算 ②带气楼的屋架和马尾、折角以及正交部分的半屋架，应按相关屋架项目编码例项 ③屋架杆件材积应在项目特征中写清。圆木屋架杆件材积根据杆件长度查“圆木村积表”即可求得；方木屋架杆件材积用杆件长度乘以杆件断面积计算 ④木屋架杆件长度杆件长度根据屋架跨度乘以杆件长度系数计算。即： 杆件长度＝屋架跨度(L)×杆件长度系数 杆件长度系数可按下表确定

屋架杆件长度系数表

形式	高跨比	杆件编号 1	2	3	4	5	6	7	8	9	10	11
~1	1/4	1	0.559	0.250	0.280	0.125						
	1/5	1	0.539	0.200	0.269	0.100						
	1/6	1	0.527	0.167	0.264	0.083						
~2	1/4	1	0.559	0.250	0.236	0.167	0.186	0.083				
	1/5	1	0.539	0.200	0.213	0.133	0.180	0.067				
	1/6	1	0.527	0.167	0.200	0.111	0.176	0.056				
~3	1/4	1	0.559	0.250	0.225	0.188	0.177	0.125	0.140	0.063		
	1/5	1	0.539	0.200	0.195	0.150	0.160	0.100	0.135	0.050		
	1/6	1	0.527	0.167	0.177	0.125	0.150	0.083	0.132	0.042		
~4	1/4	1	0.559	0.250	0.224	0.200	0.180	0.150	0.141	0.100	0.112	0.050
	1/5	1	0.539	0.200	0.189	0.160	0.156	0.120	0.128	0.080	0.108	0.040
	1/6	1	0.527	0.167	0.167	0.133	0.141	0.100	0.120	0.067	0.105	0.033

续表

项目规范名称	规范工程量计算规则	图形	文字解释
其他木结构	按设计图示数量计算	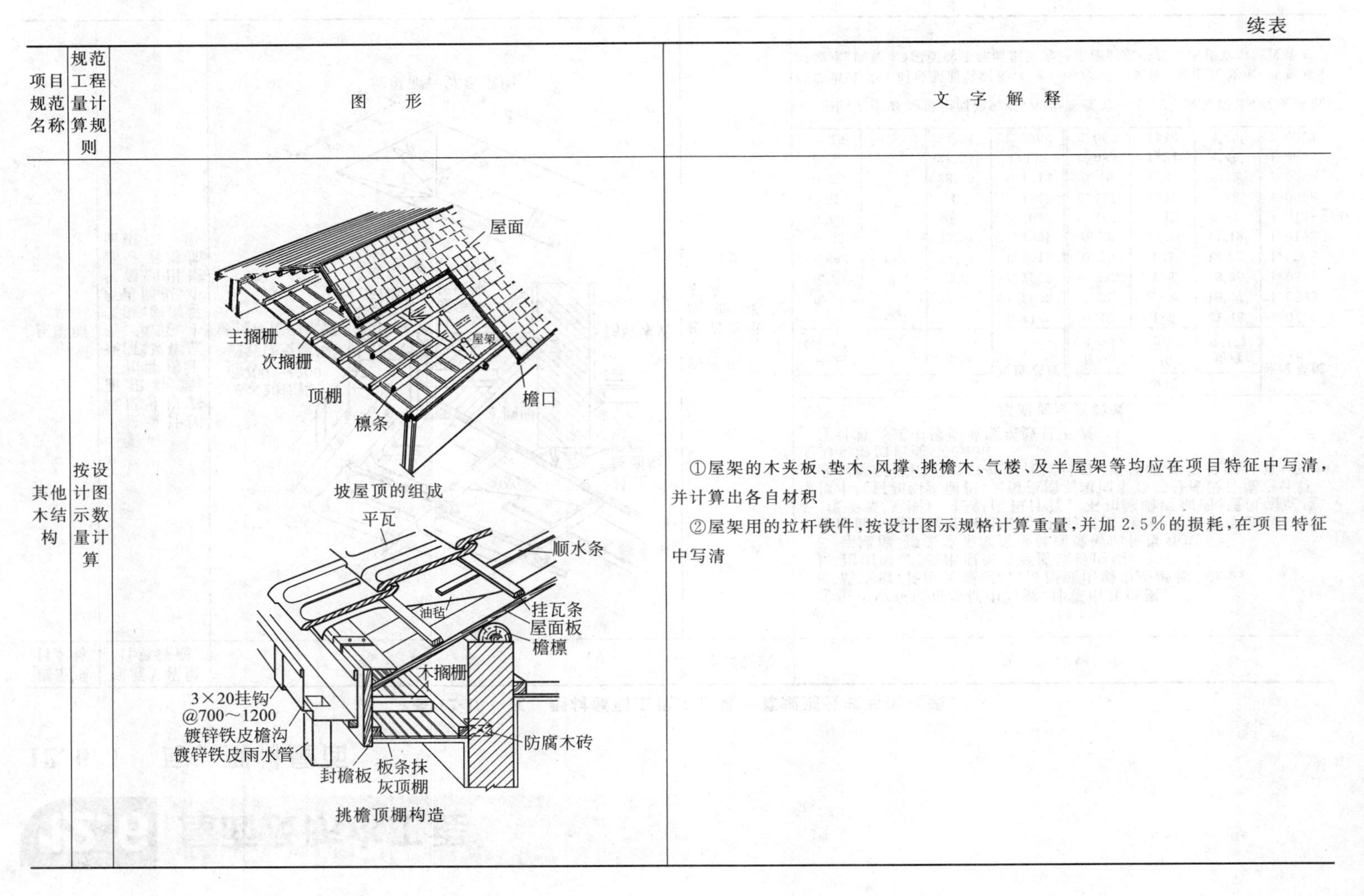坡屋顶的组成挑檐顶棚构造	①屋架的木夹板、垫木、风撑、挑檐木、气楼、及半屋架等均应在项目特征中写清，并计算出各自材积 ②屋架用的拉杆铁件，按设计图示规格计算重量，并加 2.5％的损耗，在项目特征中写清

12.6 屋面及防水工程

12.6.1 瓦、型材屋面

表 12-18 瓦、型材屋面工程工程量计算规则公式与解释表

规范项目名称	规范工程量计算规则	图形	计算公式	文字解释
瓦屋面	按设计图示尺寸以斜面积计算。不扣除房上烟囱、风帽底座、风道、小气窗、斜沟等所占面积，小气窗的出檐部分不增加面积	平瓦 顺水条 油毡 挂瓦条 屋面板 檐檩 木搁栅 3×20挂钩 @700～1200 镀锌铁皮檐沟 镀锌铁皮雨水管 防腐木砖 封檐板 板条抹灰顶棚 挑檐顶棚构造 B C C θ θ A A A 坡屋面计算示意图	斜面积＝屋盖水平投影面积×屋面坡度系数	①檩木应在项目特征中写清，计算出其材积： a. 简支檩，长度无规定时，按屋或山墙中距增加 20cm； b. 出山檩，两头出檩条算至博风板内侧； c. 连续檩，接头总长度按全部连续檩的长度外加 5% ②屋面木基层是指瓦水层以下的层次，其组成由木屋面板、挂瓦条、椽子等(见图)。按斜面积计算。不扣除附墙烟囱、通风帽底座、屋顶小气窗和斜沟面积，天窗挑檐与屋面重叠部分按设计规定计算 ③封檐板按图示檐口外围长度计算，博风板按斜长度计算，每个大刀头增加长度 500mm ④计算公式中屋面坡度系数见下表：

屋面坡度系数表

坡度			坡度系数 C	坡度			坡度系数 C
B/m (A=1)	$\frac{B}{2A}$	角度 θ/(°)		B/m (A=1)	$\frac{B}{2A}$	角度 θ/(°)	
1	1/2	45°	1.4142	0.40	1/5	21°48′	1.0770
0.75		36°52′	1.2500	0.35		19°47′	1.0595
0.70		35°	1.2207	0.333	1/6	18°26′	1.0541
0.666	1/3	33°41′	1.2015	0.25	1/8	14°02′	1.0308
0.65		33°01′	1.1927	0.20	1/10	11°19′	1.0198
0.60		30°58′	1.1662	0.167	1/12	9°27′	1.0138
0.577		30°	1.1545	0.125	1/16	7°28′	1.0078
0.55		28°49′	1.1413	0.10	1/20	5°42′	1.0050
0.50	1/4	26°34′	1.118	0.083	1/24	4°45′	1.0034
0.45		24°14′	1.0966	0.066	1/30	3°49′	1.0022

注：表中 B 为坡屋面的矢高，A 为跨度的一半，$\frac{B}{2A}$ 为矢跨比，坡度系数 C 即当 A 为 1 时坡屋面的斜长，$C=(\cos\theta)^{-1}$。见图，无论几坡水(两坡水、三坡水、四坡水)屋面的实际面积均为该屋面的水平投影面积乘以坡度系数

12.6.2 屋面防水

表 12-19 屋面防水工程工程量计算规则公式与解释表

规范项目名称	规范工程量计算规则	图形	计算公式	文字解释
屋面卷材防水或涂膜防水	按设计图示尺寸以面积计算 ①斜屋顶(不包括平屋顶找坡)按斜面积计算,平屋顶按水平投影面积计算 ②不扣除房上烟囱、风帽底座、风道、小气窗、斜沟等所占面积	 屋面卷材防水示意图	防水材料面积＝屋顶面积＋弯起面积	①屋面女儿墙、伸缩缝和天窗等处的弯起部分,并入屋面工程量内。如图纸无规定时,伸缩缝、女儿墙的弯起高度按250mm计算,天窗弯起高度按500mm计算,并入屋面工程量内 ②卷材屋面的附加层、接缝、收头等不另计算,但应写清 ③找平层的嵌缝、冷底子油、基底处理剂均应写清
屋面刚性防水		 刚性屋面防水示意图	防水材料面积＝屋顶面积	①刚性防水屋面一般是指以细石混凝土及冷拉钢筋为主体材料,依靠混凝土的密实性和憎水性,并配合一定的构造措施来达到防水作用的屋面细石混凝土刚性防水适用于无保温层的装配式整体浇筑的刚性混凝土屋面,且屋面结构刚度较大,地质条件较好的建筑;它不适用于高温车间,设有振动设备的厂房和设置保温层的屋面 ②泛水和刚性屋面变形缝弯起部分及分舱缝的加厚部分,不另增加

续表

规范项目名称	规范工程量计算规则	图形	文字解释
屋面排水管	按设计图示尺寸以长度计算。如设计未标注尺寸,以檐口至设计室外散水上表面垂直距离计算	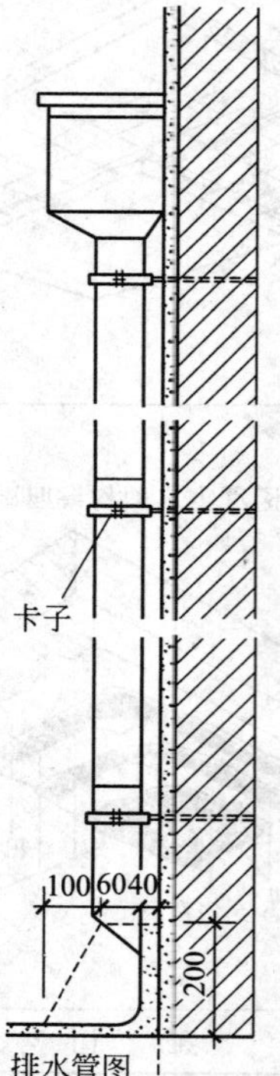 卡子 100 60 40 200 排水管图 300 侧立面	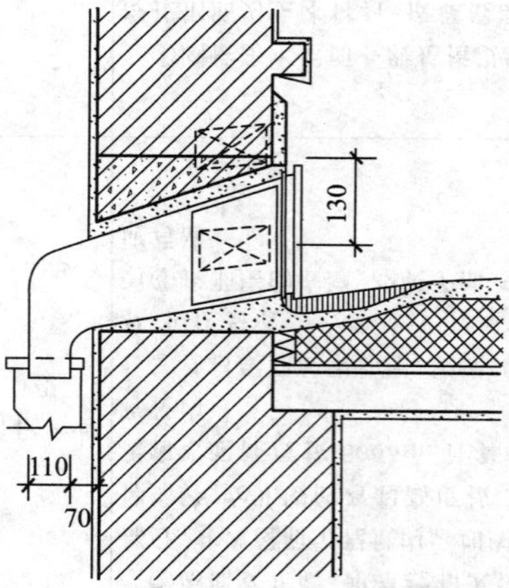 130 110 70 排水管出水口图

12.7 隔热及保温工程

表 12-20　保温工程工程量计算规则公式与解释表

规范项目名称	规范工程量计算规则	图　形	计算公式	文　字　解　释
保温屋面	按设计图示尺寸以面积计算 不扣除柱、垛所占面积	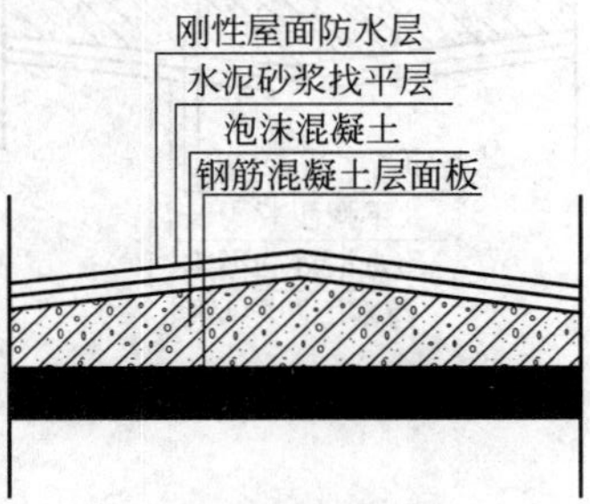 刚性屋面防水层 水泥砂浆找平层 泡沫混凝土 钢筋混凝土层面板 刚性刚人保温屋面	面积＝长×宽 或： 体积＝面积×平均厚度 ＝长×宽×平均厚度	①对于厚度不同的保温层，也可按体积计算。体积为保温层面积乘以平均厚度。 ②例题：根据所给图形，计算出 1∶10 水泥蛭石保温层的体积。 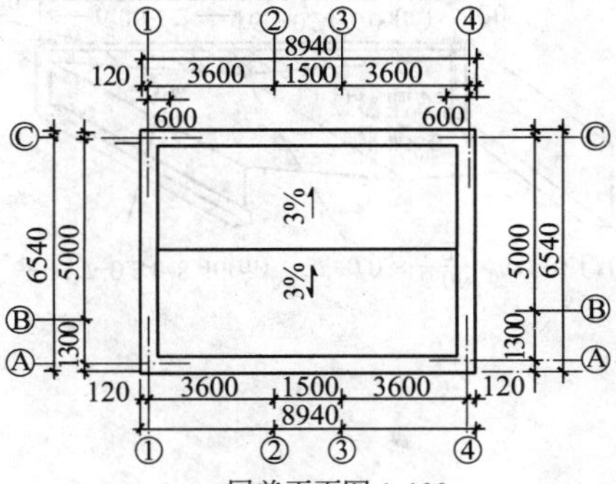 屋盖平面图 1∶100

续表

规范项目名称	规范工程量计算规则	图　　形	计算公式	文　字　解　释
保温屋面	按设计图示尺寸以面积计算 不扣除柱、垛所占面积	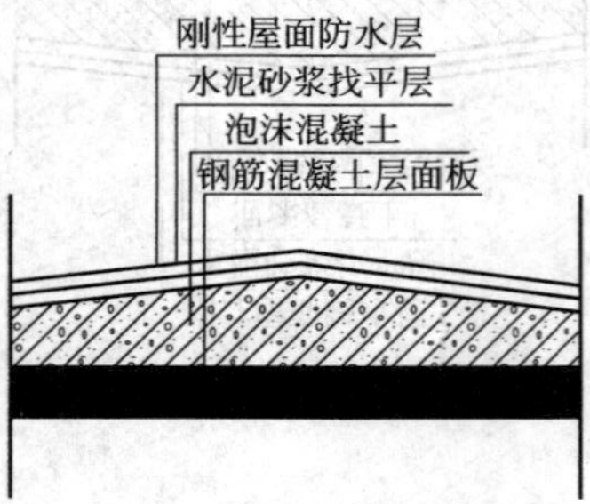 刚性屋面防水层 水泥砂浆找平层 泡沫混凝土 钢筋混凝土层面板 刚性上人保温屋面	面积＝长×宽 或： 体积＝面积×平均厚度 ＝长×宽×平均厚度	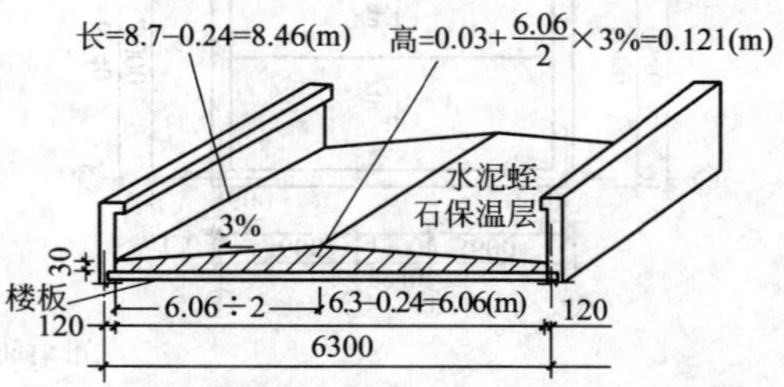 长=8.7−0.24=8.46(m)　高=0.03+$\frac{6.06}{2}$×3%=0.121(m) 水泥蛭石保温层 3% 30 楼板 120　6.06÷2　6.3−0.24=6.06(m)　120 6300 屋面保温层立体示意图 ③计算： 1∶10 水泥蛭石保温，最薄处 30mm 厚 平均厚＝(0.03＋0.12)÷2＝0.075(m) 体积＝屋面面积×厚＝8.46×6.06×0.075＝3.85(m^3)

12.8 楼地面工程

12.8.1 整体面层

表 12-21 整体面层工程量计算规则公式与解释表

规范项目名称	规范工程量计算规则	图形	计算公式	文字解释
水泥砂浆楼地面	按设计图示尺寸以面积计算 扣除凸出地面构筑物、设备基础、室内管道、地沟等所占面积，不扣除间壁墙和 0.3m² 以内的柱、垛、附墙烟囱及孔洞所占面积。门洞、空圈、暖气包槽、壁龛的开口部分不增加面积	略	整体面层面积＝∑每一间房子净面积－须扣除面积 其中： 房子净面积＝房子净长×房子净宽 房子净长＝墙的中线长－两侧墙的一半厚度	例题：根据所给图形，计算出底层室内水泥砂浆地面面积 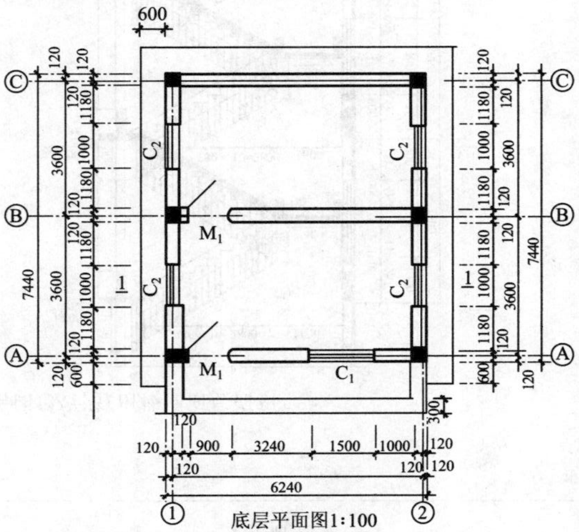 底层平面图1:100 计算： 水泥砂浆地面面积＝(3.6－0.24)×(6.0－0.24)×2＝38.71(m²)

12.8.2 楼梯装饰

表 12-22 楼梯装饰工程量计算规则公式与解释表

规范项目名称	规范工程量计算规则	图形	计算公式	文字解释
楼梯面层	按设计图示尺寸以楼梯（包括踏步、休息平台及 500mm 以内的楼梯井）水平投影面积计算。楼梯与楼地面相连算至梯口梁内侧边沿；无梯口梁者，算至最上一层踏步边沿加 300mm	楼梯计算示意图	每层楼梯投影面积 $=l\times b-$ 楼梯井面积（宽度大于 500mm） 式中 l——休息平台内墙面至楼梯与楼板相连接梁的内侧边沿； b——楼梯间净宽	例题：根据所给图形，计算出楼梯面层面积 楼梯剖面图 1:50 计算： 面积＝休息平台内墙面至楼梯与楼板相连接梁的内侧边沿×楼梯间净宽×层数 $=\underset{长}{\underline{4.80}}\times\underset{净宽}{\underline{(3.6-0.24\times2)}}\times\underset{层数}{\underline{3}}=44.92(m^2)$

12.8.3 扶手、栏杆、栏板装饰

表 12-23 扶手、栏杆、栏板装饰工程量计算规则公式与解释表

规范项目名称	规范工程量计算规则	图形	计算公式	文字解释
扶手带栏杆栏板	按设计图示尺以扶手中心线长度(包括弯头长度）计算	木扶手 钢栏杆 楼梯扶手带栏杆	楼梯扶手斜长＝水平投影长度×1.15	楼梯扶手斜长可按其水平投影长度乘以系数1.15计算
靠墙扶手		靠墙木扶手 金属支架 墙 混凝土 靠墙扶手		

12.8.4 台阶装饰

表 12-24 台阶装饰工程量计算规则公式与解释表

规范项目名称	规范工程量计算规则	图形	计算公式	文字解释
台阶装饰	按设计图示尺寸以台阶（包括最上层踏步边沿加 300mm）水平投影面积计算	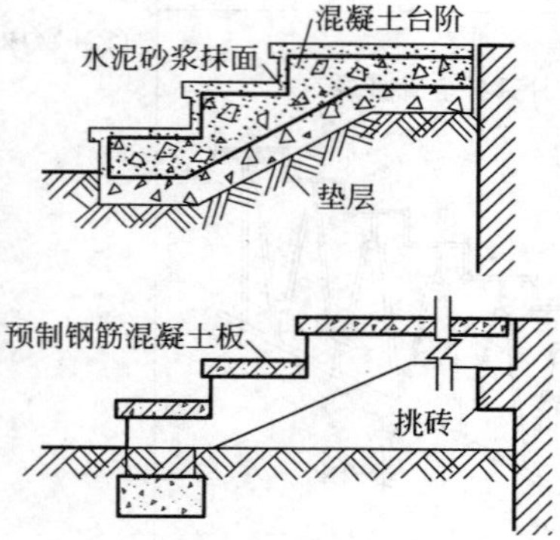 台阶装饰图	台阶水平投影面积 $=l\times(b+0.30)$ 式中 l——台阶水平投影长； b——台阶水平投影宽	① 与台阶连接的平台按室内地面另编码列项 ② 例题：根据所给图形，计算出台阶面层面积 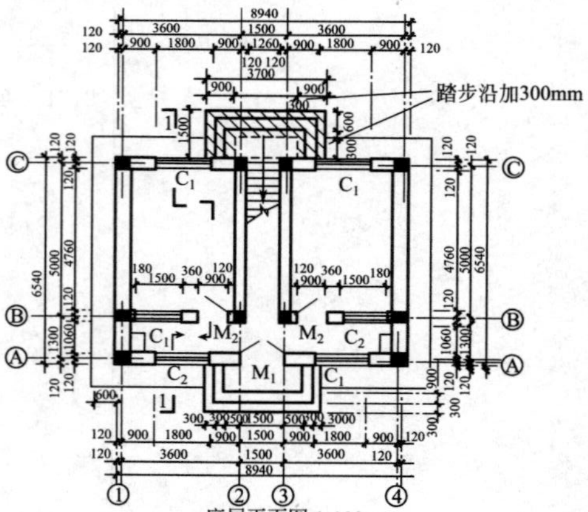 底层平面图 1:100 计算： 台阶面层（包括踏步及最上一层踏步沿加 300mm）按水平投影面积计算 斩假石台阶面层 $=\{\underbrace{[1.5+(0.5+0.6)\times2]}_{长}\times\underbrace{(0.9+0.6)}_{宽}-\underbrace{0.6\times(1.5+0.2\times2)}_{扣除面积}\}\times\underbrace{2}_{数量}=8.82(m^2)$

12.9 墙面工程

12.9.1 墙面抹灰

表 12-25 墙面抹灰工程量计算规则公式与解释表

规范项目名称	规范工程量计算规则	图形	计算公式	文字解释
墙面抹灰	按设计图示尺寸以面积计算。 ①扣除墙裙、门窗洞口及单个 $0.3m^2$ 以外的孔洞面积，不扣除踢脚线、挂镜线和墙与构件交接处的面积，门窗洞口和孔洞的侧壁及顶面不增加面积。附墙柱、梁、垛、烟囱侧壁并入相应的墙面面积内； ②外墙抹灰面积按外墙垂直投影面积计算； ③外墙裙抹灰面积按其长度乘以高度计算； ④内墙抹灰面积按主墙间的净长乘以高度计算： a. 无墙裙的，高度按室内楼地面至天棚底面计算； b. 有墙裙的，高度按墙裙顶至天棚底面计算； ⑤内墙裙抹灰面按内墙净长乘以高度计算	略	①外墙抹灰面积＝外墙外边长×高（自室外地坪算起）－门窗洞口面积＋墙柱、梁、垛侧壁面积 ②外墙裙抹灰面积＝外墙外边长×外墙裙高 ③内墙抹灰面积＝内墙净长×墙高－门窗洞口面积＋墙柱、梁、垛侧壁面积 ④内墙裙抹灰面＝内墙净长×墙裙高	例题：某建筑平面图及剖面图见本书 148 页，计算内墙面一般抹底工程量 计算 ①内墙面抹灰毛面积 $=\underbrace{(4.76+3.36)\times2\times(3-0.15)\times4}_{4室}+\underbrace{5.24\times2\times(3-0.15)\times2}_{楼梯}+\underbrace{(1.06+8.46)\times2\times(3-0.15)\times2}_{走道}$ ＝353.41（m^2） ②扣除：门窗面积＝50.49（m^2） 楼梯洞口＝6.55（m^2） ③净面积＝毛－扣＝353.41－（50.49＋6.55）＝296.37（m^2）

12.9.2 零星抹灰

表 12-26 零星抹灰工程量计算规则公式与解释表

规范项目名称	规范工程量计算规则	图形	计算公式	文字解释
零星项目一般抹灰	按设计图示尺寸以面积计算	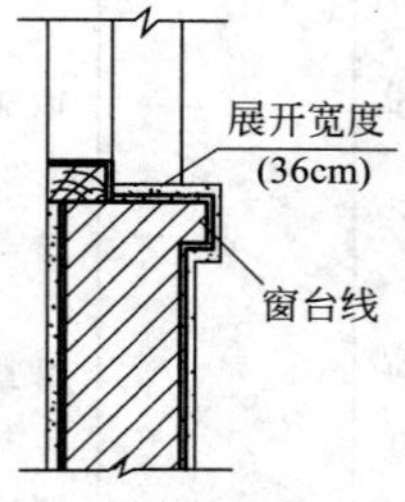 单独窗台线	面积=(窗框外围宽+0.20)×0.36	①零星项目包括窗台线、门窗套、挑檐、腰线、压顶、独立的窗间墙、窗下墙局部抹灰、厕所蹲台、水槽腿、花台、花池等 ②对于单独窗台线，图纸无规定时，窗台展开长可按窗框外围宽度两边共加 20cm，宽可按 36cm 计算 ③女儿墙压顶工程量可按展开宽度乘以中线长度计算 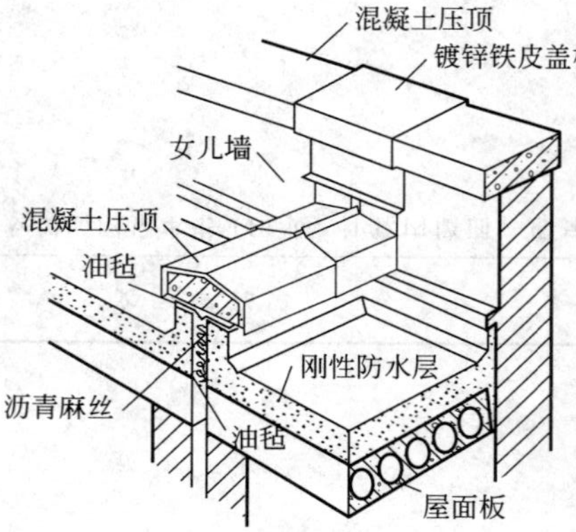
		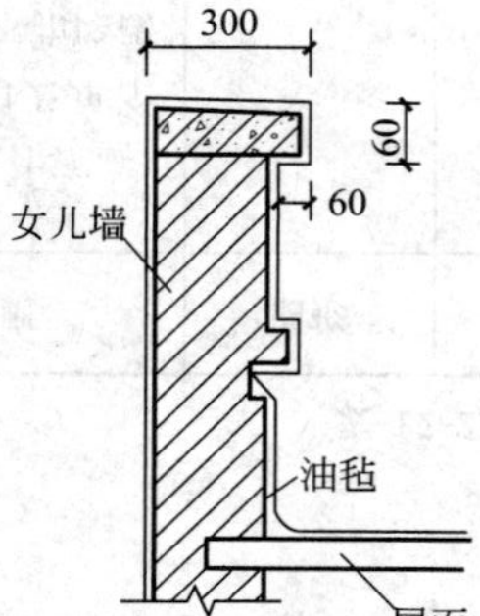 女儿墙压顶	面积=展开宽度×中线长	 女儿墙压顶

12.9.3 墙面镶贴块料

表 12-27 墙面镶贴块料工程量计算规则公式与解释表

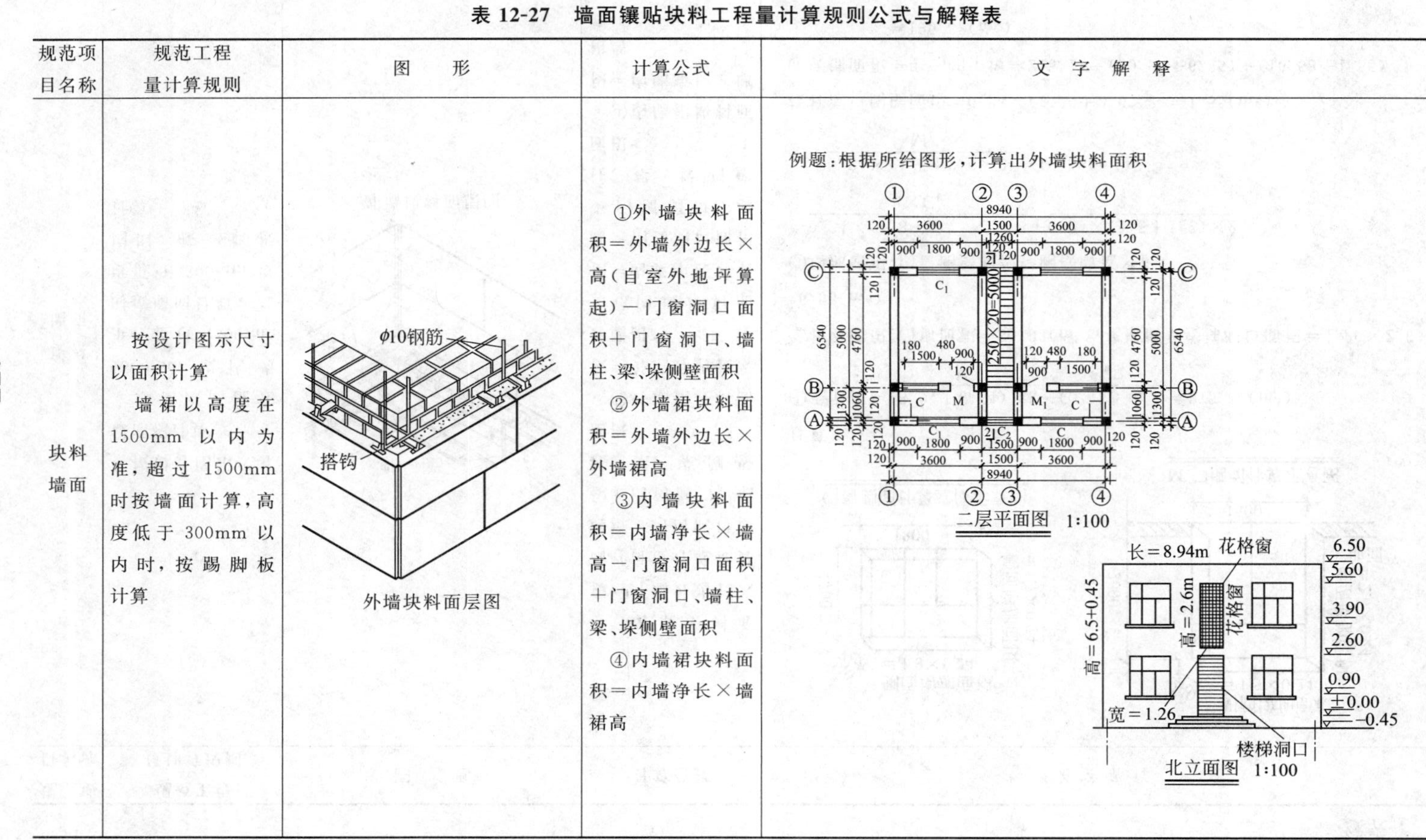

规范项目名称	规范工程量计算规则	图形	计算公式	文字解释
块料墙面	按设计图示尺寸以面积计算 墙裙以高度在1500mm以内为准，超过1500mm时按墙面计算，高度低于300mm以内时，按踢脚板计算	外墙块料面层图	①外墙块料面积＝外墙外边长×高（自室外地坪算起）－门窗洞口面积＋门窗洞口、墙柱、梁、垛侧壁面积 ②外墙裙块料面积＝外墙外边长×外墙裙高 ③内墙块料面积＝内墙净长×墙高－门窗洞口面积＋门窗洞口、墙柱、梁、垛侧壁面积 ④内墙裙块料面积＝内墙净长×墙裙高	例题：根据所给图形，计算出外墙块料面积 二层平面图 1:100 北立面图 1:100

续表

规范项目名称	规范工程量计算规则	图形	计算公式	文字解释
块料墙面	按设计图示尺寸以面积计算 墙裙以高度在1500mm以内为准，超过1500mm时按墙面计算，高度低于300mm以内时，按踢脚板计算	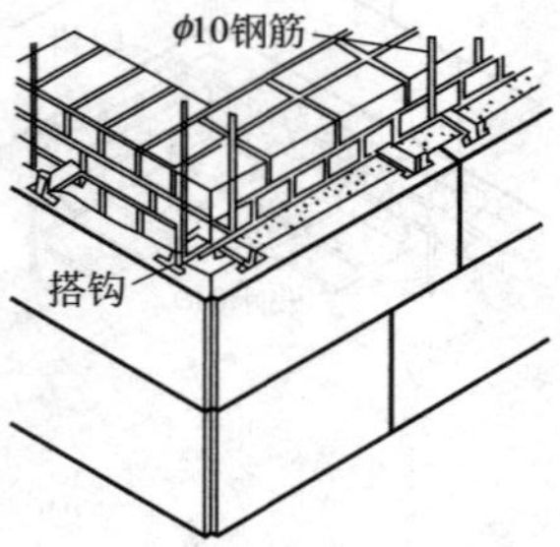 ϕ10钢筋 搭钩 外墙块料面层图	①外墙块料面积＝外墙外边长×高（自室外地坪算起）－门窗洞口面积＋门窗洞口、墙柱、梁、垛侧壁面积 ②外墙裙块料面积＝外墙外边长×外墙裙高 ③内墙块料面积＝内墙净长×墙高－门窗洞口面积＋门窗洞口、墙柱、梁、垛侧壁面积 ④内墙裙块料面积＝内墙净长×墙裙高	侧面增加面积＝1.8×0.24 侧面增加面积＝1.7×0.24 240　1700　1800 C_1窗侧面计算立体示意图 侧面增加面积＝1.5×0.24 侧面增加面积＝2.6×0.24 240　2600　1500　地面 M_1门侧面计算示意图 计算： ①毛面积＝$\underbrace{(8.94+6.54)\times2}_{长}\times\underbrace{(0.45+6.5)}_{高}$＝215.17($m^2$) ②扣除面积：门窗面积＝30.93($m^2$)；花格窗及楼梯洞口面积＝1.26×2.6×2＝6.55(m^2) ③增加面积：门窗侧壁面积≈侧壁墙宽×长 ＝$\underbrace{0.24\times(1.8+1.7)\times2\times8}_{8\times C_1}+\underbrace{0.24\times(1.5+1.7)\times2}_{2\times C_2}$ $+\underbrace{0.24\times(1.5+2.6\times2)}_{M_1}$＝16.58($m^2$) 楼梯洞口侧壁面积＝0.24×(1.26＋2.6×2)＝1.55(m^2) ④实铺面积＝毛－扣＋增＝215.17－(30.93＋6.55)＋(16.58＋1.55) ＝195.82(m^2) 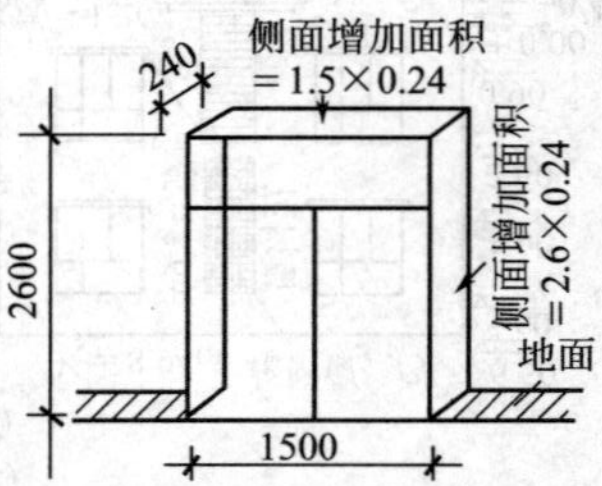

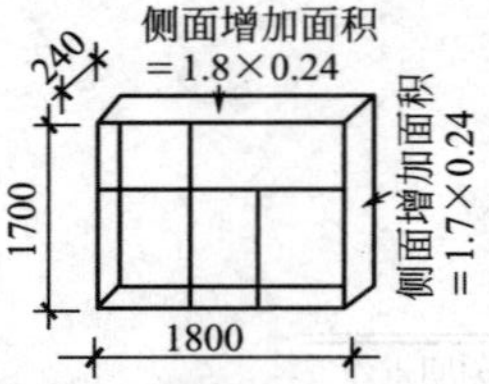

12.10 天棚工程

12.10.1 天棚工程

表 12-28 天棚抹灰工程量计算规则公式与解释表

<table>
<tr><th>规范项目名称</th><th>规范工程量计算规则</th><th>图 形</th><th>计算公式</th><th>文 字 解 释</th></tr>
<tr><td>天棚抹灰</td><td>按设计图示尺寸以水平投影面积计算。
①不扣除间壁墙、垛、柱、附墙烟囱、检查口和管道所占的面积，带梁天棚、梁两侧抹灰面积并入天棚面积内
②板式楼梯底面抹灰按斜面积计算，锯齿形楼梯底板抹灰按展开面积计算</td><td>锯齿形平顶抹灰
斜平顶抹灰
墙
R=50 ②
50
①
两道线</td><td>①天棚抹灰面积＝房净长×房净宽＋梁两侧抹灰面积
②板式楼梯底面抹灰斜面积＝水平面积×1.3
③锯齿形楼梯底板抹灰展开面积＝水平面积×1.8</td><td>①锯齿形楼梯底板抹灰按展开面积计算，其展开面积近似可按水平面积乘以系数 1.5，板式楼梯底面抹灰按斜面积计算，其斜面积近似可按水平面积乘以系数 1.1。另编码列项
②带密肋的小梁及井字梁天棚，编码列项应分开，并应写清梁的尺寸及间距等。天棚梁两侧抹灰面积可按下表计算
带梁、肋楼板天棚抹灰工程量系数表<table><tr><th>项 目</th><th>工程量系数</th><th>工程量计算方法</th></tr><tr><td>槽形板底、混凝土折瓦板底</td><td>1.30</td><td rowspan="3">净空面积×工程量系数</td></tr><tr><td>有梁板底</td><td>1.10</td></tr><tr><td>密肋板底、井字梁板底</td><td>1.50</td></tr></table>注：井字梁板指井内面积小于或等于 $5m^2$ 的密肋小梁板。
③檐口天棚抹灰，并入相应的天棚工程内
④阳台、雨篷抹灰另编码列项
⑤天棚装饰线工程量分 3 道或 5 道以内以延长米计算</td></tr>
</table>

12.10.2 天棚吊顶

表 12-29 天棚吊顶工程量计算规则公式与解释表

规范项目名称	规范工程量计算规则	图形	计算公式	文字解释
天棚吊顶	按设计图示尺寸以水平投影面积计算。天棚中的灯槽及跌级、锯齿形、吊挂式、藻井式天棚面积不展开计算 不扣除间壁墙、检查口、附墙烟囱、垛、柱和管道所占的面积。扣除单个 $0.3m^2$ 以外的孔洞、独立柱及与天棚相连接的窗帘盒所占面积	屋面 主搁栅 次搁栅 顶棚 屋架 檐口 檩条 天棚吊顶图	天棚吊顶面积＝房净长×房净宽－扣除面积	天棚吊顶的组成：天棚吊顶由吊筋、龙骨和面层三部分组成 ①吊筋，是将龙骨吊在混凝土楼板下用的 ②龙骨，有木龙骨、轻钢龙骨、铝合金尤骨三类。主要用来安装面层的 a. 木龙骨是由木材做成的大尤骨、中龙骨等组成的 b. 轻钢龙骨是用冷轧薄钢板或镀锌薄钢板做成 c. 铝合金尤骨，目前用得最多。常用的有 T 形尤骨、方板天棚龙骨和条板天棚龙骨等 ③面层，面层的材料种类较多，常用的有石膏板、埃特板、装饰吸音板、塑料装饰面板、金属装饰面板等

12.11 门窗工程

12.11.1 木门

表 12-30　木门工程量计算规则公式与解释表

规范项目名称	规范工程量计算规则	图形	文字解释
木门	①按设计图示数量计算 ②按设计图示洞口尺寸以面积计算	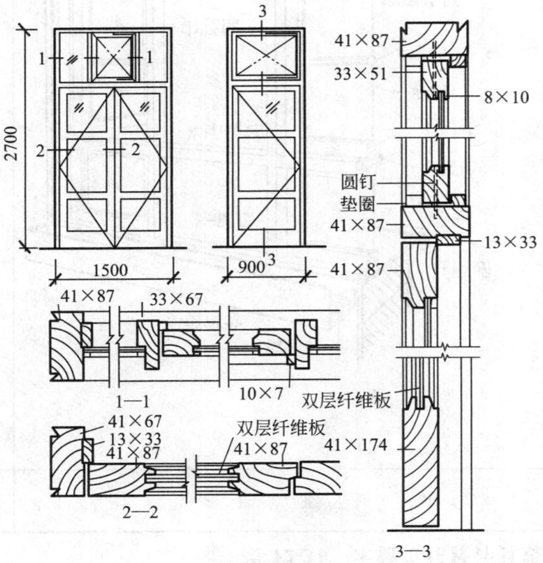 3 1 1 2 2 2700 1500 900 3 41×87 33×67 1—1 10×7 41×67 13×33 41×87 双层纤维板 41×87 2—2 41×87 33×51 8×10 圆钉 垫圈 41×87 13×33 41×87 双层纤维板 41×174 3—3 镶板门构造	①木门的形式:门的一般形式有:实木门、夹木门、模压门、复合门、实木复合门。木门按开启方式分为平开门、弹簧门、推拉门、折叠门和转门等。 ②实木门:用木头做的实木门,流行的有红松、白松、水曲柳、榉木、楸木、榆木、菠萝格柳安、枫木等。 ③模压门:里边采用龙骨,外边是中密度板。 ④复合门:复合门分两种,一种复合门,一种实木复合门。复合门就是把多种材料复合在一块,外边是中密度板,内部用木材 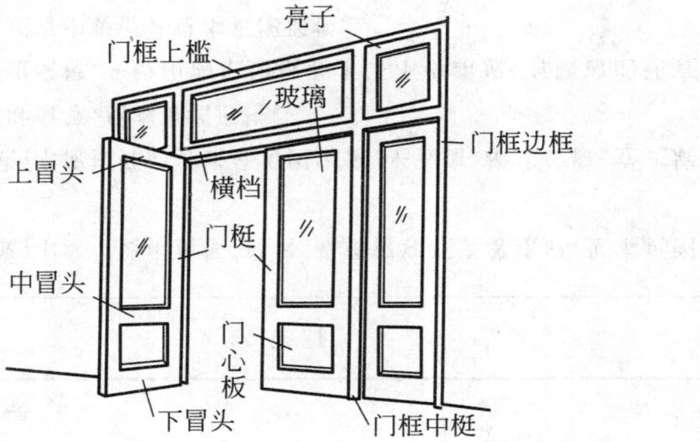 亮子 门框上槛 玻璃 门框边框 上冒头 横档 门梃 中冒头 门心板 下冒头 门框中梃

12.11.2 木窗

表 12-31 木窗工程量计算规则公式与解释表

规范项目名称	规范工程量计算规则	图形	文字解释
木窗	①按设计图示数量计算 ②按设计洞口尺寸以面积计算	木窗的组成	①木窗的组成：木窗主要由窗框、窗扇、亮子窗和五金等组成，见本页图形栏。 ②木窗的形式：木窗按开启方式分为固定窗、平开窗、横式旋窗、立式旋窗、推拉窗与百叶窗等，见本页图形栏。 ③窗框：窗框也窗樘，一般由两根边框和上下不框组成，有腰窗的还有中横档，多扇窗还有中竖框。见本页图形栏。 ④窗扇：窗扇主要有上下冒头和两根边梃组成，有的中间还有窗芯子（又称窗棂），见本页图。 ⑤平开窗的标准尺寸见下表：

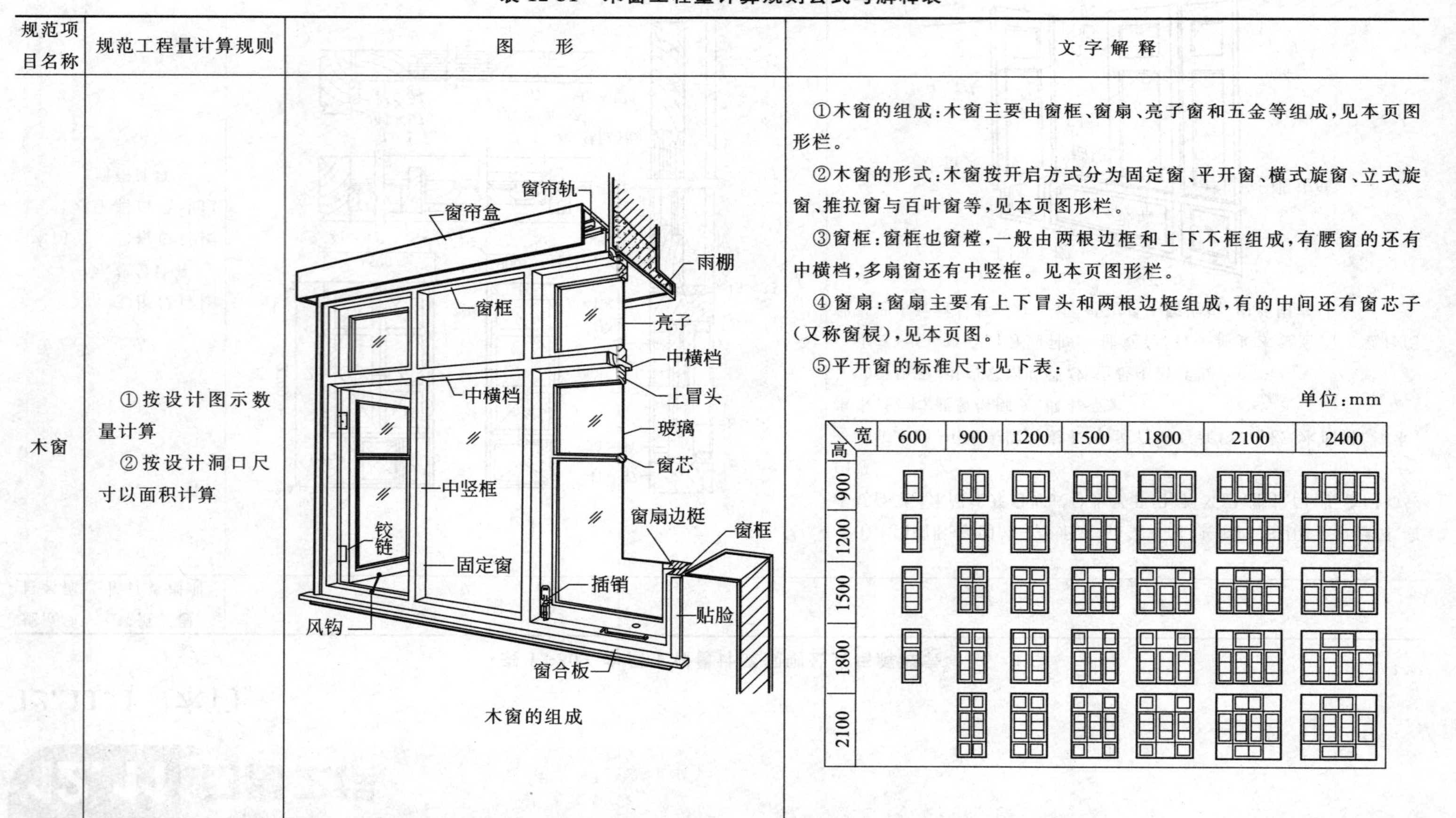

木窗的组成

下篇

造价实例编制

某办公楼施工图造价实例编制

13.1 某办公楼施工图工程量清单实例

（建筑工程量清单书封面）

××办公楼工程建筑工程量清单书

招　标　人：××厅 （单位盖章）	工程造价　××工程造价咨询企业 咨　询　人：资质专用章 （单位资质专用章）
法定代表人：　××厅	法定代表人：××工程造价咨询企业
或其授权人：法定代表人 （签字或盖章）	或其授权人：法定代表人 （签字或盖章）
编　制　人：××签字 （造价员签字盖专用章）	复　核　人：××签字 （造价工程师签字盖专用章）
编制时间：×年×月×日	复核时间：×年×月×日

工程名称：××办公楼（图纸见本书附录）

工程量清单总说明

1. 工程概况：本工程建筑面积为119.64m²，其主要使用功能为办公。地上2层，砖混结构，建筑高度6.50m，基础是砖条基础。

2. 招标范围：土建工程、装饰工程、电气工程、给排水工程。

3. 工程质量要求：优良工程。

4. 工程量清单编制依据：

4.1 建筑设计院设计的施工图一套；

4.2 本单位编制的招标文件及招标答疑；

4.3 工程量清单根据《建设工程工程量清单计价规范 GB 50500—2013》、《房屋建筑与装饰工程量计算规范 GB 50854—2013》及《通用安装工程计算规范 GB5 0854—2013》编制。

土建工程分部分项工程工程量清单表

工程名称：××办公楼（图纸见本书附录）

序号	项目编码	项目名称	计量单位	工程数量	金额/元		
					综合单价	合价	其中暂估价
1		建筑面积	m²	116.94			
		土方工程					
2	010101001001	平整场地，三类土，弃土5m 1. 土方挖填找平 2. 弃土5m	m²	58.48			
3	010101003001	挖条形基础土方，三类土，宽0.8m，深0.9m，弃土5m 1. 土方开挖 2. 基底钎探 3. 运输	m³	65.42			
4	010103001001	基础土方回填 1. 就地回填 2. 夯实	m³	49.04			
5	010103001002	室内土方回填 1. 就地回填 2. 夯实	m³	12.35			
		小计					
		砌筑工程					
6	010401001001	条形砖基础，实心砖，MU7.5，M5水泥砂浆，C10素混凝土垫层，$H=-1.5$m	m³	14.71			
7	010503001001	一砖外墙，实心砖，MU7.5，240厚，M5混合砂浆	m³	31.15			
8	010503001002	一砖内墙，实心砖，MU7.5，240厚，M5混合砂浆	m³	15.57			

工程名称：××办公楼（图纸见本书附录）　　续表

序号	项目编码	项目名称	计量单位	工程数量	金额/元		
					综合单价	合价	其中暂估价
9	010404013001	砖砌台阶，M5 水泥砂浆	m^3	6.6			
10	010404013002	水池腿，M5 水泥砂浆	m^3	0.087			
11	0105070011001	混凝土散水坡，60 厚碎石垫层，30 厚 1∶3 水泥砂浆面	m^2	15.52			
		小计					
		混凝土及钢筋混凝土工程					
12	010502002001	现浇钢筋混凝土构造柱，C20，碎石粒径 40mm	m^3	5.75			
13	010503005001	现浇钢筋混凝土圈梁，C20，碎石粒径 40mm	m^3	6.43			
14	010403004002	现浇钢筋混凝土过梁，C20，碎石粒径 40mm	m^3	2.45			
15	010512001001	预制钢筋混凝土板，C20，碎石粒径 20mm	m^3	2.38			
16	010512002001	预应力空心板，C20，碎石粒径 20mm	m^3	4.01			
17	010512008001	预制空花格，C20，碎石粒径 20mm	m^3	0.078			
18	010515001001	现浇混凝土钢筋	t	1.699			
19	010416001002	砖体内钢筋加固	t	0.12			
20	010416002001	预制混凝土钢筋	t	0.855			
21	010414003001	预制水池	个	2			
		小计					
		金属工程					
22	010606009001	铁窗栅	t	0.131			
		屋面及防水工程					
23	010902001001	三毡四油 1. 带砂，冷底油， 2. 屋面 1∶3 水泥砂浆找平层，双层	m^2	58.53			
24	010902004001	铸铁弯头落水口（ϕ100）	个	4			
25	010902004002	铸铁落水斗（ϕ100）	个	4			
26	010902004003	铸铁落水管（ϕ100）	m	25.8			
27	011001000001	1∶10 水泥蛭石保温，最薄处 30 厚	m^3	3.85			
		小计					

续表

序号	项目编码	项目名称	计量单位	工程数量	金额/元		
					综合单价	合价	其中暂估价
		楼地面工程					
28	011101002001	白石子水磨石地面 1. 1：3 水泥砂浆结合层 2. 80 厚碎石垫层 3. 80 厚 C15 厚混凝土垫层	m²	47.26			
29	011101002002	白石子水磨石楼面 1. 1：3 水泥砂浆结合层 2. 刷素水泥浆一道	m²	40.96			
30	011105002001	水磨石踢脚板，高 150mm， 1. 1：3 水泥砂浆打底 2. 1：2 水泥砖浆抹面	m² m	13.55 90.32			
31	0111060 5001	水磨石楼梯面层，踏步金刚石防滑条	m² m	6.0 38.4			
32	011107006001	斩假石台阶面层	m²	8.82			
33	020107004001	不锈钢管扶手	m	12.05			
		小计					
		墙、柱面工程					
34	011201001001	内墙面一般抹底 1. 1：3 水泥砂浆底 2. 20 厚麻刀灰面 3. 涂料(106)	m²	296.37			
35	011201001002	压顶及女儿墙内侧水泥砂浆 20 厚 1：2 水泥砂浆	m²	18.3			
36	011204003001	外墙面面砖 1. 1：3 水泥砂浆底 2. 刷素水泥浆一道，1：1 水泥砖浆	m²	195.82			
		小计					
		天棚工程					
37	011301001001	天棚抹灰(预制板底) 1. 素水泥浆一道，麻刀纸筋灰面 2. 涂料(106)	m²	96.10			
		门窗工程					
38	010801001001	镶板木门，单扇，M2 1. 杉木 2. 普通五金	樘 m²	4 9.36			
39	010801001002	镶板木门，双扇，M1 1. 杉木 2. 普通五金	樘 m²	1 3.9			

续表

序号	项目编码	项目名称	计量单位	工程数量	金额/元		
					综合单价	合价	其中暂估价
40	010806001001	双扇带亮窗,C2 1. 杉木 2. 普通五金	樘 m²	8 21.60			
41	010806001002	单扇带亮窗,C2 1. 杉木 2. 普通五金	樘 m²	5 12.75			
42	010801006001	门锁	套	5			
		小计					
		油漆工程					
43	011401001001	木门油漆,M1 润油粉一遍,满刮腻子,调和漆三遍	樘 m²	1 3.9			
44	011401001002	木门油漆,M2 润油粉一遍,满刮腻子,调和漆三遍	樘 m²	4 9.36			
45	011402001001	木窗油漆,C1 润油粉一遍,满刮腻子,调和漆三遍	樘 m²	8 21.6			
46	020501002001	木窗油漆,C2 润油粉一遍,满刮腻子,调和漆三遍	樘 m²	5 12.75			
47	011402002001	铁窗栅油漆 调和漆三遍、防锈油一遍	t	0.131			
48	011402002002	排水系统油漆 防锈漆一遍,调和漆三遍	m²	14.40			
		小计					

给排水工程分部分项工程工程量清单与计价表

工程名称：××办公楼

序号	项目编码	项目名称	项目特征	计量单位	工程数量	金额/元		
						综合单价	合价	其中：暂估价
1	031001006001	给水管	PP-C,*DN*32,室外	m	32.00			
2	031001006002	给水管	PP-C,*DN*20,室内	m	6.50			
3	031001006003	给水管	PP-C,*DN*15,室内	m	3.00			
4	031001007001	排水管	塑料,*DN*100,室内	m	6.50			
5	031001007002	排水管	塑料,*DN*100,室外	m	6.00			
6	031001007003	排水管	塑料,*DN*50,室内	m	5.00			
7	031003001001	螺纹阀门	*DN*20	个	1			

续表

序号	项目编码	项目名称	项目特征	计量单位	工程数量	金额/元		
						综合单价	合价	其中：暂估价
8	031003001002	自闲阀门	*DN*20	个	1			
9	031004004001	洗涤盆	陶瓷	组	2			
10	031004006001	蹲式大便器		套	2			
11	031004014001	洗脸盆龙头	铜，*DN*15	个	2			
12	010101006001	人工挖土方		m^3	3.02			
		小计						

电气工程分部分项工程工程量清单与计价表

工程名称：××办公楼

序号	项目编码	项目名称	项目特征	计量单位	工程数量	金额/元		
						综合单价	合价	其中：暂估价
1	030404017001	总照明箱(M1)	箱体安装	台	1			
2	030404017002	户照明箱(XADP-P110)	箱体安装	台	4			
3	030404019001	自动开关	E4CB480CE+E4EL/300MA	个	1			
4	030404019002	自动开关	E4CB220CE	个	4			
5	030404019003	自动开关	E4CB110CE	个	12			
6	030404019004	单板开关		个	8			
7	030404019005	三板开关		个	4			
8	030404035001	二、三极双联暗插座	F901F910ZS	套	16			
9	030410003001	导线架设(BXF-35)	导线进户架设	km	120			
	030410003002	进户横担安装		组	1			
10	030409002001	接地装置	-40×4 镀锌扁铁；接地母线敷设	m	10			
11	030411011001	接地电阻测试		系统	1			
12	030412001001	G25 塑管	刨沟槽；电线管路敷设；接线盒，接座盒等安装；防腐涂料	m	9.02			
13	030412001002	SGM16 塑管	刨沟槽；电线管路敷设；接线盒，接座盒等安装；防腐涂料	m	160.00			
14	030412004001	BV-10 铜线	配线；管内穿线	m	27.02			
15	030412004002	BV-2.5 铜线	配线；管内穿线	m	48.02			
16	030413005001	单管日光灯安装		套	12.00			
17	030413002002	吸顶灯装		套	6.00			
		小计						

措施项目清单与计价表（一）

工程名称：××办公楼

序号	定额编号	项目名称	计量单位	工程数量或计算基数	金额/元	
					综合单价或费率/%	合价
1	ZA8-1	外墙砌筑脚手	$100m^2$	1.99		
2	ZA8-20	内墙砌筑脚手	$100m^2$	1.41		
3	ZB7-1	垂直运输机械	$100m^2$	1.16		
		小计				
4	A1-1	环境保护费	元			
5	A1-2.2	文明施工费	元			
6	A1-3	安全施工费	元			
7	A1-4	临时设施费	元			
8	A1-10	工程定位复测、工程交点、场地清理费	元			
9	A1-11	生产工具用具使用费	元			
		小计				
		合计				

措施项目清单与计价表（二）

工程名称：××办公楼

序号	项目编码	项目名称	项目特征描述	计量单位	工程数量	金额/元		
						综合单价	合价	其中：暂估价
1	011703002001	带形基础模板	支模高度小于3.6m	m^2	12.19			
2	011703008001	构造柱模板	支模高度小于3.6m	m^2	50.26			
3	011703013001	圈梁模板	支模高度小于3.6m	m^2	47.38			
4	011703020001	无梁板模板	支模高度小于3.6m	m^2	67.08			
5	011703028001	楼梯模板	支模高度小于3.6m	m^2	85.8			
6	011703029001	挑檐模板	支模高度小于3.6m	m^2	18.68			

其他项目清单与计价表

工程名称：××办公楼

序号	项目名称		计量单位	金额/元	备法
1		暂列金额	项	9000	明细详见表
2	暂估价	2.1 材料暂估价	项	3000	明细详见表
		2.2 专业工程暂估价	项	3000	明细详见表
3		计日工			明细详见表
4		总承包服务费			明细详见表
		合计			

暂列金额明细表

工程名称：××办公楼

序号	项目名称	计量单位	金额/元	备法
1	工程量清单中工程量偏差和设计变更	项	3000	明细详见表
2	政策性调整和材料价格风险	项	3000	明细详见表
3	其他	项	3000	明细详见表
	合计		9000	

材料暂估价表

工程名称：××办公楼

序号	项目名称	计量单位	金额/元	备法
1				
2				

专业工程暂估价表

工程名称：××办公楼

序号	项目名称	计量单位	金额/元	备法
1	防盗门安装	樘	3000	
2				

计日工表

工程名称：××办公楼

编号	项目名称	单位	暂定数量	综合单价	合价
一	人工				
1	普土	工日	60		
2	技工	工日	150		
3					
4	人工小计				
二	材料				
1	钢筋	t	1		
2	水泥 425	t	2		
3	中砂	m^3	10		
	…	…	…		
	材料小计				
三	施工机械				
1	起重机	台班	6		
2	灰浆搅拌机	台班	4		
	施工机械小计				
	总计				

总承包服务费计价表

工程名称：××办公楼

序号	项目名称	项目价值/元	服务内容	费率/%	金额/元
1	发包人发包专业工程	1500	1. 按专业工程承包人的要求提供施工工作面并对施工现场进行统一管理，对竣工资料进行统一整理汇总 2. 为专业工程承包人提供垂直运输机械和焊接电源接点，并承担垂直运输费和电费 3. 为塑钢门窗安装后进行补缝和找平并承担相应费用		
2	发包人供应材料	1500	对发包人供应的材料进行验收及保管和使用发放		
	合计	3000			

规费、税金项目清单与计价表

工程名称：××办公楼

序号	项目名称			计算基数	金额/元	
					费率/%	合价
1	规费1	1.1工程排污费		按工程所在地环保规定计算		
		1.2社会保障费	养老保险费	人工费	20	
			失业保险费	人工费	2	
			医疗保险费	人工费	8	
		1.3住房公积金		人工费	10	
		1.4危险作业意外保险费		人工费	0.5	
	规费2	工程定额测定费		税前工程造价	0.124	
2	税金			分部分项工程费＋措施项目费＋其他项目费＋规费	3.475	
		合计				

13.2 某办公楼施工图工程量计算过程实例详解

土建工程分部分项工程量计算表

工程名称：××办公楼（图纸见本书附录）

序号	分项工程名称	单位	结果	计　算　式
1	建筑面积	m^2	116.94	$8.94\times6.54+8.94\times6.54=116.94(m^2)$
	A.1土方工程			
2	平整场地，三类土，土方挖填找平	m^2	58.48	按设计图示尺寸以建筑物首层面积计算 $8.94\times6.54=58.48(m^2)$

续表

序号	分项工程名称	单位	结果	计 算 式
3	挖条形基础土方，三类土，宽 0.8m，深 0.9m，弃土 5m 1. 土方开挖 2. 基底钎探 3. 运输	m^3	65.42	按设计图示尺寸以基础垫层底面积乘以挖土深度计算 体积＝底面积×深（断面积×长） 内墙地槽体积＝断面积×长（净长） ＝(1.5－0.45)×(0.8＋0.3×2)×[(8.7－0.7×2)＋(5.0－0.7×2)×2] （高 宽 长） ＝1.47×14.5＝21.32(m^3) 外墙地槽体积＝断面积×长（净长） ＝1.47×(8.7＋6.3＋8.7＋6.3) ＝1.47×30＝44.1(m^3) 地槽体积＝21.32＋44.1＝65.42(m^3)
	基底钎探	m^2	46.3	基底钎探＝16.3＋30＝46.3(m^2)
4	基础土方回填 1. 就地回填 2. 夯实	m^3	49.04	挖方体积减去设计室外地坪以下埋没的基础体积（包括基础垫层及其他构筑物） 基础回填土体积＝地槽体积－（混凝土垫层体积＋室外地坪以下砖基础体积） 混凝土垫层体积＝断面积×长（外垫层长＋内垫层长） ＝0.1×0.8×[30＋(8.7－0.4×2)＋(5.0－0.4×2)] （断面积 外长 内长） ＝3.37(m^3) 室外地坪以下砖基础体积＝断面积×长（外长＋内长） 断面积＝高×宽＋增加面积 高：从砖基础的底面到要计算的顶面的高度 宽：砖基础上的墙宽 增加面积：指放脚部分的面积。附表，图中的阴影面积 体积＝(0.95×0.24＋0.0473)×[30＋(8.7－0.12×2)＋(5－0.12×2)×2] （断面积 外长 横内长 纵内长） ＝13.21(m^3) 基础回填土体积＝65.42－(3.37＋13.21)＝49.04(m^3)
5	室内土方回填 1. 就地回填 2. 夯实	m^3	12.35	主墙间净面积乘以回填厚度 回填土体积＝室内净面积×回填土厚 ＝[(5－0.24)×(3.6－0.24)×2＋1.26×4.76＋(1.3－0.24)×(8.7－0.24)]×0.263 （室 楼梯 走道 土厚） ＝46.95×0.263＝12.35(m^3)
	A.3 砌筑工程			
6	条形砖基础，实心砖，MU7.5，M5 水泥砂浆，C10 素混凝土垫层，$H=-1.5$m	m^3	14.71	按设计图示尺寸以体积计算。包括附墙垛基础宽出部分体积，扣除地梁（圈梁）、构造柱所占体积 基础长度：外墙按中心线，内墙按净长线计算 以设计地面为界 基础毛体积＝断面积×长 ＝(1.4×0.24＋0.197×0.24)×[(8.7＋6.37)×2＋(8.7－0.24)＋(5－0.24)×2]＝0.383×48.12 （断面积（查表） 外长 内长） ＝18.43(m^3)

续表

<table>
<tr><th>序号</th><th>分项工程名称</th><th>单位</th><th>结果</th><th>计算式</th></tr>
<tr><td rowspan="2">6</td><td>条形砖基础，实心砖，MU7.5，M5 水泥砂浆，C10 素混凝土垫层，$H=-1.5$m</td><td>m^3</td><td>14.71</td><td>扣除体积(地圈梁体积，构造柱体积)
地圈梁体积＝断面积×长(长＝柱之间净长)
$=\underbrace{(0.24\times0.24)}_{断面面}\times\{\underbrace{(8.7-0.24\times3)+(8.7-0.24)+(6.3-0.24)\times2}_{外长}+\underbrace{[(8.7-0.24\times3)+(5-0.24)\times2]}_{内长}\}$
$=2.65(m^3)$
构造柱所占体积＝柱身体积＋马搓口体积
$=0.24\times0.24\times h+0.06\times0.24\times h/2\times n$
$=1.4\times0.24\times0.24\times10+0.03\times0.24\times1.4\times26$
$=1.07(m^3)$(h:柱高，n:马搓口与墙接触面数)
砖基础体积＝毛体积－扣除体积
$=18.43-(2.63+1.07)=14.71(m^3)$</td></tr>
<tr><td>混凝土垫层体积</td><td>m^3</td><td>3.70</td><td>混凝土垫层体积＝断面积×长(外垫层长＋内垫层长)
$=\underbrace{0.1\times0.8}_{断面积}+[\underbrace{30}_{外长}+\underbrace{(8.7-0.4\times2)+(5.0-0.4\times2)}_{内长}]$
$=3.70(m^3)$</td></tr>
<tr><td>7</td><td>一砖外墙，实心砖，MU7.5，240 厚，M5 混合砂浆</td><td>m^3</td><td>31.15</td><td>按设计图示尺寸以体积计算。扣除门窗洞口、过人洞、空圈、嵌入墙内的钢筋混凝土柱、梁、圈梁、挑梁、过梁及凹进墙内的壁龛、管槽、暖气槽、消火栓箱所占体积。不扣除梁头、板头、擦头、垫木、木楞头、沿缘木、木砖、门窗走头、砖墙内加固钢筋、木筋、铁件、钢管及单个面积 0.3m^2 以内的孔洞所占体积。凸出墙面的腰线、挑檐、压顶、窗台线、虎头砖、门窗套的体积亦不增加。凸出墙面的砖垛并入墙体体积内计算
墙长度:外墙按中心线，内墙按净长计算
墙高度:平屋面算至钢筋混凝土板底，女儿墙从屋面板上表面算至女儿墙顶面(如有混凝土压顶时算至压顶下表面)
外墙毛面积＝外墙长×外墙高(长取外墙中心线长度)
$=\underbrace{(6.5-0.06)}_{高}\times\underbrace{[(8.7-0.24\times3)+(8.7-0.24)+(6.3-0.24\times2)\times2]}_{长(扣除构造柱的宽)}=6.44\times28.08=180.84(m^2)$
扣除面积:门$=1.5\times2.6=3.9(m^2)$
窗$=1.8\times1.7\times8+1.5\times1.7=27.03(m^2)$
花格及楼梯门洞$=1.26\times2.6\times2=6.55(m^2)$
圈、过梁＝梁高×外墙长$=0.25\times27.12\times2=13.56(m^2)$
外墙净面积＝毛面积－扣除面积
$=180.84-(3.9+27.03+6.55+13.56)=129.80(m^2)$
外墙体积$=129.80\times0.24=31.15(m^3)$</td></tr>
</table>

续表

序号	分项工程名称	单位	结果	计算式
8	一砖内墙，实心砖，MU7.5，240 厚，M5 混合砂浆	m^3	15.57	墙长度：外墙按中心线，内墙按净长计算 墙高度：位于屋架下弦者，算至屋架下弦底；无屋架者算至顶棚底另加 100mm；有钢筋混凝土楼板隔层者算至楼板顶；有框架梁时算至梁底 内墙毛面积＝长×高 ＝[(3.6－0.12×2)×2＋(5.0－0.12×2)×2]× 6 长 高 ＝16.24×6＝97.44(m^2) 扣除面积：门＝0.9×2.6×4＝9.36(m^2) 窗＝1.5×1.7×4＝10.2(m^2) 板头＝0.15×16.24×2＝4.87(m^2) 圈、过梁面积＝梁高×长×2 层(梁长取其下的墙长) ＝0.25×16.24×2＝8.12(m^2) 内墙净面积＝毛面积－扣除面积 ＝97.44－(9.36＋10.2＋4.87＋8.127)＝64.89(m^2) 内墙体积＝净面积×墙厚＝64.89×0.24＝15.57(m^3)
9	砖砌台阶，M5 水泥砂浆	m^2	6.6	砖砌台阶按水平投影面积以平方米计算 [0.9×0.6×2＋(1.5＋0.5×2＋0.6×2)×0.6]×2 ＝(1.08＋2.22)×2＝6.6(m^2)
10	水池腿，M5 水泥砂浆	m^3	0.087	按设计图示尺寸以体积计算 单个水池腿面积＝高×宽＝0.5×(0.39＋0.34)/2＝0.183(m^2) 水池腿体积＝面积×厚＝0.183×0.12×4＝0.087(m^3)
11	混凝土散水坡，60 厚碎石垫层，30 厚 1：3 水泥砂浆面	m^2	15.52	按设计图示尺寸以面积计算 面积＝长×宽 ＝{[(8.94＋0.6)＋(6.5＋0.6)]×2－3.7×2}×0.6＝15.52(m^2)
	A.4 混凝土及钢筋混凝土工程			
12	现浇钢筋混凝土构造柱，C20，碎石粒径 40mm	m^3	5.75	按设计图示尺寸以体积计算。不扣除构件内钢筋、预埋铁件所占体积 柱高：构造柱按全高计算，嵌接墙体部分并入柱身体积 外墙构造柱体积＝柱身体积＋马搓口体积 ＝0.24×0.24×(6.5＋1.5)×8(个柱)＋0.24×0.06×(6.5＋1.5)/2×18(面)＝4.72(m^3) 内墙构造柱体积＝0.24×0.24×(5.58＋1.5)×2(个柱)＋0.24×0.06×(5.85＋1.5)/2×4(面)＝1.03(m^3) 构造柱体积＝4.72＋1.03＝5.75(m^3)
13	现浇钢筋混凝土圈梁，C20，碎石粒径 40mm	m^3	6.43	按设计图示尺寸以体积计算。不扣除构件内钢筋、预埋铁件所占体积 梁长：梁与柱连接时，梁长直至柱侧面 基础圈梁体积＝断面积×长 ＝0.24×0.24×[(8.7－0.24×3)＋(6.3－0.24×2)×2 断面积 外长28.12 ＋(8.7－0.24)＋(8.7－0.24×3)＋(5－0.24)×2] 内长11.5 ＝0.24×0.24×(28.12＋17.5)＝2.63(m^3) 圈梁体积＝断面积×长 (长＝圈过梁长－过梁长) ＝0.24×0.25×[28.12－(1.8＋0.5)×4－(1.5＋0.5)－1.26 外长 ＋(5－0.24)×2]×2(层)＝3.80(m^3) 内长 基础圈梁、圈梁体积＝2.63＋3.80＝6.43(m^3)

续表

序号	分项工程名称	单位	结果	计算式
14	现浇钢筋混凝土过梁，C20，碎石粒径40mm	m^3	2.45	过梁体积＝断面积×长 ＝0.24×0.25×{[(1.8＋0.5)×4＋1.26＋(1.5＋0.5)]×2（外长） ＋[(3.6－0.24)×2＋1.26]×2（内长）}＝2.45(m^3)
15	预制钢筋混凝土板	m^3	3.38	按设计图示尺寸以体积计算。不扣除构件内钢筋、预埋铁件所占体积 YTB(楼梯踏步板)体积＝断面积×长 ＝(0.3×0.03＋0.12×0.05)×1.74×20块 ＝0.52(m^3) YB_1 和 WYB_1 板体积＝断面积×长＝0.3×0.05×1.54×56块＝1.29(m^3) WYB_2 板体积＝断面积×长＝0.30×0.05×1.74×20块＝0.52(m^3) 预制板图纸体积＝0.52＋1.29＋0.52＝2.33(m^3) 预算工程量＝2.33×(1＋0.2%（制）＋1.0%（运）＋1.0%（安）)＝3.38(m^3)
16	预应力空心板	m^3	4.01	按设计图示尺寸以体积计算。不扣除构件内钢筋、预埋铁件所占体积，扣除空心板空洞体积 由图集查得 $YKB_{1\text{-}369\text{-}4}$ 板每块体积＝0.2005(m^3) 20块体积＝0.2005×20＝4.01(m^3)
17	预制空花格	m^3	0.078	按设计图示尺寸以体积计算 每块体积＝0.025×0.08×(0.295×2＋0.245×2)＝0.002(m^3) 块数＝1.26×2.6÷(0.295×0.295)＝38块 体积＝0.002×38＝0.076(m^3) 预算工程量＝0.076×(1＋0.2%（制）＋1.0%（运）＋1.0%（安）)＝0.078(m^3)
18	现浇混凝土钢筋，具体见工程量计算	t	1.699	按设计图示钢筋长乘以单位理论质量 1. 基础圈梁施工图钢筋：主筋 4ϕ12，箍筋 ϕ6@200 主筋长≈4×(外圈中心线长＋内圈中心线长＋32d×10) ＝4×[(8.7＋6.3)×2＋8.7＋(5×2)＋0.4×10]＝210.8(m) 每根箍筋长≈外圈周长＝0.24×4＝0.96(m) 每根箍筋根数＝长÷0.2＋1 箍筋根数＝总净长÷0.2＋7 ＝{[(8.7－0.24)＋(6.3－0.24)]×2＋(8.7－0.24)＋(5.0－0.24)×2}÷0.2＋7＝242(根) 箍筋总长＝0.96×242＝232(m) 基础圈梁钢筋重：ϕ12＝210.8×0.888＝187(kg)＝0.187(t) ϕ6＝232×0.222＝51.05(kg)＝0.051(t) 2. 圈、过梁 主筋 4ϕ18，箍筋 ϕ6@200 主筋长＝4×[(8.7＋6.3)×2＋8.7＋(5×2)＋32×0.018×10]×2＝435.7(m) 箍筋总长＝(0.24＋0.25)×2（每根长）×242（根）×2（层）＝474(m) 圈、过梁钢筋重：ϕ10以上＝435.7×1.998＝870(kg)＝0.870(t) ϕ10以内＝474×0.222＝105.28(kg)＝0.105(t)

续表

序号	分项工程名称	单位	结果	计 算 式
18	现浇混凝土钢筋，具体见工程量计算	t	1.699	3. 构造柱钢筋 主筋 4φ14，箍筋 φ6@200 外墙构造柱主筋总长＝(6.5＋1.5＋35×0.014)×4×8＝271.68(m) 柱 外墙构造箍筋总长＝0.24×4×(8÷0.2＋1)×8＝315(m) 单根长　根数　柱 内墙构造柱主筋总长＝(1.5＋5.85＋35×0.014)×4×2＝62.72(m) 内墙构造箍筋总长＝0.24×4×(7.35÷0.2＋1)×2＝72.48(m) 单根长　根数　柱 构造柱钢筋重：φ10 以上＝(271＋62.72)×1.208＝403(kg)＝0.40(t) φ10 以内＝(315＋72.48)×0.222＝86.02(kg)＝0.086(t) 钢筋总重＝基础圈梁钢筋重＋圈、过梁钢筋重＋构造柱钢筋 ＝(0.187＋0.051)＋(0.87＋0.105)＋(0.40＋0.086)＝1.699(t)
19	砖体内钢筋加固	t	0.12	按设计图示钢筋长乘以单位理论质量 单面钢筋每道长＝1.12×2(m) 单面钢筋总长＝1.12×2×11＝(m) 道 钢筋总长＝1.12×2×11×22＝(m) 面 钢筋重＝1.12×11×2×22×0.222(kg/m)＝120.34(kg)＝0.12(t) 钢筋总长　理论质量
20	预制混凝土钢筋	t	0.855	按设计图示钢筋长乘以单位理论质量 (1)WYB_2 板(20 块，3φ16，φ6@200) 主筋长＝3×1.74×20(块)＝104(m) 分布筋长＝0.3×(1.74÷0.2＋1)×20(块)＝58.2(m) (2)YB_1 板(56 块，3φ16，φ6@200) 主筋长＝3×1.54×56(块)＝259(m) 分布筋长＝0.3×(1.54÷0.2＋1)×56(块)＝146.16(m) 根数 (3)YTB 板(20 块，4φ16，φ6@200) 主筋长＝4×1.74×20(块)＝139(m) 分布筋长＝0.45×(1.74÷0.2＋1)×20(块)＝87.3(m) 预制板钢筋重：φ10 以上＝(104＋259＋139)×1.58＝793.16(kg)＝0.79(t) φ10 以内＝(58.2＋146.16＋87.3)×0.222＝65.45(kg)＝0.065(t) 预制板钢筋重＝0.79＋0.065＝0.855(t)
21	预制水池	个	2	2 个
	A.6 金属工程			
22	铁窗栅	t	0.131	按设计图示钢筋长乘以单位理论质量 每隔 0.1 米 1 根，φ12 C_1 窗：每樘钢筋根数＝1.8÷0.1－1＝17(根) C_1 窗钢筋长＝1.7×17×4＝115.6(m) C_2 窗：每樘钢筋根数＝1.5÷0.1－1＝14(根) C_2 窗钢筋长＝1.7×14×2＝47.6(m) 铁窗钢筋重＝长×线密度 ＝(115.6＋47.6)×0.808(kg/m)＝131.87(kg)＝0.131(t)

续表

序号	分项工程名称	单位	结果	计 算 式
	A.7 屋面及防水工程			
23	三毡四油 1. 带砂，冷底油， 2. 屋面 1∶3 泥砂浆找平层，双层	m²	58.53	按设计图示尺寸以面积计算。女儿墙弯起面积并入屋面积 三毡四油带砂面积＝屋面积＋女儿墙弯起面积 ＝(8.7－0.24)×(6.3－0.24)（屋面积）＋0.25×(8.46＋6.06)×2（女儿墙弯起面积） ＝58.53(m²)
	屋面 1∶3 泥砂浆找平层，双层	m²	102.54	屋面 1∶3 泥砂浆找平层，双层 面积＝(6.54－0.48)×(8.94－0.48)×2＝102.54(m²)
24	铸铁弯头落水口(ϕ100)	个	4	4 个
25	铸铁落水斗(ϕ100)	个	4	4 个
26	铸铁落水管(ϕ100)	m		按设计图示尺寸以长度计算 长＝(0.45＋6.0)×4＝25.8(m)
27	1∶10 水泥蛭石保温，最薄处 30 厚	m³	3.85	平均厚＝(0.03＋0.12)÷2＝0.075(m) 体积＝面积×厚＝8.46×6.06×0.075＝3.85(m³)
	B.1 楼地面工程			
28	白石子水磨石地面 1. 1∶3 水泥砂浆结合层 2. 80 厚碎石垫层 3. 80 厚 C15 厚混凝土垫层	m²	47.26	按设计图示尺寸以面积计算。不扣除柱、垛、间壁墙、附墙烟囱及面积在 0.3m² 以内孔洞所占体积。但门洞、空圈子、暖气包槽、壁龛的开口部分亦不增加 面积＝(5－0.24)×(3.6－0.24)×2（室）＋1.06×(8.7－0.24)（走）＋1.26×5.0（梯） ＝47.26(m²)
29	白石子水磨石楼面 1. 1∶3 水泥砂浆结合层 2. 刷素水泥浆一道	m²	40.96	按设计图示尺寸以面积计 面积＝(5－0.24)×(3.6－0.24)×2（室）＋1.06×(8.7－0.24)（走）＝40.96(m²)
30	水磨石踢脚板，高 150mm 1. 1∶3 水泥砂浆打底 2. 1∶2 水泥砖浆抹面	m²	13.55	按设计图示尺寸以面积计 长＝{[(3.6－0.24)＋4.7]×2（室）＋5×2（梯）＋[(8.7－0.24)＋1.06]×2（走）}×2 ＝90.32(m) 面积＝90.32×0.15＝13.55(m²)
31	水磨石楼梯面层，踏步金刚石防滑条	m²	6.0	按楼梯间水平投影面积计算 投影面积＝4.76×1.26＝6.0(m²)
	踏步金刚石防滑条	m	38.40	踏步金刚石防滑条 长＝(1.26－0.3)×2×20(块)＝38.40(m)
32	斩假石台阶面层	m²	8.82	台阶面层(包括踏步及最上一层踏步沿加 300mm)按水平投影面积计算 {[1.5＋(0.5＋0.6)×2]×(0.9＋0.6)－0.6×(1.5＋0.2×2)}×2 ＝8.82(m²)
33	不锈钢管扶手	m	12.05	斜长＝水平投影×1.15＝5.24×1.15×2＝12.05(m)

续表

序号	分项工程名称	单位	结果	计 算 式
	B.2 墙、柱面工程			
34	内墙面一般抹底 1. 1∶3水泥砂浆底 2. 20厚麻刀灰面 3. 涂料(106)	m^2	296.37	按设计图示尺寸以面积计。应扣除门窗洞口和空圈所占的面积，不扣除踢脚板、挂镜线，0.3m^2 以内的孔洞和墙与构件交接处的面积，洞口侧壁和顶面亦不增加。墙垛和附墙烟囱侧壁面积与内墙抹灰工程量合并计算。内墙面抹灰的长度，以主墙间的图示净长尺寸计算。其高度确定如下：无墙裙的，其高度按室内地面或楼面至天棚底面之间距离计算 内墙面抹灰毛面积$=\underbrace{(4.76+3.36)\times2\times(3-0.15)\times4}_{\text{4室}}+\underbrace{5.24\times2\times(3-0.15)\times2}_{\text{楼梯}}+\underbrace{(1.06+8.46)\times2\times(3-0.15)\times2}_{\text{走道}}=353.41(m^2)$ 扣除：门窗面积$=50.49(m^2)$　楼梯洞口$=6.55(m^2)$ 净面积＝毛－扣$=353.41-(50.49+6.55)=296.37(m^2)$
35	压顶及女儿墙内侧水泥砂浆 20厚 1∶2 水泥砂浆	m^2	18.3	按设计图示尺寸以面积计 三毡四油弯起高按 0.25 米计算 展开高$=0.5-0.25+0.3+0.06=0.61(m)$ 抹灰面积＝展开高×长$=0.61\times(8.7+6.3)\times2=18.3(m^2)$
36	外墙面面砖 1. 1∶3水泥砂浆底 2. 刷素水泥浆一道 3. 1∶1水泥砖浆	m^2	195.82	按设计图示尺寸以面积计(实铺面积计) 毛面积$=(8.94+6.54)\times2\times(0.45+6.5)=215.17(m^2)$ 扣除面积：门窗面积$=30.93(m^2)$ 空花及洞口面积$=1.26\times2.6\times2=6.55(m^2)$ 增加面积：门窗侧壁面积≈侧壁墙宽×长 $=\underbrace{0.24\times(1.8+1.7)\times2\times8}_{8\times C_1}+\underbrace{0.24\times(1.5+1.7)\times2}_{2\times C_2}+\underbrace{0.24\times(1.5+2.6\times2)}_{M_1}=16.58(m^2)$ 洞口侧壁面积$=0.24\times(1.26+2.6\times2)=1.55(m^2)$ 实铺面积＝毛－扣＋增$=215.17-(30.93+6.55)+(16.58+1.55)=195.82(m^2)$
	B.3 天棚工程			
37	天棚抹灰(预制板底) 1. 素水泥浆一道，蔴刀纸筋灰面 2. 涂料(106)	m^2	96.10	按设计图示尺寸以水平投影面积计算，楼梯底板面积按斜面积计算 4室顶棚净面积$=4.76\times(3.6-0.24)\times4=63.97(m^2)$ 2层走道净面积$=1.06\times(8.94-0.48)\times2=17.94(m^2)$ 楼梯底板面积≈垂直投影面积×1.15 $=5.24\times1.26\times1.15=7.59(m^2)$ 二层楼梯间顶棚面积$=5.24\times1.26=6.60(m^2)$ 合计面积$=63.97+17.94+7.59+6.60=96.10(m^2)$
	B.4 门窗工程			
38	镶板木门，单扇，M2 1. 杉木 2. 普通五金	樘	4	按设计图示尺数量计算 4樘 面积$=4\times0.9\times2.6=9.36(m^2)$
39	镶板木门，双扇，M1 1. 杉木 2. 普通五金	樘	1	按设计图示尺数量计算 1樘 面积$=1.5\times2.6=3.9(m^2)$

续表

序号	分项工程名称	单位	结果	计算式
40	双扇带亮窗,C1 1. 杉木 2. 普通五金	樘	8	按设计图示尺数量计算 8樘 面积$=1.5\times1.8\times8=21.60(m^2)$
41	单扇带亮窗,C2 1. 杉木 2. 普通五金	樘	5	按设计图示尺数量计算 5樘 面积$=1.5\times1.7\times5=12.75(m^2)$
42	门锁	套	5	5套
	B.5 油漆工程			
43	木门油漆,M1 润油粉一遍,满刮腻子,调和漆三遍	樘	1	按设计图示尺数量计算 1樘 面积$=1.5\times2.6=3.9(m^2)$
44	木门油漆,M2 润油粉一遍,满刮腻子,调和漆三遍	樘	4	按设计图示尺数量计算 4樘 面积$=4\times0.9\times2.6=9.36(m^2)$
45	木窗油漆,C1 润油粉一遍,满刮腻子,调和漆三遍	樘	8	按设计图示尺数量计算 8樘 面积$=1.5\times1.8\times8=21.60(m^2)$
46	木窗油漆,C2 润油粉一遍,满刮腻子,调和漆三遍	樘	5	按设计图示尺数量计算 5樘 面积$=1.5\times1.7\times5=12.75(m^2)$
47	铁窗栅油漆 调和漆三遍、防锈油一遍	t	0.131	0.131t 同序号22
48	排水系统油漆 防锈漆一遍,调和漆三遍	m^2	14.40	水斗及水口每个展开面积$1.56m^2$ 水斗及水口面积$=1.56\times4=6.24(m^2)$ 水落管展开面积=总长×圆周长 $=26\times0.1\times3.14=8.16(m^2)$ 合计面积$=6.24+8.16=14.40(m^2)$

土建工程措施项目工程量计算表

工程名称：××办公楼（图纸见本书附录）

序号	分项工程名称	单位	结果	计算式
1	外墙砌筑脚手	$100m^2$	2.09	面积=长×高(定:长为外墙中心线,高为室外地坪至图示墙高) $=(8.70+6.30)\times2\times(6.5+0.45)=30.00\times6.95$ $=208.5(m^2)$
2	内墙砌筑脚手	$100m^2$	1.03	面积=长×高(定:长为净长,高为净高) $=[(8.7-0.24)+(5.0-0.24)\times2]\times(3-0.15)\times2$ $=102.49(m^2)$
3	外墙脚手架挂安全网增加费用	$100m^2$	2.15	面积=长×高(定:长为外墙边线,高为室外地坪至图示墙高) $=(8.94+6.54)\times2\times(6.5+0.45)=30.96\times6.95$ $=215.17(m^2)$
4	垂直运输机械	$100m^2$	1.17	按建筑面积计算 $8.94\times6.54+8.94\times6.54=116.94(m^2)$

13.3 某办公楼施工图工程量清单报价（投标标底）实例

（投标标底封面）

××办公楼工程工程量清单报价书

（投标标底）

招　　标　　人：　　××厅

工　程　名　称：××办公楼土建水电安装工程

投标总价（小写）：　122009 元

（大写）：拾贰万贰仟零玖元整

投　　标　　人　　××建筑公司　　（单位盖章）

法定代表人

或其授权人：　　张××　　（签字盖章）

编　　制　　人：　　王××　　（盖专用章）

编　制　时　间：　×年×月×日

工程量清单投标报价总说明

工程名称：××办公楼（投标标底，图纸见本书附录）

1. 工程概况：本工程建筑面积为116.94m^2，其主要使用功能为办公。地上2层，砖混结构，建筑高度3.50m，基础是砖条形基础，计划工期100天。

2. 投标范围：土建工程、装饰工程、电气工程、给排水工程。

3. 投标报价编制依据：

3.1　招标方提供的××办公楼土建、招标邀请书、招标答疑等招标文件。

3.2　××办公楼施工图及投标施工组织计划。

3.3　有关技术标准、规范和安全管理等。

3.4　省建设主管部门颁发的计价定额和相关计价文件。

3.5　材料价格根据本公司掌握的价格情况并参照当地造价管理机构当月工程造价信息发布的价格。

单项工程投标报价汇总表

工程名称：××办公楼

序号	单位工程名称	金额/元	其中		
			暂估价/元	安全文明费/元	规费/元
1	××办公楼	122009		1369	6757

单位工程投标报价汇总表

工程名称：××办公楼

序号	项目名称			金额/元	备注
1	分部分项工程量清单报价合计			76356	土＋水＋电＝67125＋2777＋6454＝76356
2	措施项目清单报价合计			4776	
3	其他项目报价合计			30105	
4	规费	4.1	规费(一)	6529	
		4.2	规费(二)(工程定额测定费)	146	(序号1＋序号2＋序号3＋序号4.1)×0.124%＝117766×0.124%＝146
5	税金			4097	(序号1＋序号2＋序号3＋序号4.1＋序号4.2)×3.475%＝(117766＋146)×3.475%＝4097
	合计			122009	序号1＋序号2＋序号3＋序号4.1＋序号4.2＋序号5＝1117766＋146＋4097＝122009

注：序号1＋序号2＋序号3＋序号4.1＝76356＋4776＋30105＋6529＝117766。

土建工程分部分项工程工程量清单与计价表

工程名称：××办公楼（图纸见本书附录）

序号	项目编码	项目名称	计量单位	工程数量	金额/元		
					综合单价	合价	其中暂估价
1		建筑面积	m^2	116.94			
		土方工程					
2	010101001001	平整场地，三类土，弃土5m 1. 土方挖填找平 2. 弃土5m	m^2	58.48	1.27	74.27	
3	010101003001	挖条形基础土方，三类土，宽0.8m，深0.9m，弃土5m 1. 土方开挖 2. 基底钎探 3. 运输	m^3	65.42	22.71	1485.69	
4	010103001001	基础土方回填 1. 就地回填 2. 夯实	m^3	49.04	3.09	151.53	

续表

序号	项目编码	项目名称	计量单位	工程数量	金额/元		
					综合单价	合价	其中暂估价
5	010103001002	室内土方回填 1. 就地回填 2. 夯实	m^3	12.35	3.09	38.16	
		小计				1750	
		砌筑工程					
6	010401001001	条形砖基础，实心砖，MU7.5，M5水泥砂浆，C10素混凝土垫层，$H=-1.5$m	m^3	14.71	217.91	3205.46	
7	010503001001	一砖外墙，实心砖，MU7.5，240厚，M5混合砂浆	m^3	31.15	170.05	5043.68	
8	010503001002	一砖内墙，实心砖，MU7.5，240厚，M5混合砂浆	m^3	15.57	164.95	2568.27	
9	010404013001	砖砌台阶，M5水泥砂浆	m^3	6.6	175.04	1155.26	
10	010404013002	水池腿，M5水泥砂浆	m^3	0.087	175.04	15.23	
11	0105070011001	混凝土散水坡，60厚碎石垫层，30厚1∶3水泥砂浆面	m^2	15.52	18.59	288.52	
		小计				12530	
		混凝土及钢筋混凝土工程					
12	010502002001	现浇钢筋混凝土构造柱，C20，碎石粒径40mm	m^3	5.75	524.72	3017.14	
13	010503005001	现浇钢筋混凝土圈梁，C20，碎石粒径40mm	m^3	6.43	457.41	2941.15	
14	010403004002	现浇钢筋混凝土过梁，C20，碎石粒径40mm	m^3	2.45	580.42	1422.03	
15	010512001001	预制钢筋混凝土板，C20，碎石粒径20mm	m^3	2.38	555.57	1322.26	
16	010512002001	预应力空心板，C20，碎石粒径20mm	m^3	4.01	600.28	2407.12	
17	010512008001	预制空花格，C20，碎石粒径20mm	m^3	0.078	610.56	47.62	
18	010515001001	现浇混凝土钢筋	t	1.699	2814.72	4782.21	
19	010416001002	砖体内钢筋加固	t	0.12	2814.72	337.77	
20	010416002001	预制混凝土钢筋	t	0.855	3129.60	2675.81	
21	010414003001	预制水池	个	2	30.72	61.44	
		小计				19015	
		金属工程					
22	010606009001	铁窗栅	t	0.131	2486.00	326	

续表

序号	项目编码	项目名称	计量单位	工程数量	金额/元		
					综合单价	合价	其中暂估价
		屋面及防水工程					
23	010902001001	三毡四油 1. 带砂,冷底油, 2. 屋面 1∶3 水泥砂浆找平层,双层	m^2	58.53	30.72	1798.04	
24	010902004001	铸铁弯头落水口(ϕ100)	个	4	62.40	249.60	
25	010902004002	铸铁落水斗(ϕ100)	个	4	37.44	149.76	
26	010902004003	铸铁落水管(ϕ100)	m	25.8	45.12	1164.10	
27	011001000001	1∶10 水泥蛭石保温,最薄处30厚	m^3	3.85	388.80	1496.88	
		小计				4858	
		楼地面工程					
28	011101002001	白石子水磨石地面 1. 1∶3 水泥砂浆结合层 2. 80 厚碎石垫层 3. 80 厚 C15 厚混凝土垫层	m^2	47.26	43.20	2041.63	
29	011101002002	白石子水磨石楼面 1. 1∶3 水泥砂浆结合层 2. 刷素水泥浆一道	m^2	40.96	28.80	1179.64	
30	011105002001	水磨石踢脚板,高 150mm 1. 1∶3 水泥砂浆打底 2. 1∶2 水泥砖浆抹面	m^2 m	90.32	5.76	520.24	
31	01110605001	水磨石楼梯面层,踏步金刚石防滑条	m^2 m	6.0 38.4	1.41	54.14	
32	011107006001	斩假石台阶面层	m^2	8.82	53.76	474.16	
33	020107004001	不锈钢管扶手	m	12.05	153.60	1850.88	
		小计				6121	
		墙、柱面工程					
34	011201001001	内墙面一般抹底 1. 1∶3 水泥砂浆底 2. 20 厚麻刀灰面 3. 涂料(106)	m^2	296.37	9.21	2729.57	
35	011201001002	压顶及女儿墙内侧水泥砂浆 20 厚 1∶2 水泥砂浆	m^2	18.3	8.35	152.81	
36	011204003001	外墙面面砖 1. 1∶3 水泥砂浆底 2. 刷素水泥浆一道,1∶1 水泥砖浆	m^2	195.82	43.10	8439.84	
		小计				11323	

续表

序号	项目编码	项目名称	计量单位	工程数量	金额/元		
					综合单价	合价	其中暂估价
		天棚工程					
37	011301001001	天棚抹灰(预制板底) 1. 素水泥浆一道,蔴刀纸筋灰面 2. 涂料(106)	m^2	96.10	10.56	1014.82	
		门窗工程					
38	010801001001	镶板木门,单扇,M2 1. 杉木 2. 普通五金	樘	4	364.80	1459.20	
39	010801001002	镶板木门,双扇,M1 1. 杉木 2. 普通五金	樘	1	691.20	691.20	
40	010806001001	双扇带亮窗,C2 1. 杉木 2. 普通五金	樘	8	681.62	5452.96	
41	010806001002	单扇带亮窗,C2 1. 杉木 2. 普通五金	樘	5	346.56	1732.80	
42	010801006001	门锁	套	5	28.80	144.00	
		小计				9480	
		油漆工程					
43	011401001001	木门涂料,M1 润油粉一遍,满刮腻子,调和漆三遍	樘	1	51.84	51.84	
44	011401001002	木门涂料,M2 润油粉一遍,满刮腻子,调和漆三遍	樘	4	20.16	80.64	
45	011402001001	木窗涂料,C1 润油粉一遍,满刮腻子,调和漆三遍	樘	8	24.96	199.68	
46	020501002001	木窗涂料,C2 润油粉一遍,满刮腻子,调和漆三遍	樘	5	52.80	264.00	
47	011402002001	铁窗栅涂料 调和漆三遍、防锈油一遍	t	0.131	160.13	20.98	
48	011402002002	排水系统涂料 防锈漆一遍,调和漆三遍	m^2	14.40	6.24	89.86	
		小计				707	
						67125	

给排水工程分部分项工程工程量清单与计价表

工程名称：××办公楼

序号	项目编码	项目名称	项目特征	计量单位	工程数量	金额/元		
						综合单价	合价	其中：暂估价
1	031001006001	给水管	PP-C,DN32,室外，	m	32.00	28.03	896.96	
2	031001006002	给水管	PP-C,DN20,室内，	m	6.50	24.50	159.25	
3	031001006003	给水管	PP-C,DN15,室内，	m	3.00	20.20	60.60	
4	031001007001	排水管	塑料,DN100,室内，	m	6.50	60.82	395.33	
5	031001007002	排水管	塑料,DN100,室外	m	6.00	60.82	364.92	
6	031001007003	排水管	塑料,DN50,室内，	m	5.00	38.90	194.50	
7	031003001001	螺纹阀门	DN20	个	1	29.40	29.40	
8	031003001002	自闲阀门	DN20	个	1	32.60	32.60	
9	031004004001	洗涤盆	陶瓷	组	2	176.20	352.40	
10	031004006001	蹲式大便器		套	2	81.20	162.40	
11	031004014001	洗脸盆龙头	铜,DN15	个	2	8.72	17.44	
12	010101006001	人工挖土方		m^3	3.02	36.80	111.14	
		小计					2777	

电气工程分部分项工程工程量清单与计价表

工程名称：××办公楼

序号	项目编码	项目名称	项目特征	计量单位	工程数量	金额/元		
						综合单价	合价	其中：暂估价
1	030404017001	总照明箱(M1)	箱体安装	台	1	160.90	160.90	
2	030404017002	户照明箱(XADP-P110)	箱体安装	台	4	120.00	480.00	
3	030404019001	自动开关	E4CB480CE+E4EL/300MA	个	1	90.80	90.82	
4	030404019002	自动开关	E4CB220CE	个	4	60.51	242.04	
5	030404019003	自动开关	E4CB110CE	个	12	55.62	667.44	
6	030404019004	单板开关		个	8	7.20	57.60	
7	030404019005	双板开关		个	4	9.20	36.80	
8	030404035001	二、三极双联暗插座	F901F910ZS	套	16	16.20	259.20	
9	030410003001	导线架设(BXF-35)	导线进户架设	km	120	9.70	1164.00	
	030410003002	进户横担安装		组	1	120.00	120.00	
10	030409002001	接地装置	-40×4 镀锌扁铁；接地母线敷设	m	10	96.20	562.00	
11	030411011001	接地电阻测试		系统	1	168.56	168.56	

续表

序号	项目编码	项目名称	项目特征	计量单位	工程数量	金额/元		
						综合单价	合价	其中：暂估价
12	030412001001	G25 塑管	刨沟槽；电线管路敷设；接线盒，接座盒等安装；防腐油漆	m	9.02	9.10	82.08	
13	030412001002	SGM16 塑管	刨沟槽；电线管路敷设；接线盒，接座盒等安装；防腐油漆	m	160.00	8.10	1296.00	
14	030412004001	BV-10 铜线	配线；管内穿线	m	27.02	1.90	51.34	
15	030412004002	BV-2.5 铜线	配线；管内穿线	m	48.02	1.10	52.82	
16	030413005001	单管日光灯安装		套	12.00	30.20	362.40	
17	030413002002	吸顶灯装		套	6.00	50.40	302.40	
		小计					6456	

措施项目清单与计价表（一）

工程名称：××办公楼

序号	定额编号	项目名称	计量单位	工程数量或计算基数	金额/元	
					综合单价或费率	合价
1	ZA8-1	外墙砌筑脚手	$100m^2$	1.99	530.21	1055.12
2	ZA8-20	内墙砌筑脚手	$100m^2$	1.41	227.85	321.27
3	ZB7-1	垂直运输机械	$100m^2$	1.16	232.56	269.77
		小计				1646
4	A1-1	环境保护费	元	19560	0.4%	
5	A1-2.2	文明施工费	元	19560	4.0%	782
6	A1-3	安全施工费	元	19560	3.0%	587
7	A1-4	临时设施费	元	19560	4.8%	
8	A1-10	工程定位复测、工程交点、场地清理费	元	19560	2.0%	
9	A1-11	生产工具用具使用费	元	19560	1.8%	
		小计		19560	16.0%	3130
		合计				4776

注：本表综合单价参照《2009 安徽省建筑、装饰装修计价定额综合单价》确定。11472 是人工费加机械费。

措施项目清单与计价表（二）

工程名称：××办公楼

序号	项目编码	项目名称	项目特征描述	计量单位	工程数量	金额/元		
						综合单价	合价	其中：暂估价
1	011703002001	带形基础模板	支模高度小于3.6m	m^2	12.19			
2	011703008001	构造柱模板	支模高度小于3.6m	m^2	50.26			
3	011703013001	圈梁模板	支模高度小于3.6m	m^2	47.38			
4	011703020001	无梁板模板	支模高度小于3.6m	m^2	67.08			
5	011703028001	楼梯模板	支模高度小于3.6m	m^2	85.8			
6	011703029001	挑檐模板	支模高度小于3.6m	m^2	18.68			

注：模板费已在土建工程分部分项工程工程量清单与计价表中计算。

其他项目清单与计价表

工程名称：××办公楼

序号	项目名称		计量单位	金额/元	备法
1	暂列金额		项	9000	明细详见表
2	暂估价	2.1 材料暂估价	项	3000	明细详见表
		2.2 专业工程暂估价	项	3000	明细详见表
3	计日工			13980	明细详见表
4	总承包服务费			1125	明细详见表
	合计			30105	

暂列金额明细表

工程名称：××办公楼

序号	项目名称	计量单位	金额/元	备法
1	工程量清单中工程量偏差和设计变更	项	3000	明细详见表
2	政策性调整和材料价格风险	项	3000	明细详见表
3	其他	项	3000	明细详见表
	合计		9000	

材料暂估价表

工程名称：××办公楼

序号	项目名称	计量单位	金额/元	备法
1				
2				

专业工程暂估价表

工程名称：××办公楼

序号	项目名称	计量单位	金额/元	备法
1	防盗门安装	安装	3000	
2				

计日工表

工程名称：××办公楼

编号	项目名称	单位	暂定数量	综合单价/元	合价/元
一	人工				
1	普土	工日	60	30	1800
2	技工	工日	30	50	1500
3					3300
4	人工小计				
	,				
二	材料				
1	钢筋	t	1	5300	5300
2	水泥 42.5	t	2	600	1200
3	中砂	m^3	10	80	800
	材料小计				7300
三	施工机械				
1	起重机	台班	6	550	3300
2	灰浆搅拌机	台班	4	20	80
	施工机械小计				3380
	总计				13980

总承包服务费计价表

工程名称：××办公楼

序号	项目名称	项目价值/元	服务内容	费率/%	金额/元
1	发包人发包专业工程	1500	1. 按专业工程承包人的要求提供施工工作面并对施工现场进行统一管理，对峻工资料进行统一整理汇总 2. 为专业工程承包人提供垂直运输机械和焊接电源接点，并承担垂直运输费和电费 3. 为塑钢门窗安装后进行补缝和找平并承担相应费用	7	1050
2	发包人供应材料	1500	对发包人供应的材料进行验收及保管和使用发放	0.5	75
	合计				1125

规费（一）项目清单与计价表

工程名称：××办公楼

序号	定额编号	名　　称	计量单位	计算基数	金额/元	
					费率/%	合价
1	A4-1	养老保险费	元	16120	20	
2	A4-1.2	失业保险费	元	16120	2	
3	A4-1.3	医疗保险费	元	16120	8	
4	A4-2	住房公积金	元	16120	10	
5	A4-3	危险作业意外保险费	元	16120	0.5	
		合计		16120	40.5	6529

注：16120是分部分项项目清单人工费加施工技术措施项目清单人工费。

工程量清单综合单价分析表

工程名称：××办公楼

项目编码	010401001001	项目名称	砖基础	计量单位	m^3

清单综合单价组成明细

定额编号	定额名称	定额单位	数量	单价/元				合价/元			
				人工费	材料费	机械费	管理费和利润	人工费	材料费	机械费	管理费和利润
ZA3-1	砖基础	m^3	1	43.68	224.73	3.02	19.15	43.68	224.73	3.02	19.15
人工单价		小　　计									
31.00元/工日		未计价材料费									
清单项目综合单价								290.58			

	主要材料名称、规格、型号	单位	数量	单价/元	合价/元	暂估单价/元	暂估合价/元
材料费明细	标准砖 240×115×53	百块	5.236	36.05	188.76		
	水泥混合砂浆 M5	m^3	0.236	151.00	35.64		
	水	m^3	0.105	3.20	0.336		
	其他材料费			—		—	
	材料费小计			—	224.73	—	

土建工程人工工日及材料分析表

工程名称：××办公楼

序号	项目名称	定额编号	工程内容	单位	数量	人工工日(工日)								
						单数	合数							
			土方工程											
1	平整场地	ZA1-8	平整场地	m^2	58.47	0.032	1.87							
2	挖基础土方	ZA1-4	挖土方	m^3	65.42	0.053	34.67							
		估	基底钎探	m^2	62.30	0.011	0.69			…				
3	基础土方回填	ZA1-11	基础土方回填	m^3	43.11	0.244	10.51							
	小计						17							
			砌筑工程			人工工日(工日)		砖/百块		水泥砂浆/m^3		水 m^3		
						单数	合数	单数	合数	单数	合数	单数	合数	
4	底层空心砖墙 120 厚	ZA3-1	砖基础	m^3	12.53	1.12	14.03	5.236	65.61	0.236	2.96	0.105	1.32	…
…	…	…	…	…	…		…	…	…	…	…	…	…	…

附录

某办公楼造价实例配套施工图

办公楼工程建筑施工图

建筑施工说明

一、工程概况

1. 本工程为房建公司办工楼，平面呈一字形。一、二层高均为3m。建筑面积为117m²。

2. 本工程地坪为±0.00，相当于绝对标高40.00mm。室内外地坪高差为0.45m。

二、装饰

1. 墙体：外墙做法按皖93-J301-17页-节点14，面砖灰缝10mm以内。内墙做法见皖93J301-20-④，涂料用106涂料。踢脚按相应的楼、地面面层做。

2. 地面：做法见93J301-6-⑮，不带嵌条。

3. 楼面：做法见93J301-12-⑥，不带嵌条。

4. 屋面：做法见92J201-A-B_3-$\frac{C_3}{30}$-A-D_4-E_8。

5. 楼梯：做法参见楼面，加金刚石防滑条二道。

6. 天棚：做法见93J301-23-③，涂料用106涂料。

三、局部做法

1. 散水：做法见皖91J307-3-③；

2. 铁栅：底层窗设铁栅，ϕ12@100；

3. 水池：做法见91J904-19-①B；

4. 花格：做法见91J307-51-⑥；

5. 台阶：皖93J307-7-⑦；

6. 排水：做法见92J201-22-①，铸铁。

四、油漆

1. 木材面：奶黄色调和漆三遍。

2. 金属面：红丹防锈漆一遍，再刷奶黄色调和漆三遍。

五、建筑图纸目录表

图号	图纸内容	备注
1	建筑施工说明	
2	底层平面图	
3	二层平面图	
4	屋盖平面图	
5	南立面图	
6	北立面图	
7	1—1剖面图，2—2剖面图	

六、门窗统计表

类别	代号	洞口尺寸		数量（樘）	备注
		宽	高		
门	M1	1500	2600	1	双扇带亮子木板门，带纱
	M2	900	2600	4	单扇带亮子木板门，带纱
窗	C1	1800	1700	8	六框料带亮子木窗，带纱
	C2	1500	1700	5	五框料带亮子木窗，带纱

××设计院		说明	设计	褚振文
建设单位	房建公司		制图	褚振文
工程名称	办公		图别	建施
设计号	93-2-01		图号	1/7

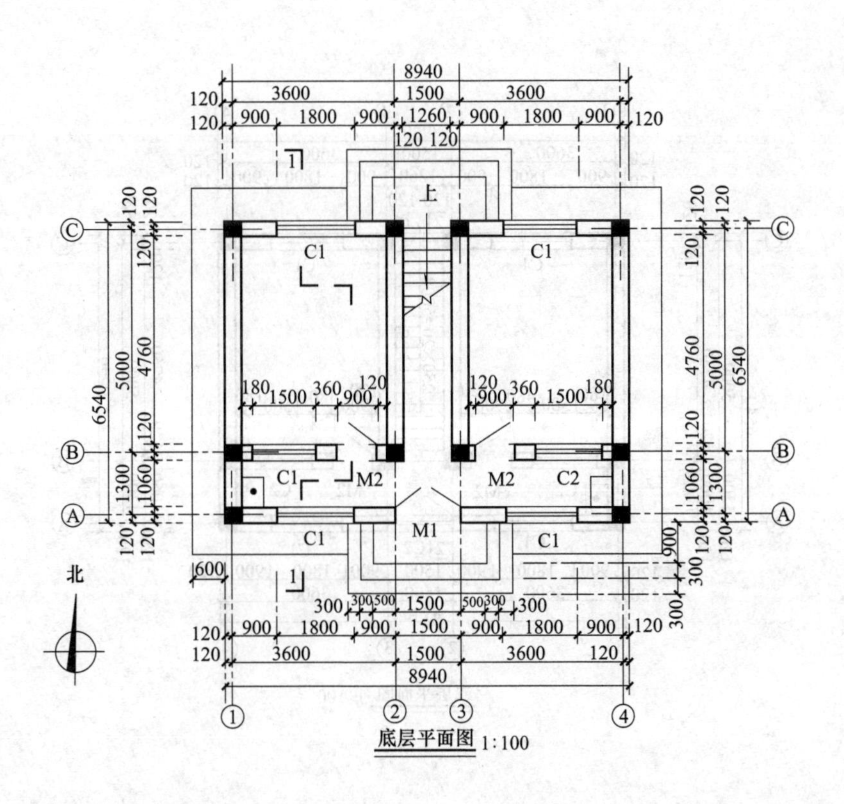

底层平面图 1:100

××设计院		底层平面图	设计	褚振文
建设单位	房建公司		制图	褚振文
工程名称	办公		图别	建施
设计号	93-2-01		图号	2/7

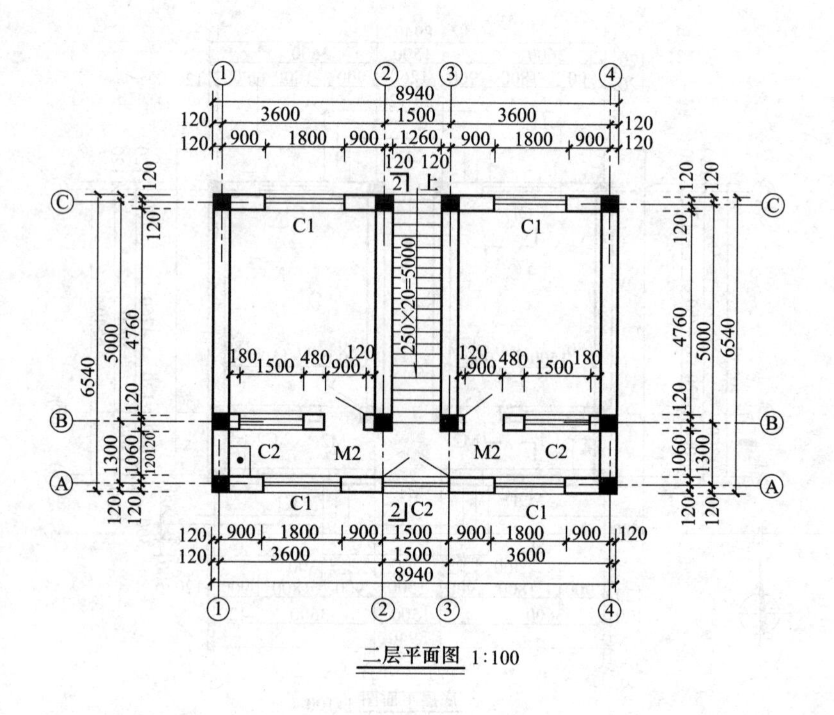

二层平面图 1:100

××设计院		二层平面图	设计	褚振文
建设单位	房建公司		制图	褚振文
工程名称	办公		图别	建施
设计号	93-2-01		图号	3/7

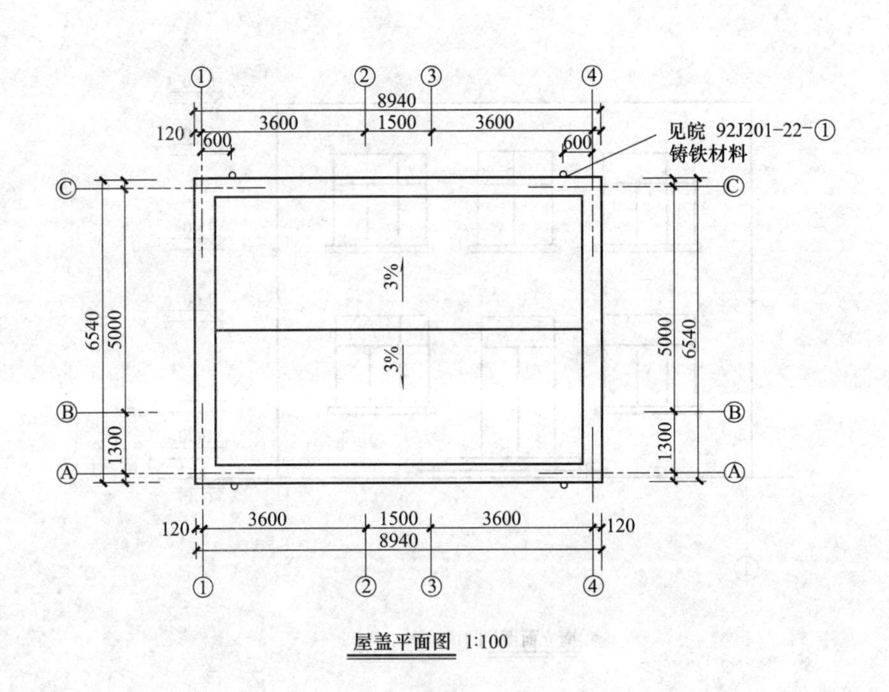

屋盖平面图 1:100

××设计院		屋盖平面图	设计	褚振文
建设单位	房建公司		制图	褚振文
工程名称	办公		图别	建施
设计号	93-2-01		图号	4/7

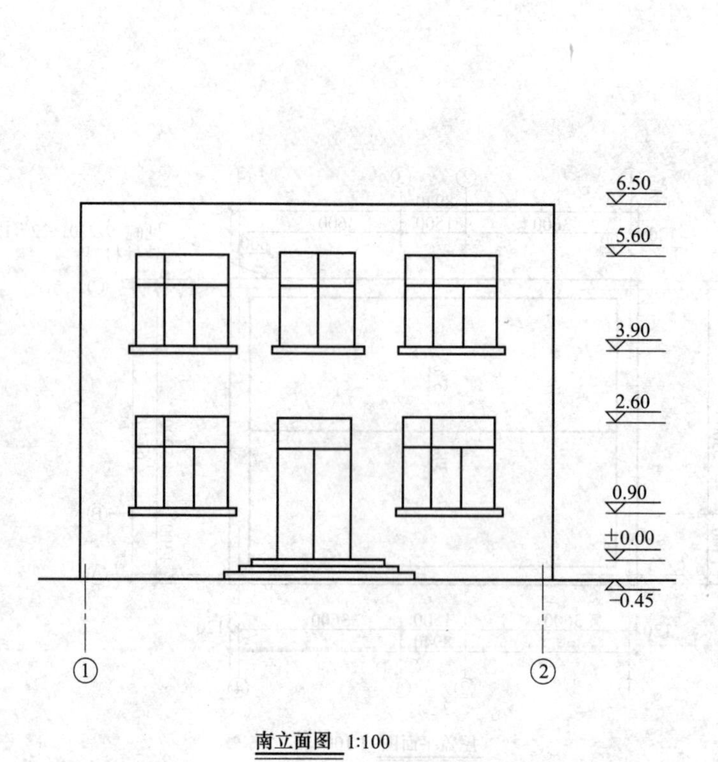

南立面图 1:100

××设计院		南立面图	设计	褚振文
建设单位	房建公司		制图	褚振文
工程名称	办公		图别	建施
设计号	93-2-01		图号	5/7

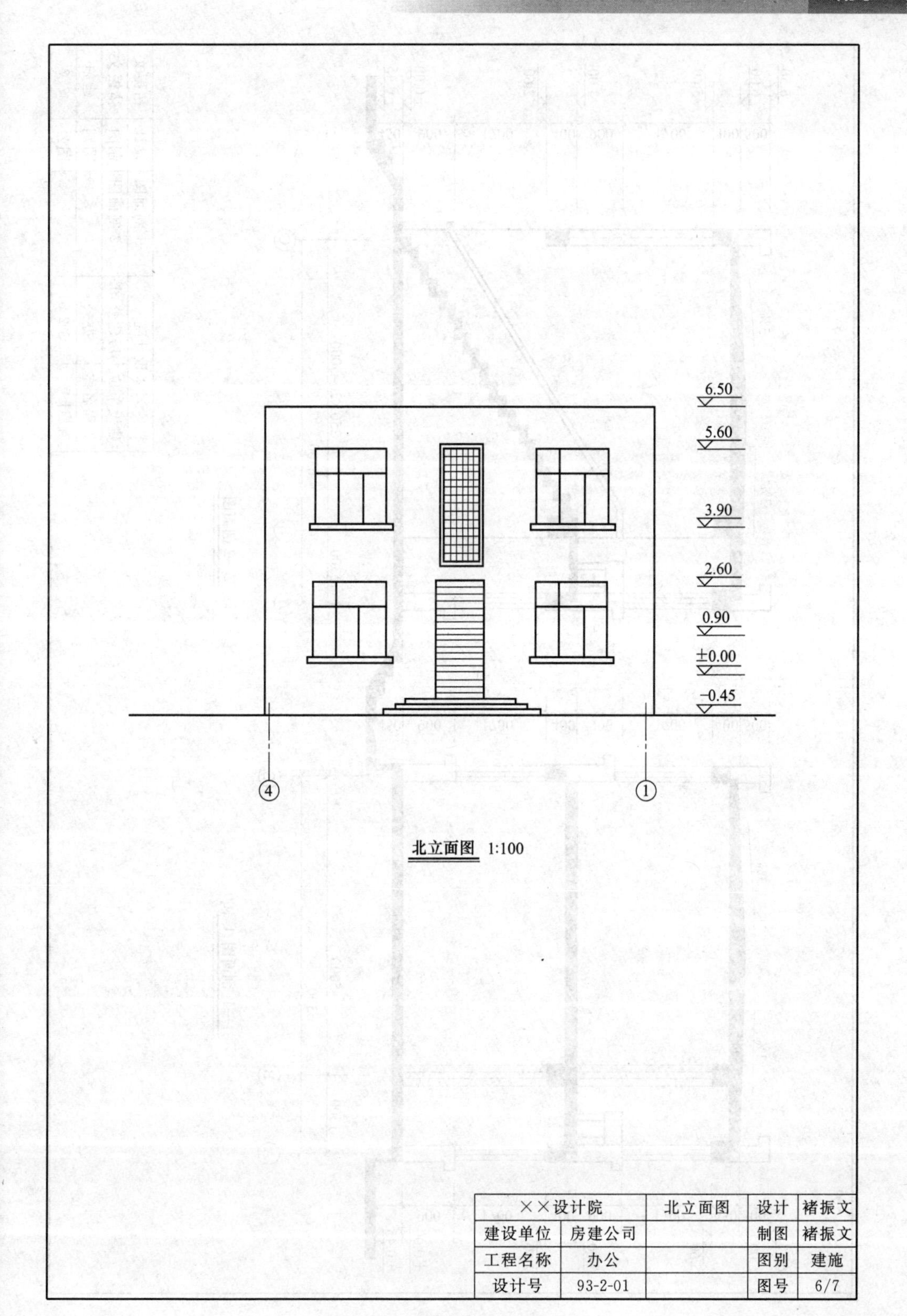
6.50
5.60
3.90
2.60
0.90
±0.00
−0.45
4
1
北立面图 1:100
××设计院
北立面图
设计
褚振文
建设单位
房建公司
制图
褚振文
工程名称
办公
图别
建施
设计号
93-2-01
图号
6/7

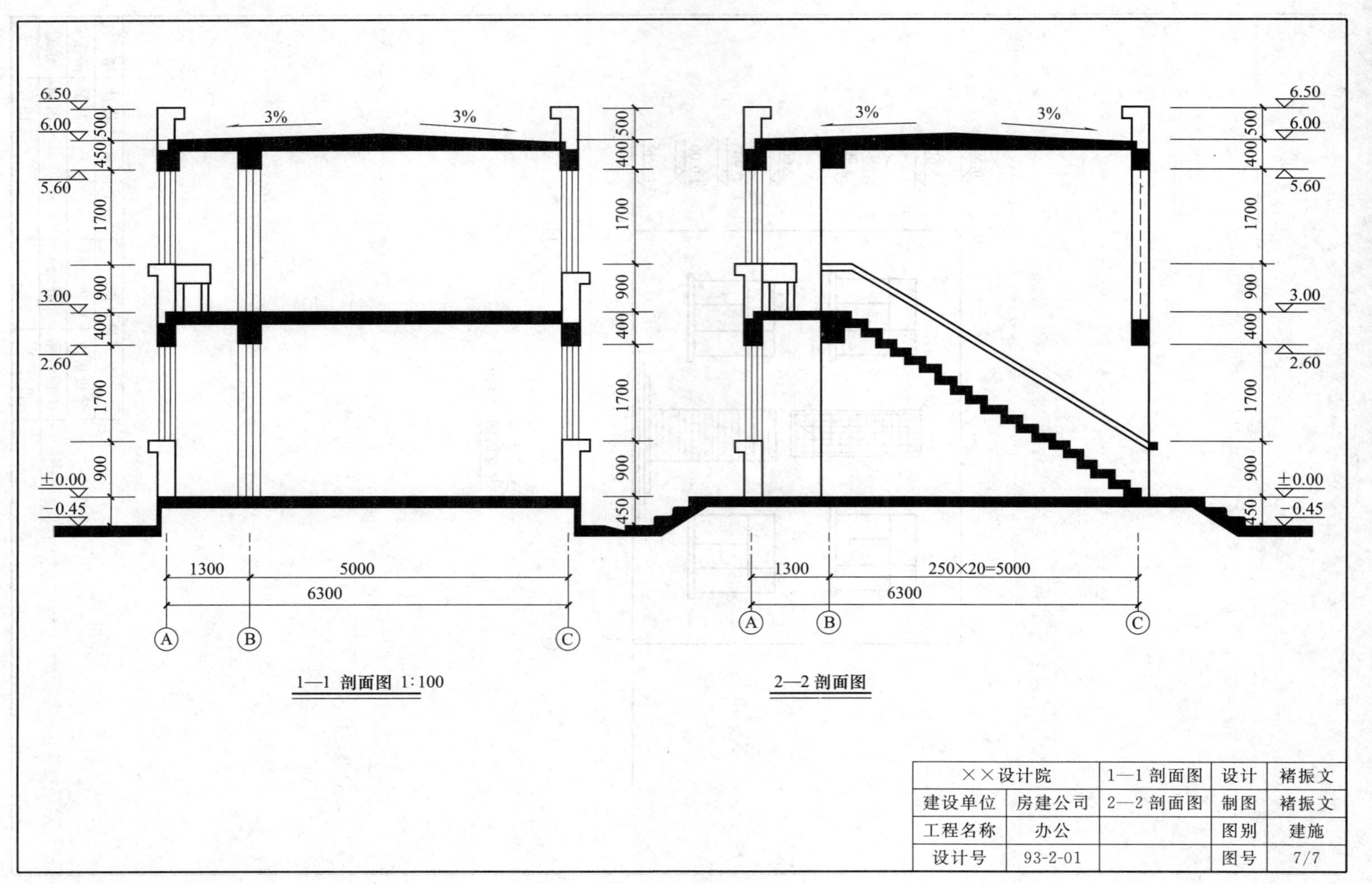

1—1 剖面图 1:100

2—2 剖面图

××设计院		1—1 剖面图	设计	褚振文
建设单位	房建公司	2—2 剖面图	制图	褚振文
工程名称	办公		图别	建施
设计号	93-2-01		图号	7/7

办公楼工程结构施工图

结构设计说明

一、基础工程

1. 本工程地耐力取200kPa，基础埋深暂定-1.5m，开挖后应通知设计单位验槽后，方可进行下道工序的施工。

2. 基础垫层混凝土等级C10；地圈梁等级C20。

3. 砖基础用MU7.5砖，M5.0水泥砂浆砌筑。

4. 防潮层用1∶2水泥砂浆，掺5%防水剂，厚20。

二、钢筋混凝土工程

混凝土等级强度，除预应力构件为C30外，均为C20。

三、砌体工程

1. ±0.00以上砖砌体均用MU7.5砖，M5混合砂浆。

2. 构造柱钢筋伸入基础垫层，即从垫层做起。纵横墙交接处均用2ϕ6钢筋拉结，每边伸入墙体100mm，竖向间距500mm。

四、其他

1. 预留孔洞位置尺寸详水施、电施，不准事后打洞。

2. 未尽事项按有关规范、规程执行。

五、图纸目录表

图号	图纸内容	备注
1	说明	
2	基础平面图	
3	二层、屋盖结构图	
4	基础剖面图；YTB配筋图	
5	YB_1，YB配筋图；QL，构造柱，压顶	

××设计院		结构设计	设计	褚振文
建设单位	房建公司		制图	褚振文
工程名称	办公		图别	结施
设计号	93-2-01		图号	1/5

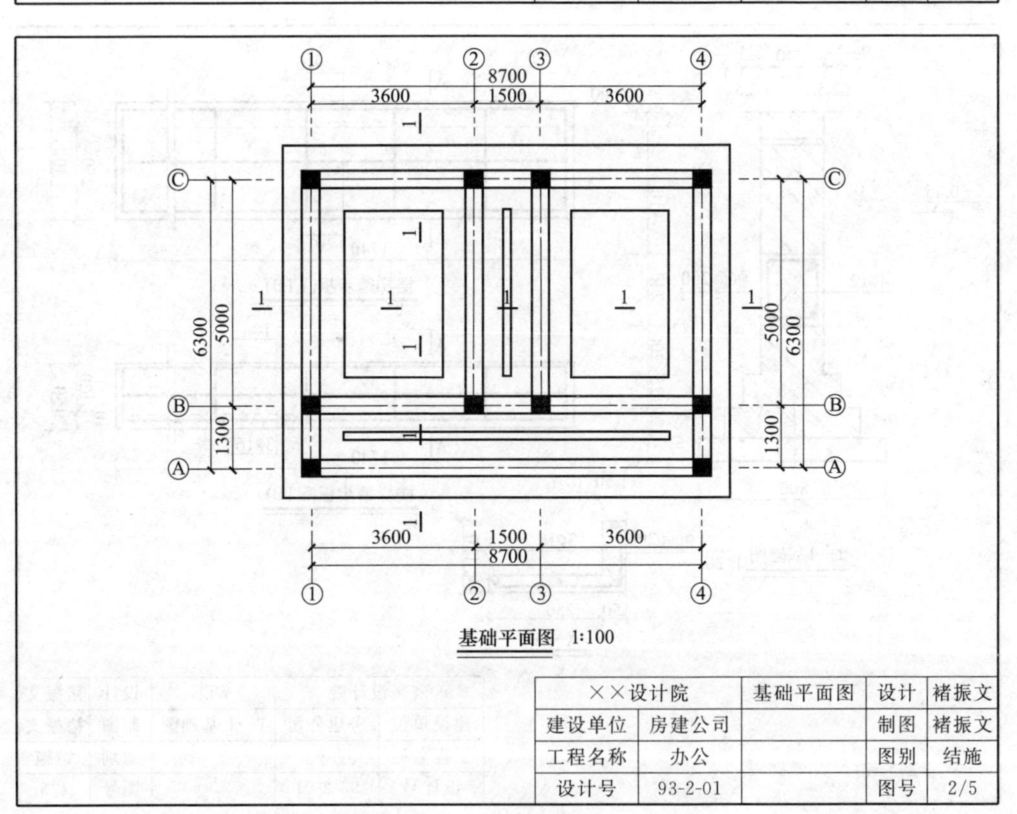

基础平面图 1∶100

××设计院		基础平面图	设计	褚振文
建设单位	房建公司		制图	褚振文
工程名称	办公		图别	结施
设计号	93-2-01		图号	2/5

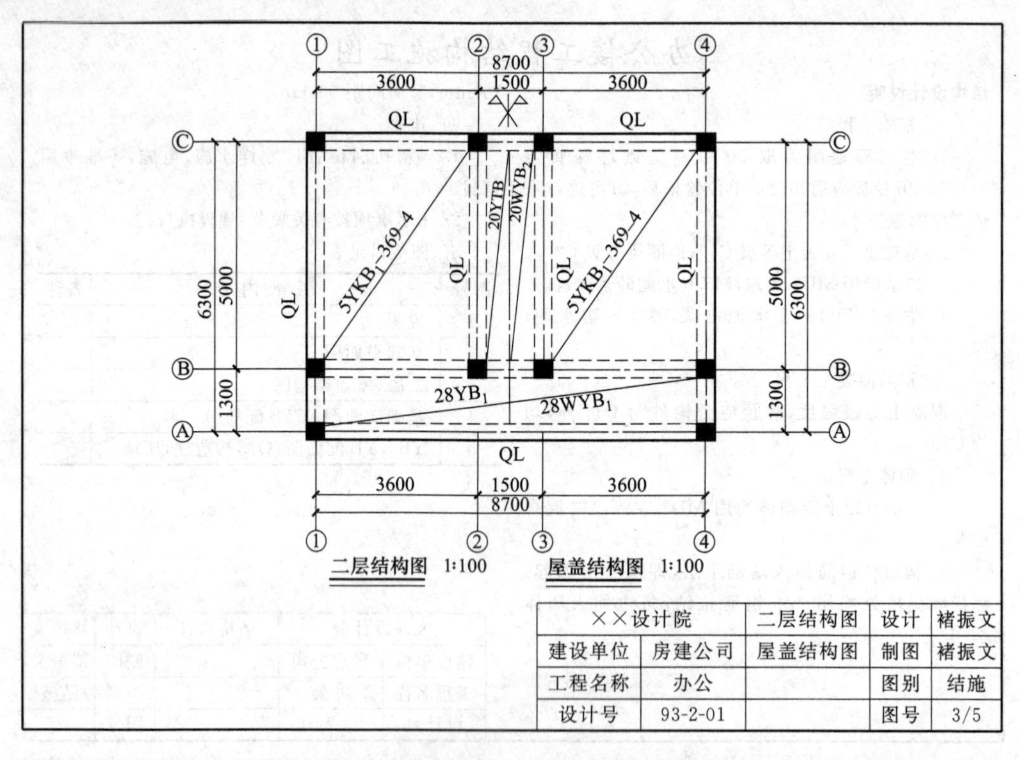

二层结构图 1:100　屋盖结构图 1:100

××设计院		二层结构图	设计	褚振文
建设单位	房建公司	屋盖结构图	制图	褚振文
工程名称	办公		图别	结施
设计号	93-2-01		图号	3/5

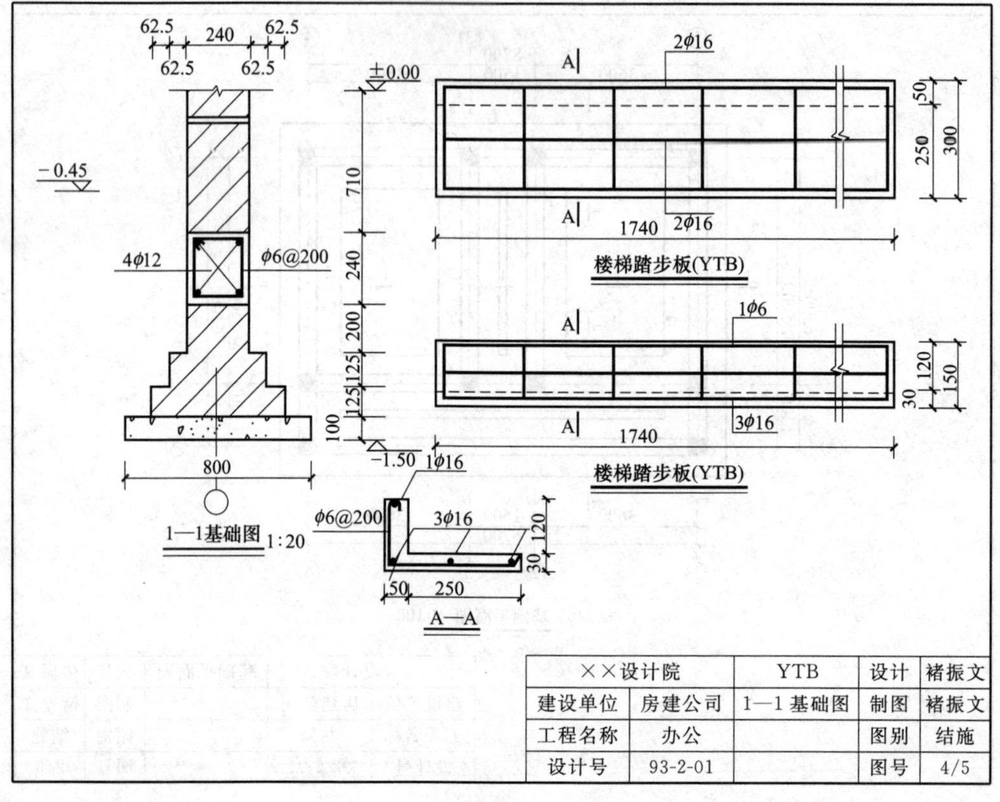

1—1基础图 1:20

楼梯踏步板(YTB)

楼梯踏步板(YTB)

A—A

××设计院		YTB	设计	褚振文
建设单位	房建公司	1—1 基础图	制图	褚振文
工程名称	办公		图别	结施
设计号	93-2-01		图号	4/5

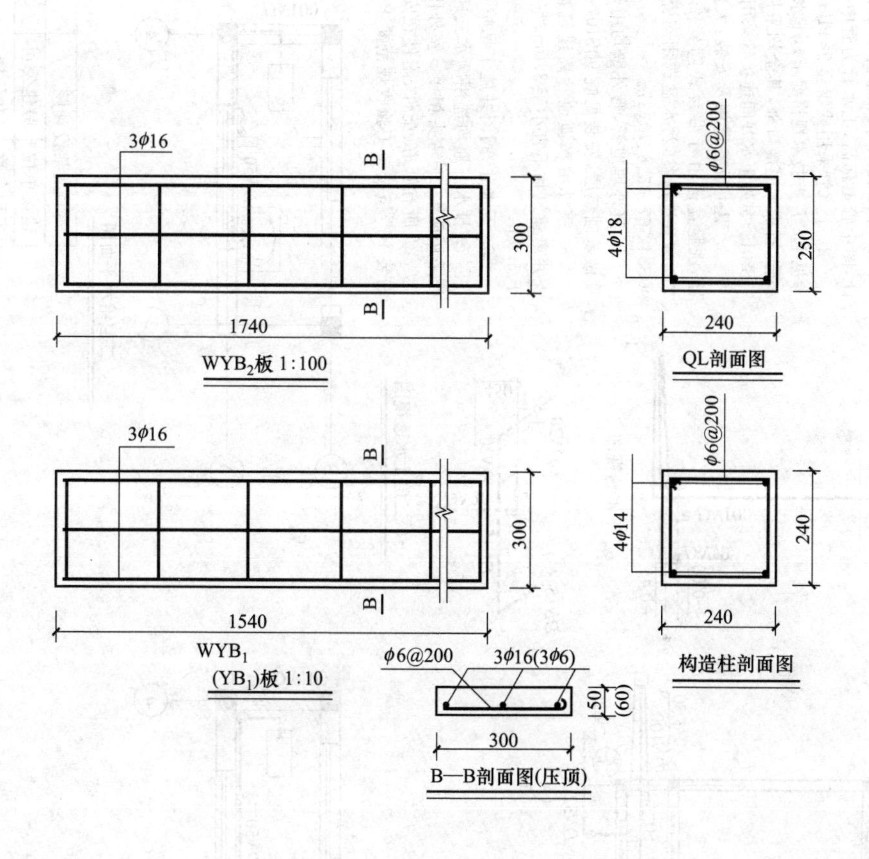

××设计院		(ω)$YB_{1,2}$	设计	褚振文
建设单位	房建公司	QL剖面图	制图	褚振文
工程名称	办公	构造柱剖面图	图别	结施
设计号	93-2-01	女儿墙压顶	图号	5/5

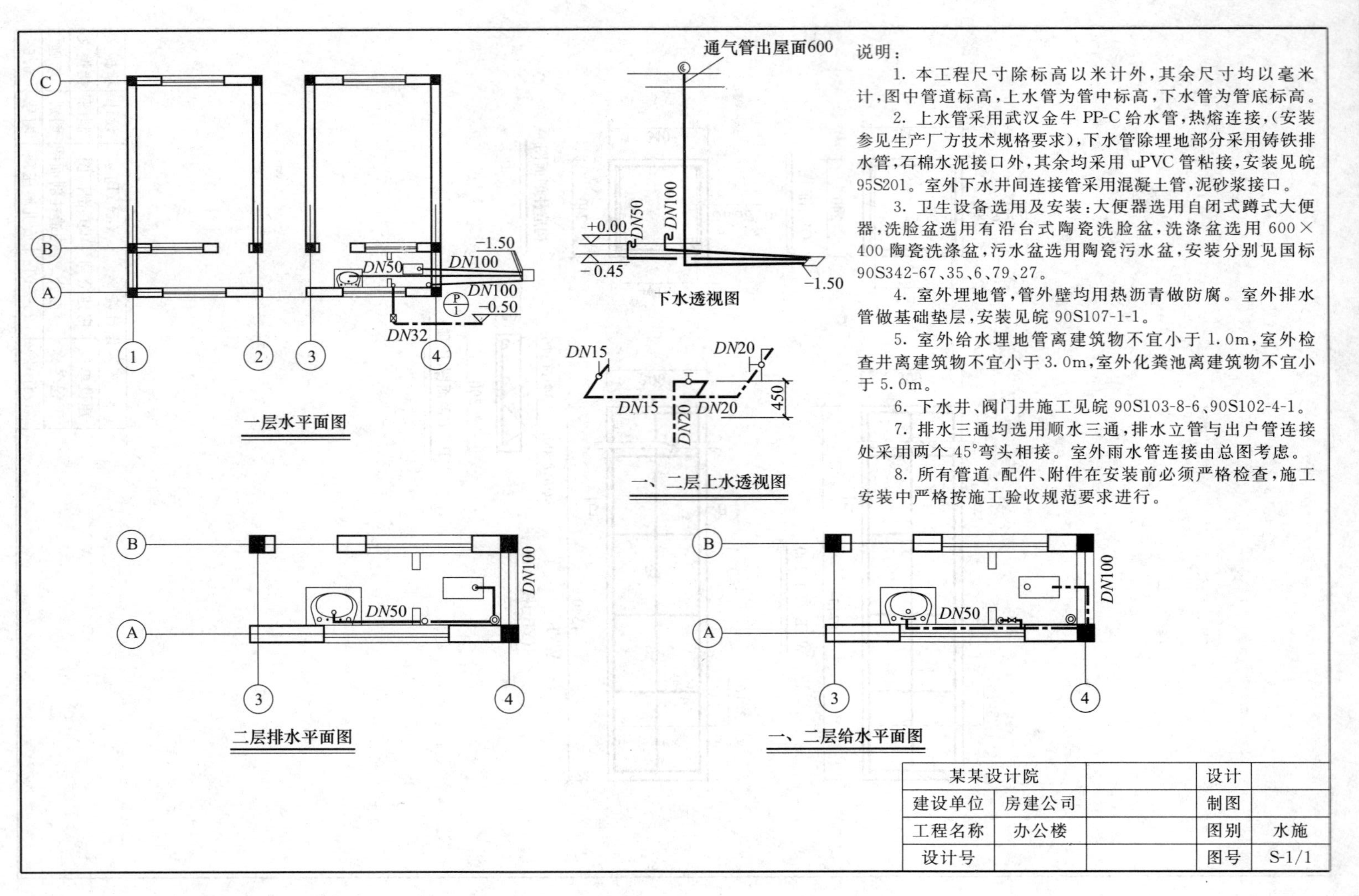

通气管出屋面600
说明：
1. 本工程尺寸除标高以米计外，其余尺寸均以毫米计，图中管道标高，上水管为管中标高，下水管为管底标高。
2. 上水管采用武汉金牛 PP-C 给水管，热熔连接，(安装参见生产厂方技术规格要求)，下水管除埋地部分采用铸铁排水管，石棉水泥接口外，其余均采用 uPVC 管粘接，安装见皖95S201。室外下水井间连接管采用混凝土管，泥砂浆接口。
3. 卫生设备选用及安装：大便器选用自闭式蹲式大便器，洗脸盆选用有沿台式陶瓷洗脸盆，洗涤盆选用 600×400 陶瓷洗涤盆，污水盆选用陶瓷污水盆，安装分别见国标90S342-67、35、6、79、27。
4. 室外埋地管，管外壁均用热沥青做防腐。室外排水管做基础垫层，安装见皖 90S107-1-1。
5. 室外给水埋地管离建筑物不宜小于 1.0m，室外检查井离建筑物不宜小于 3.0m，室外化粪池离建筑物不宜小于 5.0m。
6. 下水井、阀门井施工见皖 90S103-8-6、90S102-4-1。
7. 排水三通均选用顺水三通，排水立管与出户管连接处采用两个 45°弯头相接。室外雨水管连接由总图考虑。
8. 所有管道、配件、附件在安装前必须严格检查，施工安装中严格按施工验收规范要求进行。
C
B
A
1
2
3
4
-1.50
DN50
DN100
DN100
-0.50
DN32
一层水平面图
+0.00
-0.45
DN50
DN100
-1.50
下水透视图
DN15
DN20
DN15
DN20
DN20
450
一、二层上水透视图
DN100
DN50
二层排水平面图
DN100
DN50
一、二层给水平面图
某某设计院
设计
建设单位
房建公司
制图
工程名称
办公楼
图别
水施
设计号
图号
S-1/1

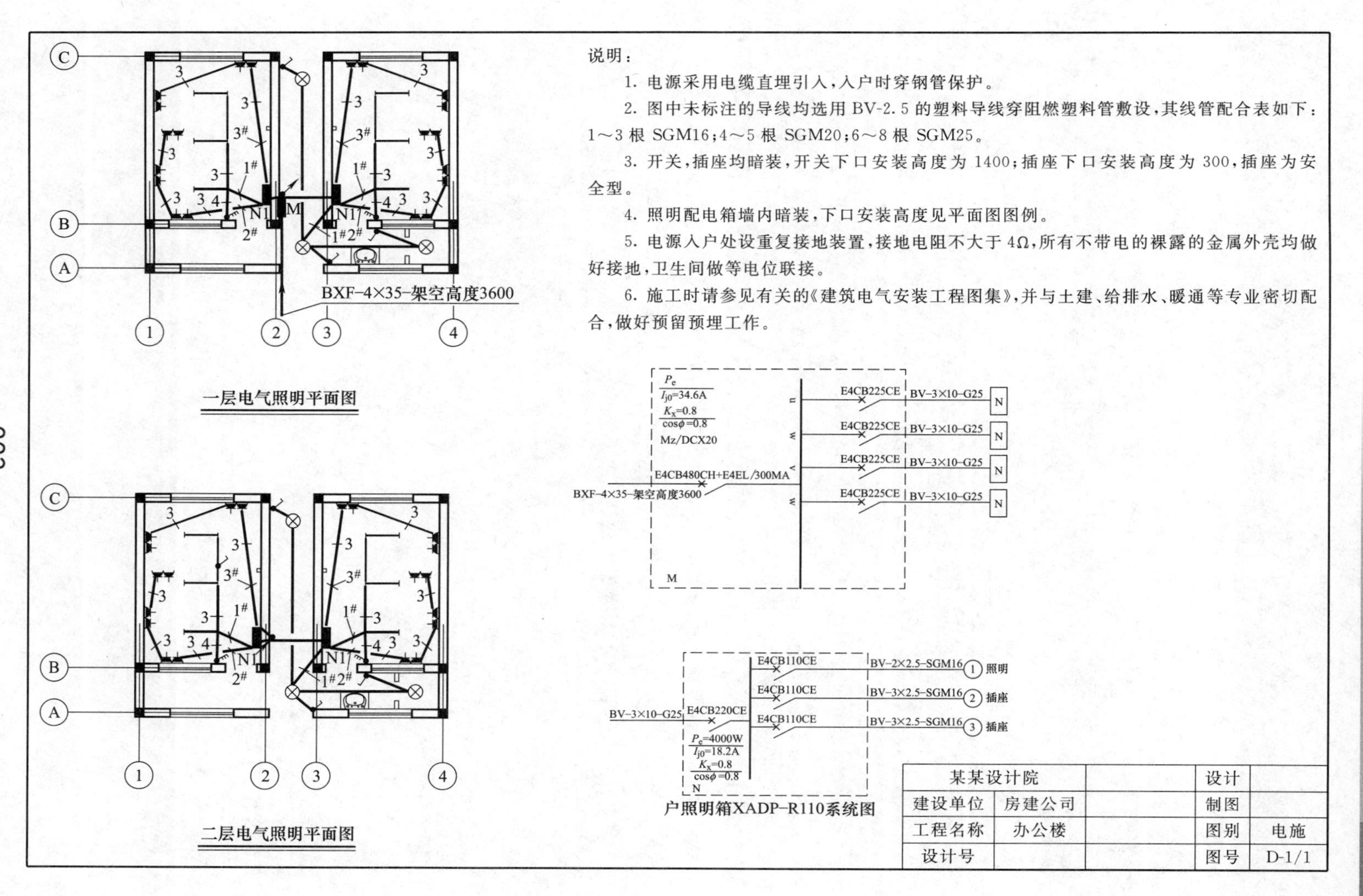
说明：
1. 电源采用电缆直埋引入，入户时穿钢管保护。
2. 图中未标注的导线均选用 BV-2.5 的塑料导线穿阻燃塑料管敷设，其线管配合表如下：1～3 根 SGM16；4～5 根 SGM20；6～8 根 SGM25。
3. 开关，插座均暗装，开关下口安装高度为 1400；插座下口安装高度为 300，插座为安全型。
4. 照明配电箱墙内暗装，下口安装高度见平面图图例。
5. 电源入户处设重复接地装置，接地电阻不大于 4Ω，所有不带电的裸露的金属外壳均做好接地，卫生间做等电位联接。
6. 施工时请参见有关的《建筑电气安装工程图集》，并与土建、给排水、暖通等专业密切配合，做好预留预埋工作。
BXF-4×35-架空高度3600
一层电气照明平面图
二层电气照明平面图
Pe
Ij0=34.6A
Kx=0.8
cosφ=0.8
Mz/DCX20
E4CB480CH+E4EL/300MA
BXF-4×35-架空高度3600
E4CB225CE
BV-3×10-G25
M
E4CB110CE
BV-2×2.5-SGM16 照明
BV-3×2.5-SGM16 插座
BV-3×10-G25
E4CB220CE
Pe=4000W
Ij0=18.2A
Kx=0.8
cosφ=0.8
户照明箱XADP-R110系统图
某某设计院
建设单位 房建公司
工程名称 办公楼
设计号
设计
制图
图别 电施
图号 D-1/1